◎贾燕 编著

U0377706

AutoCAD 2016 中文版

建筑设计

实例教程 附教学视频

人民邮电出版社

北京

图书在版编目（CIP）数据

AutoCAD 2016中文版建筑设计实例教程 / 贾燕编著
. -- 北京 : 人民邮电出版社，2017.8（2023.2重印）
附教学视频
ISBN 978-7-115-45027-2

Ⅰ. ①A… Ⅱ. ①贾… Ⅲ. ①建筑设计－计算机辅助
设计－AutoCAD软件－教材 Ⅳ. ①TU201.4

中国版本图书馆CIP数据核字(2017)第036098号

内 容 提 要

　　本书以 AutoCAD 2016 为软件平台，通过大量的实例，讲述 CAD 建筑设计的绘制方法。主要内容包括 AutoCAD 2016 入门，绘制二维图形，基本绘图工具，二维图形的编辑，辅助工具，文字、表格和尺寸，建筑理论基础，绘制总平面图，绘制建筑平面图，绘制建筑立面图，绘制建筑剖面图，绘制建筑详图，以及综合设计等。

　　本书可以作为 AutoCAD 软件初学者的入门教材，也可作为工程技术人员的参考工具书。

◆ 编　著　贾　燕
　　责任编辑　税梦玲
　　责任印制　陈　犇

◆ 人民邮电出版社出版发行　　北京市丰台区成寿寺路 11 号
　　邮编　100164　　电子邮件　315@ptpress.com.cn
　　网址　http://www.ptpress.com.cn
　　北京七彩京通数码快印有限公司印刷

◆ 开本：787×1092　1/16
　　印张：19　　　　　　　　2017 年 8 月第 1 版
　　字数：501 千字　　　　　2023 年 2 月北京第 8 次印刷

定价：55.00 元（附光盘）

读者服务热线：(010)81055256　印装质量热线：(010)81055316
反盗版热线：(010)81055315
广告经营许可证：京东市监广登字20170147号

前言
Preface

我国城市化进程不断加快、加深，带来了房地产与建筑行业的飞速发展。建筑行业是当前我国的支柱产业，吸收了大量的社会就业人群。

建筑行业是 AutoCAD 的主要行业用户之一。AutoCAD 也是我国建筑设计领域接受最早、应用最广泛的 CAD 软件之一，它几乎成为建筑绘图的默认软件，在国内拥有强大的用户群体。因此，AutoCAD 的教学也是我国建筑学及相关专业 CAD 教学的重要组成部分。就目前的现状来看，AutoCAD 主要用于绘制二维建筑图形（如平面图、立面图、剖面图、详图等），这些图形是建筑设计文件中的主要组成部分。AutoCAD 的三维功能可用于建模、协助方案设计和推敲等，其矢量图形处理功能还可用来进行一些技术参数的求解，如日照分析、地形分析、距离或面积的求解等。另外，其他一些二维或三维效果图制作软件（如 3ds Max、Photoshop 等）有时也会依赖于 AutoCAD 的设计成果。AutoCAD 为用户提供了良好的二次开发平台，便于用户自行定制适用于本专业的绘图格式和附加功能。由此看来，学好 AutoCAD 软件是建筑行业从业人员的必备业务技能。

为帮助初学者学会使用 AutoCAD 进行建筑设计，本书通过具体的工程案例，全面地讲解使用 AutoCAD 进行建筑设计的方法和技巧，并讲解了总平面图、平面图、立面图、剖面图、详图的综合案例。与其他教材相比，本书具有以下特点。

1. 作者权威，经验丰富

本书作者是具有多年教学经验的业内专家，本书是作者多年设计经验以及教学心得的总结，历时多年精心编著，力求全面细致地展现出 AutoCAD 在建筑设计应用领域的各种功能和使用方法。

2. 实例典型，步步为营

书中力求避免空洞的介绍和描述，而是采用建筑设计实例逐个讲解知识点，以帮助读者在实例操作过程中牢固地掌握软件功能，提高建筑设计实践技能。本书实例种类非常丰富，有与知识点相关的小实例，有涵盖几个知识点或全章知识点的综合实例，有帮助读者练习提高的上机实例，还有完整实用的工程案例，以及经典的综合设计案例。

3. 紧贴认证考试实际需要

本书在编写过程中，参照了 Autodesk 中国官方认证的考试大纲和建筑设计相关标准，并由 Autodesk 中国认证考试中心首席专家胡仁喜博士精心审校。全书的实例和基础知识覆盖了 Autodesk 中国官方认证考试内容，大部分上机操作和自测题来自认证考试题库，便于想参加 Autodesk 中国官方认证考试的读者练习。

4. 提供教学视频及光盘

书中所有案例均录制了教学视频，学习者可扫描案例对应的二维码，在线观看教学视频，也可通过光盘本地查看。另外，本书还提供所有案例的源文件、与书配套的 PPT 课件，以及考试模拟试卷等资料，以帮助初学者快速提升。

5. 提供贴心的技术咨询

本书由河北传媒学院的贾燕副教授编著，Autodesk 中国认证考试中心首席专家、石家庄三维书屋文化传播有限公司的胡仁喜博士对全书进行了审校，刘昌丽、孟培、王义发、王玉秋、王艳池、李亚莉、王玮、康士廷、王敏、王培合、卢园、闫聪聪、杨雪静、李兵、甘勤涛、孙立明等为此书的编写提供了大量帮助，在此一并表示感谢。

　　书中不足之处望广大读者登录 www.sjzswsw.com 反馈或联系 win760520@126.com，作者将不胜感激。

作者
2016 年 12 月

目录
Contents

第1章

AutoCAD 2016入门

■ 本章将循序渐进地讲解AutoCAD 2016绘图的基本知识。读者将了解如何设置图形的系统参数，熟悉建立新的图形文件、打开已有文件的方法等，为后面进入系统学习奠定基础。

1.1 操作界面

AutoCAD 的操作界面是 AutoCAD 显示、编辑图形的区域。启动 AutoCAD 2016 中文版软件后的默认界面如图 1-1 所示。这个界面是 AutoCAD 2009 以后出现的新风格的界面，为了便于使用以前版本的读者学习，本书采用 AutoCAD 默认风格的界面。

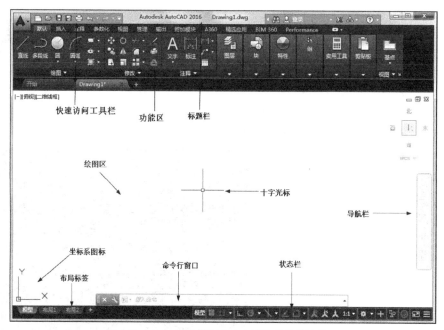

图 1-1 AutoCAD 2016 中文版软件的默认界面

一个完整的草图与注释操作界面包括标题栏、绘图区、十字光标、坐标系图标、功能区、导航栏、命令行窗口、状态栏、布局标签和快速访问工具栏等。

 关于 AutoCAD 2016 软件的下载和安装方法，读者可以在网上搜索，也可以登录本书前言所提到的网站或 QQ 群索取。

1.1.1 标题栏

标题栏位于 AutoCAD 2016 中文版绘图窗口的最上端。标题栏显示了系统当前正在运行的应用程序（AutoCAD 2016 和用户正在使用的图形文件）。在用户第一次启动 AutoCAD 时，AutoCAD 2016 绘图窗口的标题栏中，将显示 AutoCAD 2016 启动时创建并打开的图形文件的名称 Drawing1.dwg，如图 1-2 所示。

图 1-2 第一次启动 AutoCAD 2016 时的标题栏

安装 AutoCAD 2016 后，默认的界面如图 1-1 所示，在绘图区中右击鼠标，打开快捷菜单，如图 1-3 所示，选择"选项"命令，打开"选项"对话框，选择"显示"选项卡，将窗口元素对应的"配色方案"设置为"明"，如图 1-4 所示，单击确定按钮，退出对话框，其操作界面如图 1-5 所示。

图 1-3 快捷菜单

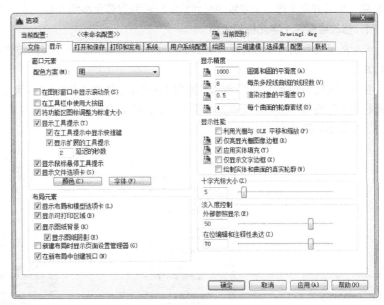

图 1-4 "选项"对话框

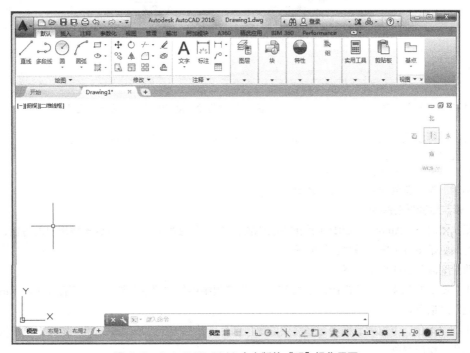

图 1-5 AutoCAD 2016 中文版的"明"操作界面

1.1.2 绘图区

绘图区是指标题栏下方的大片空白区域，是用户绘制图形的区域，用户完成一幅设计图形的主要工作都是在绘图区中完成的。

在绘图区中，还有一个类似光标的十字线，其交点反映了光标在当前坐标系中的位置。在 AutoCAD 2016 中，将该十字线称为光标，AutoCAD 通过光标显示当前点的位置。十字线的方向与当前用户坐标系的 X 轴、Y 轴方向平行，十字线的长度系统预设为屏幕大小的 5%。

1. 修改绘图区十字光标的大小

光标的长度系统预设为屏幕大小的 5%，用户可以根据绘图的实际需要更改其大小。改变光标大小的方法如下：

在绘图区右击选择"选项"选项，如图 1-6 所示，弹出"选项"对话框，选择"显示"选项卡，在"十字光标大小"选项组的文本框中直接输入数值，或者拖动文本框后的滑块，即可对十字光标的大小进行调整，如图 1-7 所示。

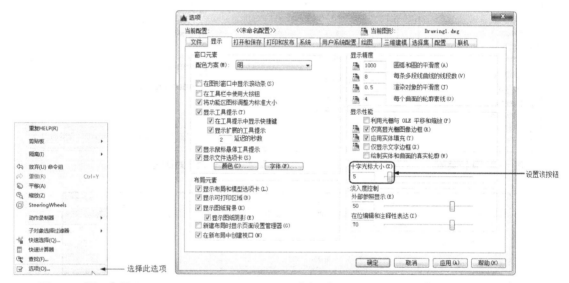

图 1-6 "选项"选项　　　　　　图 1-7 "选项"对话框中的"显示"选项卡

此外，还可以通过设置系统变量 CURSORSIZE 的值，实现对其大小的更改。方法如下。

命令：CURSORSIZE✓
输入 CURSORSIZE 的新值 <5>：

在提示下输入新值即可，默认值为 5%。

2. 修改绘图区的颜色

在默认情况下，AutoCAD 2016 的绘图区是黑色背景、白色线条，这不符合多数用户的习惯，因此修改绘图区颜色是多数用户都需要进行的操作。

修改绘图区颜色的步骤如下。

（1）在图 1-7 所示的选项卡中单击"窗口元素"选项组中的"颜色"按钮，打开图 1-8 所示的"图形窗口颜色"对话框。

（2）在"颜色"下拉列表框中选择需要的窗口颜色，然后单击"应用并关闭"按钮。通常按视觉习惯选择白色为窗口颜色。

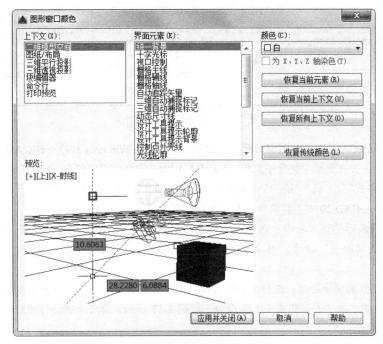

图1-8 "图形窗口颜色"对话框

1.1.3 菜单栏

单击"快速访问工具栏"右侧的三角,打开下拉菜单,选择"显示菜单栏"选项,如图1-9所示。菜单栏显示界面如图1-10所示。

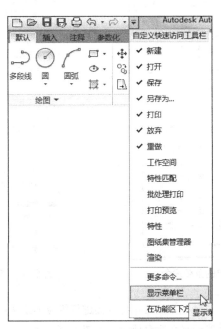

图1-9 调出菜单栏

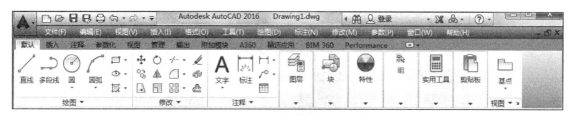

图 1-10 菜单栏显示界面

菜单栏位于 AutoCAD 2016 绘图窗口标题栏的下方。同其他 Windows 程序一样，AutoCAD 2016 的菜单也是下拉形式的，并在菜单中包含子菜单。AutoCAD 2016 的菜单栏中包含 12 个菜单："文件""编辑""视图""插入""格式""工具""绘图""标注""修改""参数""窗口"和"帮助"。

一般来讲，AutoCAD 2016 下拉菜单中的命令有以下 3 种。

（1）带有小三角形的菜单命令：这种类型的命令后面带有子菜单。例如，单击"绘图"菜单，指向其下拉菜单中的"圆弧"命令，屏幕上就会进一步下拉出"圆弧"子菜单中所包含的命令，如图 1-11 所示。

（2）打开对话框的菜单命令：这种类型的命令后面带有省略号。例如，单击菜单栏中的"格式"菜单，选择其下拉菜单中的"表格样式（B）"命令，如图 1-12 所示。屏幕上就会打开对应的"表格样式"对话框，如图 1-13 所示。

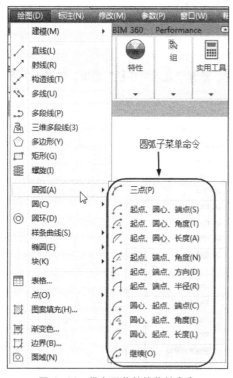

图 1-11 带有子菜单的菜单命令

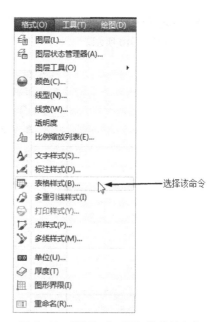

图 1-12 激活相应对话框的菜单命令

（3）直接操作的菜单命令：这种类型的命令将直接进行相应的绘图或其他操作。例如，选择"视图"菜单中的"重画"命令，系统将刷新显示所有视口，如图 1-14 所示。

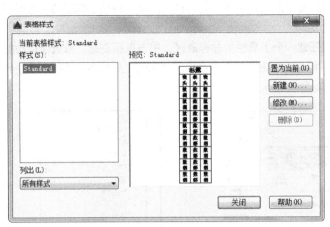

图 1-13 "表格样式"对话框

图 1-14 直接执行菜单命令

1.1.4 坐标系图标

在绘图区域的左下角，有一个箭头指向图标，称为坐标系图标，表示用户绘图时正使用的坐标系形式。图 1-5 所示的坐标系图标的作用是为点的坐标确定一个参照系。根据工作需要，用户可以选择将其关闭。方法是选择菜单栏中的"视图"→"显示"→"UCS 图标"→"开"命令，如图 1-15 所示。

图 1-15 "视图"菜单

1.1.5 工具栏

工具栏是一组图标型工具的集合，选择菜单栏中的"工具"→"工具栏"→"AutoCAD"，如图 1-16 所示。调出所需要的工具栏，把光标移动到某个图标，稍停片刻即在该图标一侧显示相应的工具提示。此时，单击图标也可以启动相应命令。

调出一个工具栏后，也可将光标放在任意一个工具栏的非标题区，单击鼠标右键，系统会自动打开单独的工具栏标签，如图 1-17 所示。用鼠标左键单击某一个未在界面显示的工具栏名，系统自动在界面打开该工具栏；反之，关闭工具栏。

图 1-16　调出工具栏　　　　　　　　　图 1-17　工具栏标签

工具栏可以在绘图区"浮动",如图 1-18 所示。此时显示该工具栏标题,并可关闭该工具栏,用鼠标指针可以拖动"浮动"工具栏到图形区边界,使它变为"固定"工具栏,此时该工具栏标题隐藏。也可以把"固定"工具栏拖出,使它成为"浮动"工具栏。

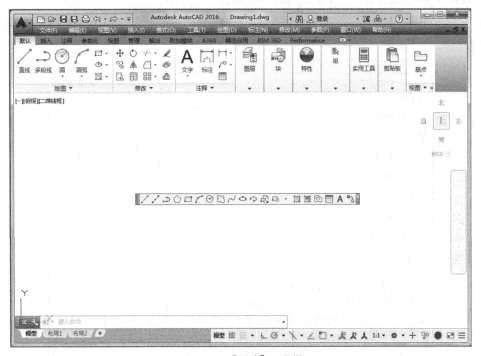

图 1-18 "浮动"工具栏

在有些图标的右下角带有一个小三角,按住鼠标左键会打开相应的工具栏,如图 1-19 所示。按住鼠标左键,将光标移动到某一图标上然后释放,该图标就为当前图标。单击当前图标,即可执行相应的命令。

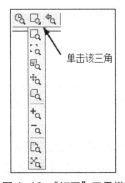

图 1-19 "打开"工具栏

1.1.6 命令行窗口

命令行窗口是输入命令名和显示命令提示的区域,默认的命令行窗口布置在绘图区下方,是若干文本行。对命令行窗口,有以下 4 点需要说明。

(1)移动拆分条,可以扩大和缩小命令行窗口。

（2）可以拖动命令行窗口，将其布置在屏幕上的其他位置。默认情况下布置在图形窗口的下方。

（3）对当前命令行窗口中输入的内容，可以按 F2 键用文本编辑的方法进行编辑，如图 1-20 所示。AutoCAD 文本窗口和命令行窗口相似，它可以显示当前 AutoCAD 进程中命令的输入和执行过程，在执行 AutoCAD 中的某些命令时，它会自动切换到文本窗口，列出有关信息。

（4）AutoCAD 通过命令行窗口反馈各种信息，包括出错信息。因此，用户要时刻关注在命令行窗口中出现的信息。

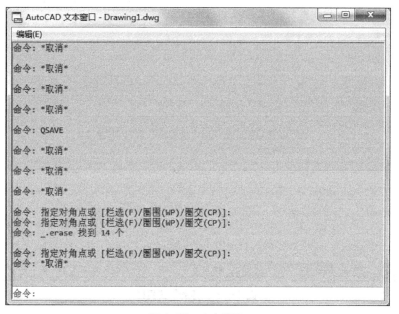

图 1-20　文本窗口

1.1.7　布局标签

AutoCAD 2016 系统默认设定一个模型空间布局标签和"布局 1""布局 2"两个图纸空间布局标签。

1．布局

布局是系统为绘图设置的一种环境，包括图纸大小、尺寸单位、角度设定、数值精确度等，在系统预设的 3 个标签中，这些环境变量都保持默认设置。用户可根据实际需要改变这些变量的值。

2．模型

AutoCAD 的空间分为模型空间和图纸空间。模型空间是通常所说的绘图环境，而在图纸空间中，用户可以创建称为"浮动视口"的区域，以不同视图显示所绘图形。用户可以在图纸空间中调整浮动视口并决定所包含视图的缩放比例。如果选择图纸空间，则可打印多个视图，用户可以打印任意布局的视图。

AutoCAD 2016 系统默认打开模型空间，用户可以通过单击鼠标左键选择需要的布局。

1.1.8　状态栏

状态栏在屏幕的底部，包括"坐标""模型空间""栅格""捕捉模式""推断约束""动态输入"

"正交模式""极轴追踪""等轴测草图""对象捕捉追踪""二维对象捕捉""线宽""透明度""选择循环""三维对象捕捉""动态 UCS""选择过滤""小控件""注释可见性""自动缩放""注释比例""切换工作空间""注释监视器""单位""快捷特性""图形性能""全屏显示"和"自定义"28 个功能按钮。单击部分开关按钮，可以实现这些功能的开关。通过部分按钮也可以控制图形或绘图区的状态。

默认情况下，状态栏不会显示所有工具，可以通过状态栏上最右侧的"自定义"按钮 ☰，在打开的快捷菜单中选择要添加到状态栏中的工具。状态栏上显示的工具可能会发生变化，具体取决于当前的工作空间以及当前显示的是"模型"选项卡还是"布局"选项卡。下面对部分状态栏上的按钮做简单介绍，如图 1-21 所示。

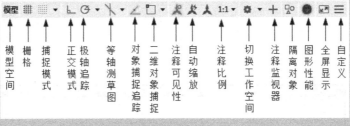

图 1-21　状态栏

（1）模型空间：在模型空间与布局空间之间进行转换。

（2）栅格：栅格是覆盖整个坐标系（UCS）xy 平面的直线或点组成的矩形图案。使用栅格类似于在图形下放置一张坐标纸。利用栅格可以对齐对象并直观显示对象之间的距离。

（3）捕捉模式：对象捕捉对于在对象上指定精确位置非常重要。不论何时提示输入点，都可以指定对象捕捉。默认情况下，当光标移到对象的对象捕捉位置时，将显示标记和工具提示。

（4）正交模式：将光标限制在水平或垂直方向上移动，以便于精确地创建和修改对象。当创建或移动对象时，可以使用"正交"模式将光标限制在相对于用户坐标系（UCS）的水平或垂直方向上。

（5）极轴追踪：使用极轴追踪，光标将按指定角度进行移动。创建或修改对象时，可以使用"极轴追踪"来显示由指定的极轴角度所定义的临时对齐路径。

（6）等轴测草图：通过设定"等轴测捕捉/栅格"，可以很容易地沿三个等轴测平面之一对齐对象。尽管等轴测图形看似三维图形，但它实际上是由二维图形表示。因此不能期望提取三维距离和面积、从不同视点显示对象或自动消除隐藏线。

（7）对象捕捉追踪：使用对象捕捉追踪，可以沿着基于对象捕捉点的对齐路径进行追踪。已获取的点将显示一个小加号（+），一次最多可以获取 7 个追踪点。获取点之后，在绘图路径上移动光标时，将显示相对于获取点的水平、垂直或极轴对齐路径。例如，可以基于对象端点、中点或者对象的交点，沿着某个路径选择一点。

（8）二维对象捕捉：使用执行对象捕捉设置（也称为对象捕捉），可以在对象上的精确位置指定捕捉点。选择多个选项后，将应用选定的捕捉模式，以返回距离靶框中心最近的点。按 Tab 键以在这些选项之间循环。

（9）注释可见性：当图标亮显时表示显示所有比例的注释性对象；当图标变暗时表示仅显示当前比例的注释性对象。

（10）自动缩放：注释比例更改时，将比例添加到注释性对象；注释比例更改时，自动将比例添加到注释对象。

（11）注释比例：单击注释比例右下角小三角符号弹出注释比例列表，如图 1-22 所示，可以根据需要选择适当的注释比例。

（12）切换工作空间：进行工作空间转换。

（13）注释监视器：打开仅用于所有事件或模型文档事件的注释监视器。

（14）图形性能：设定图形卡的驱动程序以及设置硬件加速的选项。

（15）隔离对象：当选择隔离对象时，在当前视图中显示选定对象。所有其他对象都暂时隐藏；当选择隐藏对象时，在当前视图中暂时隐藏选定对象。所有其他对象都可见。

（16）全屏显示：该选项可以清除 Windows 窗口中的标题栏、功能区和选项板等界面元素，使 AutoCAD 的绘图窗口全屏显示，如图 1-23 所示。

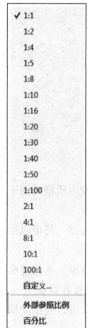

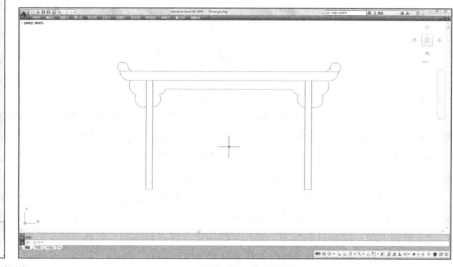

图 1-22　注释比例列表　　　　　　　　　　图 1-23　全屏显示

（17）自定义：状态栏可以提供重要信息，而无需中断工作流。使用 MODEMACRO 系统变量可将应用程序所能识别的大多数数据显示在状态栏中。使用该系统变量的计算、判断和编辑功能可以完全按照用户的要求构造状态栏。

1.1.9　滚动条

在打开的 AutoCAD 2016 默认界面是不显示滚动条的，需要把滚动条调出来。选择菜单栏中的"工具"→"选项"命令，系统打开"选项"对话框，单击"显示"选项卡，勾选"窗口元素"中的"在图形窗口中显示滚动条"，如图 1-24 所示。

滚动条包括水平和垂直滚动条，用于上下或左右移动绘图窗口内的图形。用鼠标指针拖动滚动条中的滑块或单击滚动条两侧的三角按钮，即可移动图形，如图 1-25 所示。

图 1-24 "选项"对话框中的"显示"选项卡

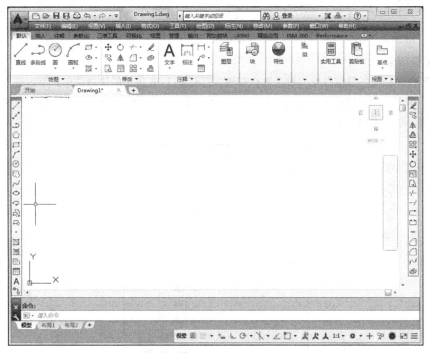

图 1-25 显示"滚动条"

1.1.10 快速访问工具栏和交互信息工具栏

1. 快速访问工具栏

该工具栏包括"新建""打开""保存""另存为""放弃""重做""打印"等几个常用的工具。用户也可以单击本工具栏后面的下拉按钮设置需要的常用工具。

2. 交互信息工具栏

该工具栏包括"搜索""Autodesk""A360""Autodesk Exchange 应用程序""保持连接""单击此处访问帮助"等几个常用的数据交互访问工具。

1.1.11　功能区

在默认情况下，功能区包括"默认"选项卡、"插入"选项卡、"注释"选项卡、"参数化"选项卡、"视图"选项卡、"管理"选项卡、"输出"选项卡、"附加模块"选项卡、"A360"选项卡、"精选应用"选项卡、"BIM360"选项卡以及"Performance"选项卡，如图 1-26 所示。所有的选项卡显示面板如图 1-27 所示。每个选项卡集成了相关的操作工具，方便了用户的使用。用户可以单击功能区选项后面的 按钮控制功能的展开与收缩。

图 1-26　默认情况下出现的选项卡

图 1-27　所有的选项卡

1. 设置选项卡

将光标放在面板中任意位置处，单击鼠标右键，打开图 1-28 所示的快捷菜单。单击某一个未在功能区显示的选项卡名，系统自动在功能区打开该选项卡。反之，关闭选项卡（调出面板的方法与调出选项板的方法类似，这里不再赘述）。

图 1-28　快捷菜单

2. 选项卡中面板的"固定"与"浮动"

面板可以在绘图区"浮动"（见图 1-29），将鼠标指针放到浮动面板的右上角位置处，显示"将面板返回到功能区",如图 1-30 所示,单击此处,使它变为"固定"面板;也可以把"固定"面板拖出,使它成为"浮动"面板。

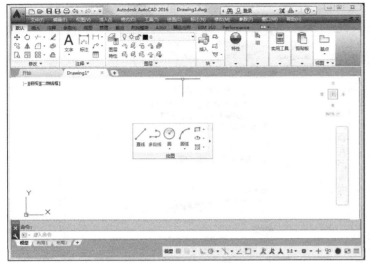

图 1-29 "浮动"面板

图 1-30 "绘图"面板

1.2 配置绘图系统

一般来讲,使用 AutoCAD 2016 的默认配置就可以绘图,但为了使用定点设备或打印机,并提高绘图的效率,AutoCAD 推荐用户在开始作图前进行必要的配置。

1. 执行方式

命令行:PREFERENCES。

菜单栏:"工具"→"选项"。

快捷菜单:在工作区中单击鼠标右键,在弹出的快捷菜单中选择"选项"命令,如图 1-31 所示。

2. 操作步骤

执行上述命令后,将自动打开"选项"对话框。用户可以在该对话框中选择有关选项,对系统进行配置。下面只对其中主要的选项卡进行说明,其他配置选项在后面用到时再作具体说明。

1.2.1 显示配置

"选项"对话框的第二个选项卡为"显示"选项卡,该选项卡控制 AutoCAD 窗口的外观,如图 1-4 所示。该选项卡设定屏幕菜单、滚动条显示与否、固定命令行窗口中的文字行数、AutoCAD 的版面布局设置、各实体的显示分辨率,以及 AutoCAD 运行时其他各项性能参数的设定等。

在设置实体显示分辨率时务必记住,显示质量越高,分辨率越高,计算机计算的时间越长,因此千万不要将分辨率设置得太高。显示质量设定在一个合理的程度上是很重要的。

图 1-31 选择"选项"命令

1.2.2 系统配置

"选项"对话框的"系统"选项卡如图 1-32 所示，用于设置 AutoCAD 系统的有关特性。

图 1-32 "系统"选项卡

（1）"当前定点设备"选项组：安装及配置定点设备，如数字化仪和鼠标。具体如何配置和安装，可参照定点设备的用户手册。

（2）"常规选项"选项组：确定是否选择系统配置的有关基本选项。

（3）"布局重生成选项"选项组：确定切换布局时是否重生成或缓存模型选项卡和布局。

（4）"数据库连接选项"选项组：确定数据库连接的方式。

1.3 设置绘图环境

由于每台计算机所使用的显示器、输入设备和输出设备的类型不同，用户喜好的风格及计算机的目录设置也是不同的，所以每台计算机都是独特的。一般来讲，使用 AutoCAD 2016 的默认配置就可以绘图，但 AutoCAD 推荐用户在开始作图前先进行必要的配置。

1.3.1 绘图单位设置

1. 执行方式

命令行：DDUNITS（或 UNITS）。

菜单栏："格式"→"单位"。

2. 操作步骤

执行上述命令后，弹出"图形单位"对话框，如图 1-33 所示。该对话框用于定义单位和角度格式。

3. 选项说明

（1）"长度"选项组：指定测量长度的当前单位及当前单位的精度。

（2）"角度"选项组：指定测量角度的当前单位、精度及旋转方向，默认方向为逆时针。

（3）"插入时的缩放单位"选项组：控制使用工具选项板（如 DesignCenter 或 i-drop）拖入当前图形的块的测量单位。如果块或图形创建时使用的单位与该选项指定的单位不同，则在插入这些块或图形时，将对其按比例缩放。插入比例是源块或图形使用的单位与目标图形使用的单位之比。如果插入块时不按指定单位缩放，可选择"无单位"。

（4）"输出样例"选项组：显示当前输出的样例值。

（5）"光源"选项组：用于指定光源强度的单位。

（6）"方向"按钮：单击该按钮，可以在弹出的"方向控制"对话框中进行方向控制设置，如图 1-34 所示。

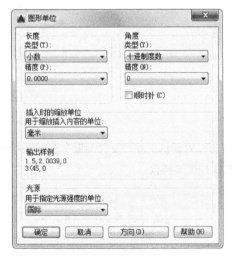

图 1-33 "图形单位"对话框

图 1-34 "方向控制"对话框

1.3.2 图形边界设置

1. 执行方式

命令行：LIMITS。

菜单栏："格式"→"图形界限"。

2. 操作步骤

命令：LIMITS✓
重新设置模型空间界限：
指定左下角点或 [开(ON)/关(OFF)] <0.0000,0.0000>:（输入图形边界左下角的坐标后回车）
指定右上角点 <12.0000,9.0000>:（输入图形边界右上角的坐标后按<Enter>）

3. 选项说明

（1）开（ON）：使绘图边界有效。系统将在绘图边界以外拾取的点视为无效。

（2）关（OFF）：使绘图边界无效。用户可以在绘图边界以外拾取点或实体。

（3）动态输入角点坐标：动态输入功能可以直接在屏幕上输入角点坐标，输入了横坐标值后，按下"，"键，接着输入纵坐标值（见图 1-35），也可以按光标位置直接按下鼠标左键确定角点位置。

图 1-35　动态输入

1.4　文件管理

本节将介绍文件管理的一些基本操作方法，包括新建文件、打开已有文件、保存文件、删除文件等，这些都是进行 AutoCAD 2016 操作的基础知识。

1.4.1　新建文件

1. 执行方式

命令行：NEW。

菜单栏："文件"→"新建"。

工具栏："快速访问"→"新建" 📄。

2. 操作步骤

执行上述命令后，弹出如图 1-36 所示的"选择样板"对话框，在"文件类型"下拉列表框中有 3 种格式的图形样板，分别是后缀为.dwt、.dwg 和.dws 的 3 种图形样板。

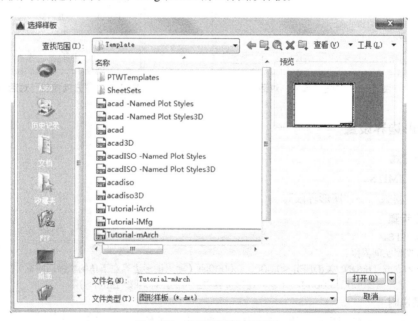

图 1-36　"选择样板"对话框

3. 执行方式

命令行：QNEW。

工具栏："快速访问"→"新建"  。

4．操作步骤

执行上述命令后，立即从所选的图形样板创建新图形文件，而不显示任何对话框或提示。

在运行快速创建图形功能之前必须进行如下设置。

（1）将 FILEDIA 系统变量设置为 1，将 STARTUP 系统变量设置为 0。命令行提示如下。

命令：FILEDIA↙
输入 FILEDIA 的新值 <1>：↙
命令：STARTUP↙
输入 STARTUP 的新值 <0>：↙

（2）在"选项"对话框中选择默认图形样板文件。方法是选择"工具"→"选项"菜单命令，打开"选项"对话框，选择"文件"选项卡，单击标记为"样板设置"的节点，然后选择需要的样板文件路径，如图 1-37 所示。

图 1-37 "选项"对话框的"文件"选项卡

1.4.2 打开文件

调用打开图形文件命令的方法主要有如下 3 种。

1．执行方式

命令行：OPEN。

菜单栏："文件"→"打开"。

工具栏："快速访问"→"打开" 。

2．操作步骤

执行上述命令后，弹出如图 1-38 所示的"选择文件"对话框，在"文件类型"下拉列表框中可选择".dwg"文件、".dwt"文件、".dxf"文件和".dws"文件。".dxf"文件是用文本形式存储的图形文件，能够被其他程序读取，许多第三方应用软件都支持".dxf"格式。

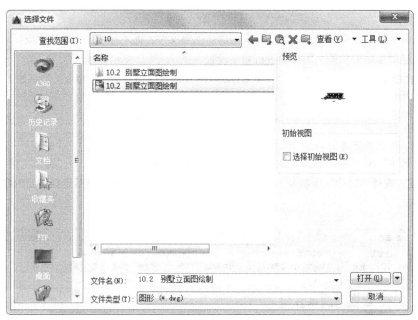

图 1-38 "选择文件"对话框

1.4.3 保存文件

1. 执行方式

命令行：QSAVE（或 SAVE）。

菜单栏："文件"→"保存"。

工具栏："快速访问"→"保存" 🖫。

2. 操作步骤

执行上述命令后，若文件已命名，则 AutoCAD 自动保存；若文件未命名（即为默认名 Drawing1.dwg），则弹出图 1-39 所示的"图形另存为"对话框，用户可以命名保存。在"保存于"下拉列表框中可以指定保存文件的路径；在"文件类型"下拉列表框中可以指定保存文件的类型。

为了防止因意外操作或计算机系统故障导致正在绘制的图形文件丢失，可以对当前图形文件设置自动保存。操作步骤如下。

（1）利用系统变量 SAVEFILEPATH 设置所有"自动保存"文件的位置，如 C:\HU\。

（2）利用系统变量 SAVEFILE 存储"自动保存"文件名。该系统变量存储的文件名文件是只读文件，用户可以从中查询自动保存的文件名。

（3）利用系统变量 SAVETIME 指定在使用"自动保存"时多长时间保存一次图形。

1.4.4 另存为

1. 执行方式

命令行：SAVEAS。

菜单栏："文件"→"另存为"。

工具栏："快速访问"→"另存为" 🖫。

2．操作步骤

执行上述命令后，弹出图 1-39 所示的"图形另存为"对话框，AutoCAD 用另存名保存，并把当前图形更名。

图 1-39 "图形另存为"对话框

1.4.5 退出

1．执行方式

命令行：QUIT 或 EXIT。

菜单栏："文件"→"退出"。

按钮：AutoCAD 操作界面右上角的"关闭"按钮 X。

2．操作步骤

命令：QUIT✓(或 EXIT✓)

执行上述命令后，若用户对图形所作的修改尚未保存，则会出现图 1-40 所示的系统警告对话框。单击"是"按钮将保存文件，然后退出；单击"否"按钮将不保存文件。若用户对图形所作的修改已经保存，则直接退出。

1.4.6 图形修复

1．执行方式

命令行：DRAWINGRECOVERY。

菜单栏："文件"→"图形实用工具"→"图形修复管理器"。

2．操作步骤

命令：DRAWINGRECOVERY✓

执行上述命令后，弹出图 1-41 所示的"图形修复管理器"对话框，打开"备份文件"列表框中的文件，可以重新保存，从而进行修复。

图 1-40　系统警告对话框　　　　图 1-41　"图形修复管理器"对话框

1.5　基本输入操作

在 AutoCAD 中，有一些基本的输入操作方法，这些基本方法是进行 AutoCAD 绘图的必备知识基础，也是深入学习 AutoCAD 功能的前提。

1.5.1　命令输入方式

AutoCAD 交互绘图必须输入必要的指令和参数。有多种 AutoCAD 命令输入方式（以画直线为例）。

1. 在命令行窗口输入命令名

命令字符可不区分大小写，如命令 LINE。执行命令时，在命令行提示中经常会出现命令选项。例如，输入绘制直线命令 LINE 后，命令行提示如下。

> 命令：LINE✓
> 指定第一个点：（在屏幕上指定一点或输入一个点的坐标）
> 指定下一点或 [放弃(U)]：

选项中不带括号的提示为默认选项，因此可以直接输入直线段的起点坐标或在屏幕上指定一点。如果要选择其他选项，则应首先输入该选项的标识字符，如"放弃"选项的标识字符 U，然后按系统提示输入数据即可。命令选项的后面有时还带有尖括号，尖括号内的数值为默认数值。

2. 在命令行窗口输入命令缩写字

如 L（Line）、C（Circle）、A（Arc）、Z（Zoom）、R（Redraw）、M（More）、CO（Copy）、PL（Pline）、E（Erase）等。

3. 选择绘图菜单直线选项

选择该选项后，在状态栏中可以看到对应的命令说明及命令名。

4．单击工具栏中的对应图标

单击对应图标后，在状态栏中也可以看到对应的命令说明及命令名。

5．在绘图区域打开右键快捷菜单

如果之前刚使用过本次要输入的命令，可以在命令行打开右键快捷菜单，在"最近的输入"子菜单中选择本次需要的命令，如图 1-42 所示。"最近的输入"子菜单中存储最近使用的 6 个命令，如果经常重复使用某个 6 次操作以内的命令，使用这种方法就比较快速、简捷。

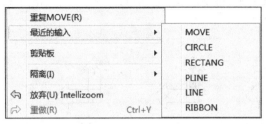

图 1-42　快捷菜单

6．在命令行中直接绘出

如果用户要重复使用上次使用的命令，可以直接在命令行中按<Enter>，系统立即重复执行上次使用的命令，这种方法适用于重复执行某个命令。

1.5.2　命令的重复、撤销、重做

1．命令的重复

在命令行窗口中按<Enter>可重复调用上一个命令，不管上一个命令是完成还是被取消均可调用。

2．命令的撤销

在命令执行的任何时刻都可以取消和终止命令的执行，执行方式如下。

命令行：UNDO。

菜单栏："编辑"→"放弃"。

快捷键：Esc。

工具栏："快速访问"→"放弃" ↶。

3．命令的重做

已被撤销的命令还可以恢复重做。要恢复撤销的最后一个命令，执行方式如下。

命令行：REDO。

菜单栏："编辑"→"重做"。

工具栏："快速访问"→"重做" ↷。

该命令可以一次执行多重放弃和重做操作。单击 UNDO 或 REDO 列表箭头，可以选择要放弃或重做的操作，如图 1-43 所示。

图 1-43　多重放弃或重做

1.5.3　坐标系统与数据的输入方法

1．坐标系

AutoCAD 采用两种坐标系，即世界坐标系（WCS）和用户坐标系。用户刚进入 AutoCAD 时的坐标系统就是世界坐标系，它是固定的坐标系统。世界坐标系也是坐标系统中的基准，绘制图形时多数情况下都是在这个坐标系统下进行的。

命令行：UCS。

菜单栏："工具"→"工具栏"→AutoCAD→UCS。

工具栏：UCS→UCS↳。

AutoCAD 有两种视图显示方式，即模型空间和图纸空间。模型空间是指单一视图显示法，通常使用的都是这种显示方式；图纸空间是指在绘图区域创建图形的多视图。用户可以对其中每一个视图进行单独操作。在默认情况下，当前 UCS 与 WCS 重合。图 1-44（a）所示为模型空间下的 UCS 坐标系图标，通常放在绘图区左下角处；如果当前 UCS 和 WCS 重合，则出现一个 W 字，如图 1-44（b）所示；也可以指定它放在当前 UCS 的实际坐标原点位置，此时出现一个十字，如图 1-44（c）所示；图 1-44（d）所示为图纸空间下的坐标系图标。

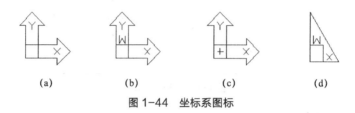

(a)　　　　　(b)　　　　　(c)　　　　　(d)

图 1-44　坐标系图标

2. 数据输入方法

在 AutoCAD 2016 中，点的坐标可以用直角坐标、极坐标、球面坐标和柱面坐标表示，每种坐标又分别具有两种坐标输入方式，即绝对坐标和相对坐标，其中直角坐标和极坐标最常用，下面主要介绍它们的输入方法。

（1）直角坐标法：用点的 X、Y 坐标值表示的坐标。例如，在命令行中输入点的坐标提示下，输入"15,18"，则表示输入了一个 X、Y 的坐标值分别为 15、18 的点，此为绝对坐标输入方式，表示该点的坐标是相对于当前坐标原点的坐标值，如图 1-45（a）所示。如果输入"@10,20"，则为相对坐标输入方式，表示该点的坐标是相对于前一点的坐标值，如图 1-45（b）所示。

（2）极坐标法：用长度和角度表示的坐标，只能用来表示二维点的坐标。在绝对坐标输入方式下，表示为"长度<角度"，如"25<50"，其中长度为该点到坐标原点的距离，角度为该点至原点的连线与 X 轴正向的夹角，如图 1-45（c）所示。

在相对坐标输入方式下，表示为"@长度<角度"，如"@25<45"，其中长度为该点到前一点的距离，角度为该点至前一点的连线与 X 轴正向的夹角，如图 1-45（d）所示。

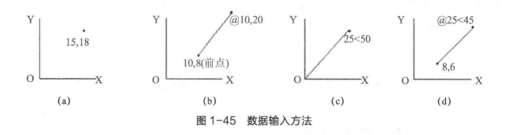

(a)　　　　　(b)　　　　　(c)　　　　　(d)

图 1-45　数据输入方法

3. 动态数据输入

单击状态栏上的 DYN 按钮，弹出动态输入功能，可以在屏幕上动态地输入某些参数数据。例如，绘制直线时，在光标附近会动态地显示"指定第一点"，以及后面的坐标框。当前显示的是光标所在位置，可以输入数据，两个数据之间以逗号隔开，如图 1-46 所示。指定第一点后，系统动态显示直线的角度，同时要求输入线段长度值，如图 1-47 所示，其输入效果与"@长度<角度"方式相同。

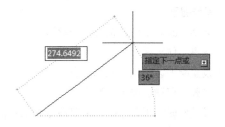

图 1-46　动态输入坐标值　　　　　　　　　　图 1-47　动态输入长度值

4．点与距离的输入方法

下面分别讲述点与距离值的输入方法。

（1）点的输入。绘图过程中，常需要输入点的位置，AutoCAD 提供了如下几种输入点的方式。

① 用键盘直接在命令窗口中输入点的坐标：直角坐标有两种输入方式，即 x,y（点的绝对坐标值，如"100,50"）和"@ x,y"（相对于上一点的相对坐标值，如"@ 50, –30"）。坐标值均相对于当前的用户坐标系。

极坐标的输入方式为："长度<角度"（长度为点到坐标原点的距离，角度为原点至该点连线与 x 轴的正向夹角，如"20<45"）或"@长度<角度"（相对于上一点的相对极坐标，如"@ 50 < –30"）。

② 用鼠标等定标设备移动光标并单击左键在屏幕上直接取点。

③ 用目标捕捉方式捕捉屏幕上已有图形的特殊点（如端点、中点、中心点、插入点、交点、切点、垂足点等）。

④ 直接距离输入：先用光标拖曳出橡筋线确定方向，然后用键盘输入距离，这样有利于准确控制对象的长度等参数。例如，要绘制一条 10mm 长的线段，命令行提示如下。

```
命令:LINE ↙
指定第一个点:（在屏幕上指定一点）
指定下一点或 [放弃(U)]:
```

这时在屏幕上移动鼠标指针指明线段的方向，但不要单击鼠标左键确认，如图 1-48 所示。然后在命令行中输入"10"，这样就在指定方向上准确地绘制了长度为 10mm 的线段。

（2）距离值的输入。在 AutoCAD 命令中，有时需要提供高度、宽度、半径、长度等距离值。AutoCAD 提供了两种输入距离值的方式：一种是用键盘在命令行窗口中直接输入数值；另一种是在屏幕上拾取两点，以两点的距离值确定所需数值。

图 1-48　绘制直线

1.6　操作与实践

通过本章的学习，读者对 AutoCAD 的基础知识有了大致的了解。本节通过几个操作练习使读者进一步掌握本章的知识要点。

1.6.1　熟悉操作界面

1．目的要求

操作界面是用户绘制图形的平台，操作界面的各个部分都有其独特的功能，熟悉操作界面有助于用户方便、快速地进行绘图。本例要求了解操作界面各部分的功能，掌握改变绘图区颜色和光标大小的方法，并能够熟练地打开、移动和关闭工具栏。

2．操作提示

（1）启动 AutoCAD 2016，进入操作界面。

（2）调整操作界面大小。

（3）设置绘图区颜色与光标大小。

（4）打开、移动、关闭工具栏。

（5）尝试同时利用命令行、菜单命令和工具栏绘制一条线段。

1.6.2　设置绘图环境

1．目的要求

任何一个图形文件都有一个特定的绘图环境，包括图形边界、绘图单位、角度等。设置绘图环境通常有两种方法，即设置向导和单独的命令设置方法。通过学习设置绘图环境，可以促进读者对图形总体环境的认识。

2．操作提示

（1）选择菜单栏中的"文件"→"新建"命令，打开"选择样板"对话框，单击"打开"按钮，进入绘图界面。

（2）选择菜单栏中的"格式"→"图形界限"命令，设置界限为"（0,0），（297,210）"，在命令行中可以重新设置模型空间界限。

（3）选择菜单栏中的"格式"→"单位"命令，打开"图形单位"对话框，设置长度类型为"小数"，精度为 0.00；角度类型为十进制度数，精度为 0；用于缩放插入内容的单位为"毫米"，用于指定光源强度的单位为"国际"；角度方向为"顺时针"。

1.6.3　管理图形文件

1．目的要求

图形文件管理包括文件的新建、打开、保存、加密、退出等。本例要求读者熟练掌握 DWG 文件的赋名保存、自动保存、加密及打开的方法。

2．操作提示

（1）启动 AutoCAD 2016，进入操作界面。

（2）打开一幅已经保存过的图形。

（3）进行自动保存设置。

（4）尝试在图形上绘制任意图线。

（5）将图形以新的名称保存。

（6）退出该图形。

1.7　思考与练习

1．设置图形边界的命令有（　　　　）。

　　A．GRID　　　　　　　　B．SNAP 和 GRID　　　　C．LIMITS　　　　　　　　D．OPTIONS

2．在日常工作中贯彻办公和绘图标准时，下列最为有效的方式是（　　　　）。

　　A．应用典型的图形文件　　　　　　　　　　B．应用模板文件

　　C．重复利用已有的二维绘图文件　　　　　　D．在"启动"对话框中选取公制

3. 以下（　　　）选项不是文件保存格式。

    A. DWG　　　　　　　　B. DWF　　　　　　C. DWT　　　　　　　D. DWS

4. BMP 文件可以通过（　　　）方式创建。

    A. 选择"文件"→"保存"命令　　　　　　B. 选择"文件"→"另存为"命令

    C. 选择"文件"→"打印"命令　　　　　　D. 选择"文件"→"输出"命令

5. 打开未显示工具栏的方法有（　　　）。

    A. 选择"视图"→"工具栏"命令，在弹出的"工具栏"对话框中选中要显示工具栏的复选框

    B. 右击任一工具栏，在弹出的"工具栏"快捷菜单中单击工具栏名称，选中要显示的工具栏

    C. 在命令行中执行 TOOLBAR 命令

    D. 以上均可

6. 正常退出 AutoCAD 2016 的方法有（　　　）。

    A. QUIT 命令　　　　　　　　　　　　B. EXIT 命令

    C. 屏幕右上角的"关闭"按钮　　　　　　D. 直接关机

7. 调用 AutoCAD 2016 命令的方法有（　　　）。

    A. 在命令行输入命令名　　　　　　　　B. 在命令行输入命令缩写

    C. 选择菜单中的菜单选项　　　　　　　D. 单击工具栏中的对应图标

    E. 以上均可

8. 使用资源管理器打开"C:\Program Files\Autodesk\AutoCAD 2016\Sample\Multileaders.dwg"文件。

第2章

绘制二维图形

■ 二维图形是指在二维平面空间绘制的图形，主要由一些图形元素组成，如点、直线、圆弧、圆、椭圆、矩形、多边形、多段线、样条曲线、多线等几何元素。AutoCAD 提供了大量的绘图工具，可以帮助用户完成二维图形的绘制。本章主要介绍直线、圆弧、多边形、点、多段线、样条曲线、多线和图案填充等二维图形的绘制方法。

2.1 绘制直线类对象

AutoCAD 2016 提供了 5 种直线类对象，包括直线、射线、构造线、多线和多段线。本节主要介绍直线和构造线的画法。

2.1.1 直线

单击"默认"选项卡"绘图"面板中的"直线"按钮后，用户只需给定起点和终点，即可画出一条线段。一条线段即是一个图元。在 AutoCAD 中，图元是最小的图形元素，不能再被分解。一个图形是由若干个图元组成的。

1. 执行方式

命令行：LINE。

菜单栏："绘图"→"直线"，如图 2-1 所示。

工具栏："绘图"→"直线" ╱，如图 2-2 所示。

功能区："默认"→"绘图"→"直线" ╱，如图 2-3 所示。

2. 操作步骤

命令：LINE ╱
指定第一个点：（输入直线段的起点，用鼠标指针指定点或者指定点的坐标）
指定下一点或 [放弃(U)]：（输入直线段的端点）
指定下一点或 [放弃(U)]：（输入下一条直线段的端点。输入U表示放弃前面的输入；右击，在弹出的快捷菜单中选择"确认"命令，或回车结束命令）
指定下一点或 [闭合(C)/放弃(U)]：（输入下一条直线段的端点，或输入C使图形闭合，结束命令）

图 2-1 "绘图"菜单

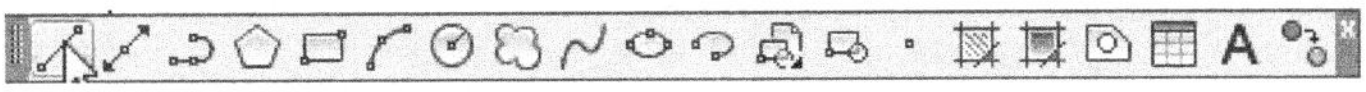

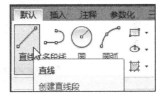

图 2-3 "绘图"面板

图 2-2 "绘图"工具栏

3. 选项说明

（1）在响应"指定下一点："时，若输入 U，或右击在弹出的快捷菜单中选择"放弃"命令，则可取消刚画出的线段。连续输入 U 并回车，即可连续取消相应的线段。

（2）在命令行的"命令："提示下输入 U，则取消上次执行的命令。

（3）在响应"指定下一点："时，若输入 C 或选择快捷菜单中的"闭合"命令，可以使绘制的折线封闭并结束操作，也可以直接输入长度值，绘制定长的直线段。

（4）若要画水平线和铅垂线，可按 F8 键进入正交模式。

（5）若要准确画线到某一特定点，可启用对象捕捉工具。

（6）利用 F6 键切换坐标形式，便于确定线段的长度和角度。

（7）从命令行输入命令时，可输入某一命令的大写字母。例如，从键盘输入 L（LINE）即可执行绘制直线命令，这样执行有关命令更加快捷。

（8）若要绘制带宽度信息的直线，可从"对象特性"工具栏中的"线宽控制"列表框中选择线的宽度。

（9）若设置动态数据输入方式（单击状态栏上的 **DYN** 按钮），则可以动态输入坐标值或长度值。下面的命令同样可以设置动态数据输入方式，效果与非动态数据输入方式类似。除了特别需要，以后不再强调，而只按非动态数据输入方式输入相关数据。

2.1.2 实例——标高符号

本实例利用直线命令绘制连续线段，从而绘制标高符号，如图 2-4 所示。

图 2-4 绘制标高符号

绘制步骤如下（光盘\动画演示\第 2 章\标高符号.avi）。

单击"默认"选项卡"绘图"面板中的"直线"按钮 ，绘制标高符号。命令行提示与操作如下。

标高符号

```
命令：_line
指定第一个点：输入"100,100"（1点）
指定下一点或[放弃(U)]：输入"@40<-135"（2点，也可以单击状态栏上的"DYN"按钮，
在光标位置为135°时，动态输入40，如图2-5所示）
指定下一点或[放弃(U)]：输入"@40<135"（3点，相对极坐标数值输入方法，此方法便于控制线段长度）
指定下一点或[闭合(C)/放弃(U)]：输入"@180,0"
指定下一点或[闭合(C)/放弃(U)]：按Enter键结束直线命令
```

绘制结果如图 2-6 所示。

图 2-5 动态输入　　　　　　　　　　　　图 2-6 标高符号

注意：输入坐标时，逗号必须是在西文状态下，否则会出现错误。

2.1.3 构造线

构造线是指在两个方向上无限延长的直线。构造线主要用作绘图时的辅助线。当绘制多视图时，为了保持投影联系，可先画出若干条构造线，再以构造线为基准画图。

1. 执行方式

命令行：XLINE。

菜单栏："绘图"→"构造线"。

工具栏："绘图"→"构造线" 。

功能区："默认"→"绘图"→"构造线" 。

2. 操作步骤

命令：XLINE✓
指定点或 [水平(H)/垂直(V)/角度(A)/二等分(B)/偏移(O)]：（给出点1）
指定通过点：（给定通过点2，绘制一条双向无限长直线）
指定通过点：（继续给定点并绘制线，如图2-7(a)所示，按<Enter>结束）

3. 选项说明

（1）执行选项中有"指定点""水平""垂直""角度""二等分"和"偏移"6种方式可以绘制构造线，分别如图 2-7 所示。

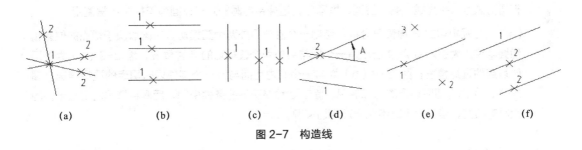

(a)　　　　　　(b)　　　　　　(c)　　　　　　(d)　　　　　　(e)　　　　　　(f)

图 2-7　构造线

（2）这种线可以模拟手工作图中的辅助作图线，用特殊的线型显示，在绘图输出时可不作输出。这种线常用于辅助作图的定位线。

2.2　绘制圆弧类对象

AutoCAD 2016 提供了圆、圆弧、圆环、椭圆和椭圆弧 5 种圆弧对象。

2.2.1　圆

AutoCAD 2016 提供了多种画圆方式，可根据不同需要选择不同的方法。

1. 执行方式

命令行：CIRCLE。

菜单栏："绘图"→"圆"。

工具栏："绘图"→"圆" ⊙。

功能区："默认"→"绘图"→"圆" ⊙。

2. 操作步骤

命令：CIRCLE✓
指定圆的圆心或 [三点(3P)/两点(2P)/切点、切点、半径(T)]：（指定圆心）
指定圆的半径或 [直径(D)]：（直接输入半径数值或用鼠标指定半径长度）

3. 选项说明

（1）三点（3P）：用指定圆周上 3 点的方法画圆。依次输入 3 个点，即可绘制出一个圆。

（2）两点（2P）：根据直径的两端点画圆。依次输入两个点，即可绘制出一个圆，两点间的距离为圆的直径。

（3）切点、切点、半径（T）：先指定两个相切对象，然后给出半径画圆。

图 2-8 所示为指定不同相切对象绘制的圆。

(a) 三点（3P）　　　　　(b) 两点（2P）　　　　(c) 切点、切点、半径（T）

图 2-8　圆与另外两个对象相切

相切对象可以是直线、圆、圆弧、椭圆等，这种绘制圆的方式在圆弧连接中经常使用。

（1）圆与圆相切的 3 种情况分析。绘制一个圆与另外两个圆相切，切圆取决于切点的位置和切圆半径的大小。图 2-9 所示是一个圆与另外两个圆相切的 3 种情况，图 2-9（a）为外切时切点的选择情况；图 2-9（b）为与一个圆内切而与另一个圆外切时切点的选择情况；图 2-9（c）为内切时切点的选择情况。假定 3 种情况下的条件相同，后两种情况对切圆半径的大小有限制，半径太小时不能出现内切情况。

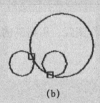

(a)　　　　　　　　(b)　　　　　　　　(c)

图 2-9　相切类型

（2）绘制圆。单击"默认"选项卡"绘图"面板中的"圆"按钮，显示出绘制圆的 6 种方法。其中，"相切、相切、相切"选择 3 个相切对象以绘制圆。

2.2.2　实例——连环圆

本实例利用"圆"命令绘制相切圆，从而绘制出连环圆，如图 2-10 所示。

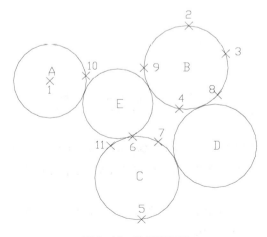

图 2-10　绘制连环圆

绘制步骤如下（光盘\动画演示\第 2 章\连环圆.avi）。

（1）单击"默认"选项卡"绘图"面板中的"圆"按钮 ⊘，绘制 A 圆。命令行中的提示与操作如下。

命令:circle✓
指定圆的圆心或 [三点(3P)/两点(2P)/切点、切点、半径(T)]: 150,160✓　（即1点）
指定圆的半径或 [直径(D)]: 40✓（画出A圆）

绘制结果如图 2-11 所示。

（2）单击"默认"选项卡"绘图"面板中的"圆"按钮 ⊘，绘制 B 圆。命令行中的提示与操作如下。

命令: circle✓
指定圆的圆心或 [三点(3P)/两点(2P)/切点、切点、半径(T)]: 3P✓　（三点画圆方式，或在动态输入模式下，单击下拉箭头按钮，打开动态菜单，如图2-12所示，选择"三点"选项）
指定圆上的第一个点: 300,220✓（即2点）
指定圆上的第二个点: 340,190✓（即3点）
指定圆上的第三个点: 290,130✓（即4点）（画出B圆）

图 2-11　绘制 A 圆　　　　　图 2-12　动态菜单

（3）单击"默认"选项卡"绘图"面板中的"圆"按钮 ⊘，绘制 C 圆。命令行中的提示与操作如下。

命令: circle✓
指定圆的圆心或 [三点(3P)/两点(2P)/切点、切点、半径(T)]:2P✓　（两点画圆方式）
指定圆直径的第一个端点: 250,10✓　（即5点）
指定圆直径的第二个端点: 240,100✓　（即6点）（画出C圆）

绘制结果如图 2-13 所示。

（4）单击"默认"选项卡"绘图"面板中的"圆"按钮 ⊘，绘制 D 圆。命令行中的提示与操作如下。

命令: circle✓
指定圆的圆心或 [三点(3P)/两点(2P)/切点、切点、半径(T)]: t✓　（切点、切点、半径画圆方式，系统自动打开"切点"捕捉功能）
指定对象与圆的第一个切点:　（在7点附近选中C圆）
指定对象与圆的第二个切点:　（在8点附近选中C圆）
指定圆的半径: <45.2769>:45✓　（画出D圆）

（5）选择菜单栏中的"绘图"→"圆"→"相切、相切、相切"命令，绘制 E 圆。命令行中的提示与操作如下。

命令: circle✓
指定圆的圆心或 [三点(3P)/两点(2P)/切点、切点、半径(T)]: 3P✓
指定圆上的第一个点:（打开状态栏上的"对象捕捉"按钮）_tan 到　（即9点）
指定圆上的第二个点: _tan 到　（即10点）
指定圆上的第三个点: _tan 到　（即11点）（画出E圆）

最后完成的图形如图 2-14 所示。

（6）单击"快速访问"工具栏中的"保存"按钮 🖫，在打开的"图形另存为"对话框中输入文件名保存即可。

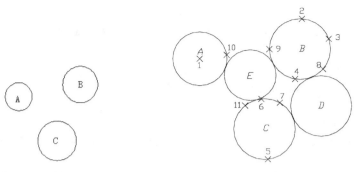

图 2-13　绘制 C 圆　　　　　　　　　　图 2-14　连环圆

2.2.3　圆弧

AutoCAD 2016 提供了多种画圆弧的方法，可根据不同的情况选择不同的方式。

1．执行方式

命令行：ARC（A）。

菜单栏："绘图"→"圆弧"。

工具栏："绘图"→"圆弧" 🖊。

功能区："默认"→"绘图"→"圆弧" 🖊。

2．操作步骤

命令：ARC✓
圆弧创建方向：逆时针(按住 Ctrl 键可切换方向)
指定圆弧的起点或 [圆心(C)]：（指定起点）
指定圆弧的第二点或 [圆心(C)/端点(E)]：（指定第二点）
指定圆弧的端点：（指定端点）

3．选项说明

（1）用命令行方式画圆弧时可以根据系统提示选择不同的选项，具体功能和使用"绘制"菜单中的"圆弧"子菜单提供的 11 种方式相似，如图 2-15 所示。

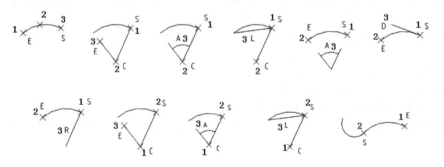

图 2-15　11 种绘制圆弧的方法

（2）需要强调的是"继续"方式，绘制的圆弧与上一线段或圆弧相切，继续画圆弧段，因此提供端点即可。

2.2.4　实例——梅花

本实例利用"圆弧"命令绘制梅花，如图 2-16 所示。

绘制步骤如下（光盘\动画演示\第 2 章\梅花.avi）。

（1）单击"默认"选项卡"绘图"面板中的"圆弧"按钮 ⌒，绘制第一段圆弧，
命令行提示与操作如下。

梅花

命令：ARC✓
圆弧创建方向：逆时针（按住 Ctrl 键可切换方向）
指定圆弧的起点或 [圆心(C)]：140,110✓
指定圆弧的第二点或 [圆心(C)/端点(E)]：E✓
指定圆弧的端点：@40<180✓
指定圆弧的中心点(按住 Ctrl 键以切换方向)或 [角度(A)/方向(D)/半径(R)]：R✓
指定圆弧的半径(按住 Ctrl 键以切换方向)：20✓

绘制结果如图 2-17 所示。

（2）单击"默认"选项卡"绘图"面板中的"圆弧"按钮 ⌒，绘制第二段圆弧，命令行提示与操作
如下。

命令：ARC✓
圆弧创建方向：逆时针（按住 Ctrl 键可切换方向）
指定圆弧的起点或 [圆心(C)]：（用鼠标指定刚才绘制圆弧的端点P2）
指定圆弧的第二点或 [圆心(C)/端点(E)]：E✓
指定圆弧的端点：@40<252✓
指定圆弧的中心点(按住 Ctrl 键以切换方向)或 [角度(A)/方向(D)/半径(R)]：A✓
指定夹角(按住 Ctrl 键以切换方向)：180✓

绘制结果如图 2-18 所示。

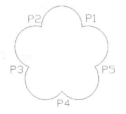

图 2-16　绘制梅花

图 2-17　P1~P2　　　　图 2-18　P2~P3

（3）单击"默认"选项卡"绘图"面板中的"圆弧"按钮 ⌒，绘制第三段圆弧，命令行提示与操作
如下。

命令：ARC✓
圆弧创建方向：逆时针（按住 Ctrl 键可切换方向）
指定圆弧的起点或 [圆心(C)]：（用鼠标指定刚才绘制圆弧的端点P3）
指定圆弧的第二点或 [圆心(C)/端点(E)]：C✓
指定圆弧的圆心：@20<324✓
指定圆弧的端点或 [角度(A)/弦长(L)]：A✓
指定夹角(按住 Ctrl 键以切换方向)：180✓

绘制结果如图 2-19 所示。

（4）单击"默认"选项卡"绘图"面板中的"圆弧"按钮 ⌒，绘制第四段圆弧，命令行提示与操作如下。

命令：ARC✓
圆弧创建方向：逆时针（按住 Ctrl 键可切换方向）
指定圆弧的起点或 [圆心(C)]：（用鼠标指定刚才绘制圆弧的端点P4）
指定圆弧的第二点或 [圆心(C)/端点(E)]：C✓
指定圆弧的圆心：@20<36✓
指定圆弧的端点(按住 Ctrl 键以切换方向)或 [角度(A)/弦长(L)]：L✓
指定弦长(按住 Ctrl 键以切换方向)：40✓

绘制结果如图 2-20 所示。

（5）单击"默认"选项卡"绘图"面板中的"圆弧"按钮，绘制第五段圆弧，命令行提示与操作如下。

命令：ARC ✓
圆弧创建方向：逆时针(按住 Ctrl 键可切换方向)
指定圆弧的起点或 [圆心(C)]：（用鼠标指定刚才绘制圆弧的端点P5）
指定圆弧的第二点或 [圆心(C)/端点(E)]：E✓
指定圆弧的端点：（用鼠标指定刚才绘制圆弧的端点P1）
指定圆弧的中心点(按住 Ctrl 键以切换方向)或 [角度(A)/方向(D)/半径(R)]：D✓
指定圆弧起点的相切方向(按住 Ctrl 键以切换方向)：@20,6✓

最后图形如图 2-21 所示。

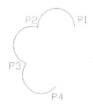
图 2-19　P3～P4

图 2-20　P4～P5

图 2-21　圆弧组成的梅花图案

2.2.5　圆环

可以通过指定圆环的内、外直径绘制圆环，也可以绘制填充圆。图 2-22 所示的车轮即是用圆环绘制的。

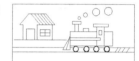
图 2-22　车轮

1. 执行方式

命令行：DONUT。

菜单栏："绘图"→"圆环"。

功能区："默认"→"绘图"→"圆环"◎。

2. 操作步骤

命令：DONUT✓
指定圆环的内径 <默认值>：（指定圆环内径）
指定圆环的外径 <默认值>：（指定圆环外径）
指定圆环的中心点或 <退出>：（指定圆环的中心点）
指定圆环的中心点或 <退出>：（继续指定圆环的中心点，则继续绘制相同内外径的圆环。用回车、空格键或鼠标右键结束命令，如图2-23（a）所示）

3. 选项说明

（1）若指定内径为 0，则画出实心填充圆，如图 2-23（b）所示。

（2）用 FILL 命令可以控制圆环是否填充，命令行提示如下。

命令：FILL✓
输入模式 [开(ON)/关(OFF)] <开>：（选择"开(ON)"选项表示填充，选择"关(OFF)"选项表示不填充，如图2-23（c）所示）

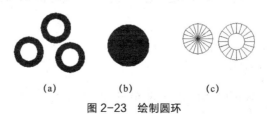

（a）　　　　（b）　　　　（c）

图 2-23　绘制圆环

2.2.6 椭圆与椭圆弧

椭圆也是一种典型的封闭曲线图形，圆在某种意义上可以看成是椭圆的特例。椭圆在工程图形中的应用不多，只在某些特殊造型，如室内设计单元中的浴盆、桌子等造型或机械造型中的杆状结构的截面形状等图形中才会出现。

1. 执行方式

命令行：ELLIPSE。

菜单栏："绘图" → "椭圆" 或 "绘图" → "椭圆" → "圆弧"。

工具栏："绘图" → "椭圆" ⬭ 或 "绘图" → "椭圆弧" ⟳。

功能区："默认" → "绘图" → "轴，端点" ⬭。

2. 操作步骤

命令：ELLIPSE✓
指定椭圆的轴端点或 [圆弧(A)/中心点(C)]：（指定轴端点1，如图2-24所示）
指定轴的另一个端点：（指定轴端点2，如图2-24所示）
指定另一条半轴长度或 [旋转(R)]：

3. 选项说明

指定椭圆的轴端点：根据两个端点定义椭圆的第一条轴。第一条轴的角度确定了整个椭圆的角度。第一条轴既可以定义椭圆的长轴，也可以定义椭圆的短轴。

旋转（R）：通过绕第一条轴旋转圆来创建椭圆。相当于将一个圆绕椭圆轴翻转一个角度后的投影视图，如图 2-25 所示。

中心点（C）：通过指定的中心点创建椭圆。

圆弧（A）：用于创建一段椭圆弧。与单击"绘图"面板中的"椭圆弧"按钮 ⟳ 功能相同。其中，第一条轴的角度确定了椭圆弧的角度。第一条轴既可以定义椭圆弧长轴，也可以定义椭圆弧短轴。选择该项，系统继续提示，具体如下。

指定椭圆弧的轴端点或 [中心点(C)]：（指定端点或输入C）
指定轴的另一个端点：（指定另一端点）
指定另一条半轴长度或 [旋转(R)]：（指定另一条半轴长度或输入R）
指定起点角度或 [参数(P)]：（指定起始角度或输入P）
指定端点角度或 [参数(P)/夹角(I)]：

其中，各选项含义介绍如下。

角度：指定椭圆弧端点的两种方式之一，光标和椭圆中心点连线与水平线的夹角为椭圆端点位置的角度，如图 2-26 所示。

参数（P）：指定椭圆弧端点的另一种方式，该方式同样是指定椭圆弧端点的角度，但通过以下矢量参数方程式创建椭圆弧。

$$p(u) = c + a \cos(u) + b \sin(u)$$

式中，c 是椭圆的中心点，a 和 b 分别是椭圆的长轴和短轴，u 为光标与椭圆中心点连线的夹角。

夹角（I）：定义从起始角度开始的包含角度。

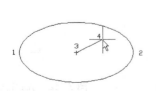

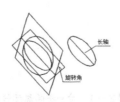

图 2-24　椭圆　　　　　　　图 2-25　旋转　　　　　图 2-26　椭圆弧

2.2.7 实例——洗脸盆

本实例主要介绍椭圆和椭圆弧绘制方法的具体应用。首先利用前面学到的知识绘制水龙头和旋钮，然后利用椭圆和椭圆弧绘制洗脸盆内沿和外沿，如图 2-27 所示。

洗脸盆

绘制步骤如下（光盘\动画演示\第 2 章\洗脸盆.avi）。

（1）单击"默认"选项卡"绘图"面板中的"直线"按钮 ，绘制水龙头图形，结果如图 2-28 所示。

（2）单击"默认"选项卡"绘图"面板中的"圆"按钮 ，绘制两个水龙头旋钮，结果如图 2-29 所示。

（3）单击"默认"选项卡"绘图"面板中的"轴，端点"按钮 ，绘制洗脸盆外沿。命令行中的提示与操作如下。

命令：_ellipse
指定椭圆的轴端点或 [圆弧(A)/中心点(C)]：（用鼠标指定椭圆轴端点）
指定轴的另一个端点：（用鼠标指定另一个端点）
指定另一条半轴长度或 [旋转(R)]：（用鼠标在屏幕上拉出另一条半轴长度）

绘制结果如图 2-30 所示。

图 2-27 绘制洗脸盆

图 2-28 绘制水龙头

图 2-29 绘制旋钮

（4）单击"默认"选项卡"绘图"面板中的"椭圆弧"按钮 ，绘制洗脸盆部分内沿。命令行中的提示与操作如下。

命令：_ellipse
指定椭圆的轴端点或 [圆弧(A)/中心点(C)]：a
指定椭圆弧的轴端点或 [中心点(C)]：C✓
指定椭圆弧的中心点：（捕捉上一步绘制的椭圆中心点）
指定轴的端点：（适当指定一点）
指定另一条半轴长度或 [旋转(R)]：R✓
指定绕长轴旋转的角度：（用鼠标指定椭圆轴端点）
指定起点角度或 [参数(P)]：（用鼠标拉出起始角度）
指定端点角度或 [参数(P)/夹角(I)]：（用鼠标拉出终止角度）

绘制结果如图 2-31 所示。

（5）单击"默认"选项卡"绘图"面板中的"圆弧"按钮 ，绘制洗脸盆内沿其他部分。最终结果如图 2-32 所示。

图 2-30 绘制洗脸盆外沿

图 2-31 绘制洗脸盆部分内沿

图 2-32 洗脸盆图形

2.3 绘制多边形和点

AutoCAD 2016 提供了直接绘制矩形和正多边形的方法，还提供了点、等分点、测量点的绘制方法，可根据需要进行选择。

2.3.1 矩形

用户可以直接绘制矩形，也可以对矩形进行倒角或倒圆角，还可以改变矩形的线宽。

1. 执行方式

命令行：RECTANG（REC）。

菜单栏："绘图"→"矩形"。

工具栏："绘图"→"矩形" □。

功能区："默认"→"绘图"→"矩形" □。

2. 操作步骤

命令：RECTANG↙
指定第一个角点或 [倒角(C)/标高(E)/圆角(F)/厚度(T)/宽度(W)]：（指定一点）
指定另一个角点或 [面积(A)/尺寸(D)/旋转(R)]：

3. 选项说明

（1）第一个角点：通过指定两个角点确定矩形，如图 2-33（a）所示。

（2）倒角（C）：指定倒角距离，绘制带倒角的矩形，如图 2-33（b）所示，每一个角点的逆时针和顺时针方向的倒角可以相同，也可以不同。其中，第一个倒角距离是指角点逆时针方向倒角距离，第二个倒角距离是指角点顺时针方向倒角距离。

（3）标高（E）：指定矩形标高（Z 坐标），即把矩形画在标高为 Z、与 XOY 坐标面平行的平面上，并作为后续矩形的标高值。

（4）圆角（F）：指定圆角半径，绘制带圆角的矩形，如图 2-33（c）所示。

（5）厚度（T）：指定矩形的厚度，如图 2-33（d）所示。

（6）宽度（W）：指定线宽，如图 2-33（e）所示。

| (a) | (b) | (c) | (d) | (e) |

图 2-33　绘制矩形

（7）面积（A）：指定面积和长或宽创建矩形。选择该项，系统提示如下。

输入以当前单位计算的矩形面积 <20.0000>：（输入面积值）
计算矩形标注时依据 [长度(L)/宽度(W)] <长度>：（按<Enter>或输入W）
输入矩形长度 <4.0000>：（指定长度或宽度）

指定长度或宽度后，系统自动计算出另一个维度后绘制出矩形。如果矩形被倒角或圆角，则在长度或宽度计算中会考虑此设置，如图 2-34 所示。

（8）尺寸（D）：使用长和宽创建矩形。第二个指定点将矩形定位在与第一角点相关的 4 个位置之一内。

（9）旋转（R）：旋转所绘制的矩形的角度。选择该项，系统提示如下。

指定旋转角度或 [拾取点(P)] <45>：（指定角度）
指定另一个角点或 [面积(A)/尺寸(D)/旋转(R)]：（指定另一个角点或选择其他选项）

指定旋转角度后，系统按指定角度创建矩形，如图 2-35 所示。

倒角距离(1,1)　　　　　　圆角半径：1.0mm
面积：20mm², 长度：6mm　　面积：20mm², 宽度：6mm

图 2-34　按面积绘制矩形　　　　　图 2-35　按指定旋转角度创建矩形

2.3.2　实例——台阶三视图

本实例利用"矩形""直线"命令绘制台阶三视图（俯视图、主视图和左视图），如图 2-36 所示。

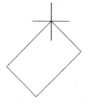

绘制步骤如下（光盘\动画演示\第 2 章\台阶三视图.avi）。

图 2-36　台阶三视图　　　　台阶三视图

（1）单击"默认"选项卡"绘图"面板中的"矩形"按钮▢，绘制矩形。命令行中的提示与操作如下。

```
命令：_rectang
当前矩形模式：旋转=90
指定第一个角点或 [倒角(C)/标高(E)/圆角(F)/厚度(T)/宽度(W)]: 0,0
指定另一个角点或 [面积(A)/尺寸(D)/旋转(R)]: @2000,210
```

绘制结果如图 2-37 所示。

（2）单击"默认"选项卡"绘图"面板中的"矩形"按钮▢，绘制台阶俯视图。命令行中的提示与操作如下。

```
命令：_rectang
当前矩形模式：旋转=90
指定第一个角点或 [倒角(C)/标高(E)/圆角(F)/厚度(T)/宽度(W)]: 0,210
指定另一个角点或 [面积(A)/尺寸(D)/旋转(R)]: @2000,210
命令：_rectang
当前矩形模式：旋转=90
指定第一个角点或 [倒角(C)/标高(E)/圆角(F)/厚度(T)/宽度(W)]: 0,420
指定另一个角点或 [面积(A)/尺寸(D)/旋转(R)]: @2000,210
```

绘制结果如图 2-38 所示。

图 2-37　绘制矩形　　　　　　　图 2-38　绘制台阶俯视图

（3）单击"默认"选项卡"绘图"面板中的"矩形"按钮▢，绘制台阶主视图。命令行中的提示与操作如下。

```
命令：_rectang
当前矩形模式：旋转=90
指定第一个角点或 [倒角(C)/标高(E)/圆角(F)/厚度(T)/宽度(W)]: 0,950 ✓
```

```
指定另一个角点或 [面积(A)/尺寸(D)/旋转(R)]:@2000,150 ✓
命令：_rectang ✓
当前矩形模式： 旋转=90
指定第一个角点或 [倒角(C)/标高(E)/圆角(F)/厚度(T)/宽度(W)]: 0,950 ✓
指定另一个角点或 [面积(A)/尺寸(D)/旋转(R)]:@2000,-150 ✓
```

绘制结果如图 2-39 所示。

（4）单击"默认"选项卡"绘图"面板中的"直线"按钮 ╱，绘制台阶左视图。命令行中的提示与操作如下。

```
命令：_line
指定第一个点: 2300,800✓
指定下一点或 [放弃(U)]: @210,0✓
指定下一点或 [放弃(U)]: @0,150✓
指定下一点或 [闭合(C)/放弃(U)]: @210,0✓
指定下一点或 [闭合(C)/放弃(U)]: @0,150✓
指定下一点或 [闭合(C)/放弃(U)]: @210,0✓
指定下一点或 [闭合(C)/放弃(U)]: @0,-300✓
指定下一点或 [闭合(C)/放弃(U)]: c✓
```

绘制结果如图 2-40 所示。

图 2-39　绘制台阶主视图

图 2-40　台阶三视图

2.3.3　正多边形

在 AutoCAD 2016 中可以绘制边数为 3～1024 的正多边形，非常方便。

1. 执行方式

命令行：POLYGON。

菜单栏："绘图"→"多边形"。

工具栏："绘图"→"多边形" ⬠。

功能区："默认"→"绘图"→"多边形" ⬠。

2. 操作步骤

```
命令：POLYGON✓
输入侧边数 <4>:（指定多边形的边数，默认值为4）
指定正多边形的中心点或 [边(E)]:（指定中心点）
输入选项 [内接于圆(I)/外切于圆(C)] <I>:（指定是内接于圆或外切于圆，I表示内接于圆，如图2-41（a）所示；
C表示外切于圆，如图2-41（b）所示）
指定圆的半径:（指定外切圆或内接圆的半径）
```

3. 选项说明

如果选择"边"选项，则只要指定多边形的一条边，系统就会按逆时针方向创建该正多边形，如图2-41（c）所示。

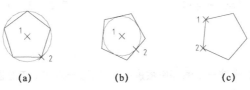
（a）　　　　　　　（b）　　　　　　　（c）

图 2-41　画正多边形

2.3.4 点

执行点命令，主要有如下 4 种调用方法。

1. 执行方式

命令行：POINT。

菜单栏："绘图"→"点"→"单点"/"多点"。

工具栏："绘图"→"点" 。

功能区："默认"→"绘图"→"多点" 。

2. 操作步骤

命令：POINT✓
当前点模式： PDMODE=0 PDSIZE=0.0000
指定点：（指定点所在的位置）

3. 选项说明

（1）通过菜单方法操作时如图 2-42 所示，"单点"命令表示只输入一个点，"多点"命令表示可输入多个点。

（2）可以打开状态栏中的"对象捕捉"开关，设置点捕捉模式，帮助用户拾取点。

（3）点在图形中的表示样式共有 20 种。可选择菜单栏中的"格式"→"点样式"命令，在打开的"点样式"对话框中进行设置，如图 2-43 所示。

图 2-42　"点"子菜单

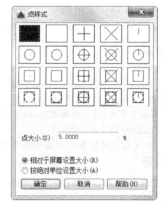

图 2-43　"点样式"对话框

2.3.5 定数等分

有时需要把某个线段或曲线按一定的等份数进行等分。这一点在手工绘图中很难实现，但在 AutoCAD 中，可以通过相关命令轻松完成。

1. 执行方式

命令行：DIVIDE（DIV）。

菜单栏："绘图" → "点" → "定数等分"。

功能区："默认" → "绘图" → "定数等分" ∧ₙ。

2. 操作步骤

命令：DIVIDE✓
选择要定数等分的对象：（选择要等分的实体）
输入线段数目或 [块(B)]：（指定实体的等分数，绘制结果如图2-44（a）所示）

3. 选项说明

（1）等分数范围为 2～32767。

（2）在等分点处按当前点样式设置画出等分点。

（3）在第二个提示行中选择"块（B）"选项时，表示在等分点处插入指定的块（BLOCK）。

2.3.6 定距等分

和定数等分类似，有时需要把某个线段或曲线按给定的长度为单元进行等分。在 AutoCAD 2016 中，可以通过相关命令来完成。

1. 执行方式

命令行：MEASURE（ME）。

菜单栏："绘图" → "点" → "定距等分"。

功能区 ："默认" → "绘图" → "定距等分" ∧。

2. 操作步骤

命令：MEASURE✓
选择要定距等分的对象：（选择要设置测量点的实体）
指定线段长度或 [块(B)]：（指定分段长度，绘制结果如图2-44（b）所示）

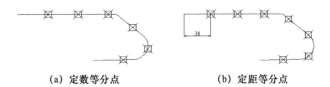

（a）定数等分点　　　　　（b）定距等分点

图 2-44　绘制等分点和测量点

3. 选项说明

（1）设置的起点一般是指定线的绘制起点。

（2）在第二个提示行中选择"块（B）"选项时，表示在测量点处插入指定的块，后续操作与 2.3.5 节等分点类似。

（3）在等分点处，按当前点样式绘制出等分点。

（4）最后一个测量段的长度不一定等于指定分段长度。

2.3.7 实例——楼梯

本实例利用"直线"命令绘制墙体与扶手，利用"定数等分"命令将扶手线等分，再利用"直线"命令根据等分点绘制台阶，从而绘制出楼梯，如图 2-45 所示。

绘制步骤如下（光盘\动画演示\第 2 章\楼梯.avi）。

楼梯

（1）单击"默认"选项卡"绘图"面板中的"直线"按钮 ⁄，绘制墙体与扶手，如图 2-46 所示。

（2）设置点样式。选择菜单栏中的"格式"→"点样式"命令，在打开的"点样式"对话框中选择 X 样式，如图 2-47 所示。

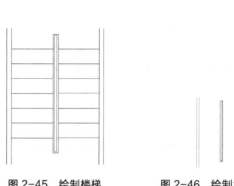

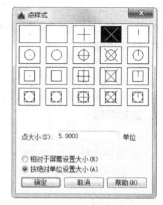

图 2-45　绘制楼梯　　　　图 2-46　绘制墙体与扶手　　　　图 2-47　"点样式"对话框

（3）单击"默认"选项卡"绘图"面板中的"定数等分"按钮，以左边扶手外面线段为对象，数目为 8 进行等分。命令行提示与操作如下。

```
命令：_divide
选择要定数等分的对象：选择"左边扶手外面线段"
输入线段数目或 [块(B)]: 8
```

绘制结果如图 2-48 所示。

（4）单击"默认"选项卡"绘图"面板中的"直线"按钮，分别以等分点为起点，左边墙体上的点为终点绘制水平线段，如图 2-49 所示。单击"默认"选项卡"修改"面板中的"删除"按钮，删除绘制的点，如图 2-50 所示。

用相同的方法绘制另一侧楼梯，结果如图 2-51 所示。

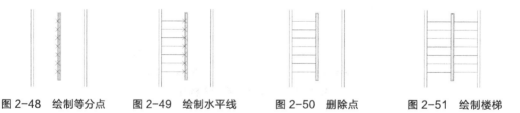

图 2-48　绘制等分点　　　图 2-49　绘制水平线　　　图 2-50　删除点　　　图 2-51　绘制楼梯

2.4　多段线

多段线是由宽窄相同或不同的线段和圆弧组合而成的。图 2-52 所示为利用多段线绘制的图形。用户可以使用 PEDIT（多段线编辑）命令对多段线进行各种编辑。

图 2-52　用多段线绘制的图形

2.4.1　绘制多段线

1. 执行方式

命令行：PLINE（PL）。

菜单栏："绘图"→"多段线"。

工具栏："绘图" → "多段线" 🔲。

功能区："默认" → "绘图" → "多段线" 🔲。

2．操作步骤

命令：PLINE↙
指定起点：（指定多段线的起点）
当前线宽为 0.0000
指定下一个点或 [圆弧(A)/半宽(H)/长度(L)/放弃(U)/宽度(W)]：（指定多段线的下一点）

3．选项说明

（1）圆弧（A）：该选项使 PLINE 命令由绘制直线方式变为绘制圆弧方式，并给出绘制圆弧的提示如下。

指定圆弧的端点(按住Ctrl键以切换方向)或[角度(A)/圆心(CE)/闭合(CL)/方向(D)/半宽(H)/直线(L)/半径(R)/第二个点(S)/放弃(U)/宽度(W)]。

其中，闭合（CL）选项是指系统从当前点到多段线的起点以当前宽度画一条直线，构成封闭的多段线，并结束 PLINE 命令的执行。

（2）半宽（H）：用来确定多段线的半宽度。

（3）长度（L）：确定多段线的长度。

（4）放弃（U）：可以删除多段线中刚画出的直线段（或圆弧段）。

（5）宽度（W）：确定多段线的宽度，操作方法与"半宽"选项类似。

2.4.2 编辑多段线

1．执行方式

命令行：PEDIT（PE）。

菜单栏："修改" → "对象" → "多段线"。

工具栏："修改 II" → "编辑多段线" 🔲。

快捷菜单："多段线" → "编辑多段线"。

功能区："默认" → "修改" → "编辑多段线" 🔲。

2．操作步骤

命令：PEDIT↙
选择多段线或 [多条(M)]：（选择一条要编辑的多段线）
输入选项 [闭合(C)/合并(J)/宽度(W)/编辑顶点(E)/拟合(F)/样条曲线(S)/非曲线化(D)/线型生成(L)/反转(R)/放弃(U)]：

3．选项说明

（1）合并（J）：以选中的多段线为主体，合并其他直线段、圆弧和多段线，使其成为一条多段线。能合并的条件是各段端点首尾相连，如图 2-53 所示。

（2）宽度（W）：修改整条多段线的线宽，使其具有同一线宽，如图 2-54 所示。

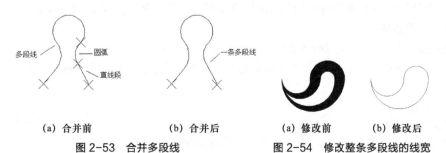

（a）合并前　　　　（b）合并后	（a）修改前　　　　（b）修改后
图 2-53　合并多段线	图 2-54　修改整条多段线的线宽

（3）编辑顶点（E）：选择该选项后，在多段线起点处出现一个斜的十字叉"×"，即当前顶点的标记，并在命令行出现后续操作的提示如下。

[下一个(N)/上一个(P)/打断(B)/插入(I)/移动(M)/重生成(R)/拉直(S)/切向(T)/宽度(W)/退出(X)] <N>：

这些选项允许用户进行移动、插入顶点和修改任意两点间的线宽等操作。

（4）拟合（F）：将指定的多段线生成由光滑圆弧连接的圆弧拟合曲线，该曲线经过多段线的各顶点，如图 2-55 所示。

（5）样条曲线（S）：将指定的多段线以各顶点为控制点生成 B 样条曲线，如图 2-56 所示。

（6）非曲线化（D）：将指定的多段线中的圆弧由直线代替。对于选用"拟合（F）"或"样条曲线（S）"选项后生成的圆弧拟合曲线或样条曲线，则删去生成曲线时新插入的顶点，恢复成由直线段组成的多段线。

(a) 修改前　　　　 (b) 修改后	(a) 修改前　　　　 (b) 修改后
图 2-55　生成圆弧拟合曲线	图 2-56　生成 B 样条曲线

（7）线型生成（L）：当多段线的线型为点画线时，控制多段线的线型生成方式开关。选择此选项，系统提示如下。

输入多段线线型生成选项 [开(ON)/关(OFF)] <关>：

选择"开（ON）"选项时，将在每个顶点处允许以短画开始和结束生成线型；选择"关（OFF）"选项时，将在每个顶点处以长画开始和结束生成线型。"线型生成"不能用于带变宽线段的多段线，如图 2-57 所示。

（a）关　　　　　　　　　　（b）开

图 2-57　控制多段线的线型（线型为点画线时）

2.4.3　实例——圈椅

本实例主要介绍多段线绘制及其编辑方法的具体应用。首先利用多段线绘制命令绘制圈椅外圈，然后利用圆弧命令绘制内圈，再利用多段线编辑命令将所绘制线条合并，最后利用圆弧和直线命令绘制椅垫，如图 2-58 所示。

图 2-58　绘制圈椅　　　　圈椅

绘制步骤如下（光盘\动画演示\第 2 章\圈椅.avi）。

（1）单击"默认"选项卡"绘图"面板中的"多段线"按钮 ⌐⌐，绘制外部轮廓。命令行提示与操作如下。

命令：_pline
指定起点：适当指定一点
指定下一个点或[圆弧(A)/半宽(H)/长度(L)/放弃(U)/宽度(W)]：@0,-600

指定下一点或[圆弧(A)/闭合(C)/半宽(H)/长度(L)/放弃(U)/宽度(W)]: @150,0
指定下一点或[圆弧(A)/闭合(C)/半宽(H)/长度(L)/放弃(U)/宽度(W)]: @0,600
指定下一点或[圆弧(A)/闭合(C)/半宽(H)/长度(L)/放弃(U)/宽度(W)]: A
指定圆弧的端点(按住 Ctrl 键以切换方向)或[角度(A)/圆心(CE)/闭合(CL)/方向(D)/半宽(H)/直线(L)/半径(R)/第二个点(S)/放弃(U)/宽度(W)]: R
指定圆弧的半径: 750
指定圆弧的端点(按住 Ctrl 键以切换方向)或[角度(A)]: A
指定夹角: 180
指定圆弧的弦方向 <90>: 180
指定圆弧的端点(按住 Ctrl 键以切换方向)或[角度(A)/圆心(CE)/闭合(CL)/方向(D)/半宽(H)/直线(L)/半径(R)/第二个点(S)/放弃(U)/宽度(W)]: L
指定下一点或[圆弧(A)/闭合(C)/半宽(H)/长度(L)/放弃(U)/宽度(W)]: @0,-600
指定下一点或[圆弧(A)/闭合(C)/半宽(H)/长度(L)/放弃(U)/宽度(W)]: @150,0
指定下一点或[圆弧(A)/闭合(C)/半宽(H)/长度(L)/放弃(U)/宽度(W)]: @0,600

绘制结果如图 2-59 所示。

（2）打开状态栏上的"对象捕捉"按钮，单击"默认"选项卡"绘图"面板中的"圆弧"按钮，绘制内圈。命令行提示与操作如下。

命令: _arc
指定圆弧的起点或[圆心(C)]:（捕捉右边竖线上端点）
指定圆弧的第二个点或[圆心(C)/端点(E)]: E
指定圆弧的端点:（后捕捉左边竖线上端点）
指定圆弧的圆心或[角度(A)/方向(D)/半径(R)]: D
指定圆弧的起点切向: 90

绘制结果如图 2-60 所示。

图 2-59　绘制外部轮廓

图 2-60　绘制内圈

（3）单击"默认"选项卡"修改"面板中的"编辑多段线"按钮，编辑多段线。命令行提示与操作如下。

命令: _pedit
选择多段线或[多条(M)]:（选择刚绘制的多段线）
输入选项[闭合(C)/合并(J)/宽度(W)/编辑顶点(E)/拟合(F)/样条曲线(S)/非曲线化(D)/线型生成(L)/反转(R)/放弃(U)]: J
选择对象:选择刚绘制的圆弧

系统将圆弧和原来的多段线合并成一个新的多段线，选择该多段线，可以看出所有线条都被选中，说明已经合并为一体了，如图 2-61 所示。

（4）打开状态栏上的"对象捕捉"按钮，单击"默认"选项卡"绘图"面板中的"圆弧"按钮，绘制椅垫，绘制结果如图 2-62 所示。

（5）单击"默认"选项卡"绘图"面板中的"直线"按钮，捕捉适当的点为端点，绘制一条水平线，最终结果如图 2-63 所示。

图 2-61　合并多段线

图 2-62　绘制椅垫

图 2-63　绘制直线

（1）利用 PLINE 命令可以画出不同宽度的直线、圆和圆弧，但在实际绘制工程图时，通常不是利用 PLINE 命令画出具有宽度信息的图形，而是利用 LINE、ARC、CIRCLE 等命令画出不具有（或具有）宽度信息的图形。

（2）多段线是否填充受 FILL 命令的控制。执行该命令，输入 OFF，即可使填充处于关闭状态。

2.5　样条曲线

样条曲线常用于绘制不规则的轮廓，如窗帘的皱褶等。

2.5.1　绘制样条曲线

1. 执行方式

命令行：SPLINE。

菜单栏："绘图"→"样条曲线"。

工具栏："绘图"→"样条曲线" ∿。

功能区："默认"→"绘图"→"样条曲线拟合" ∿。

2. 操作步骤

```
命令：SPLINE✓
当前设置：方式=拟合　节点=弦
指定第一个点或 [方式(M)/节点(K)/对象(O)]：（指定一点或选择方括号中的选项）
输入下一个点或 [起点切向(T)/公差(L)]：
输入下一个点或 [端点相切(T)/公差(L)/放弃(U)]：
```

3. 选项说明

（1）方式（M）：控制是使用拟合点还是使用控制点创建样条曲线，会因用户选择的是使用拟合点创建样条曲线的选项还是使用控制点创建样条曲线的选项而异。

（2）节点（K）：指定节点参数化，它会影响曲线在通过拟合点时的形状。

（3）对象（O）：将二维或三维的二次或三次样条曲线的拟合多段线转换为等价的样条曲线，然后（根据 DELOBJ 系统变量的设置）删除该拟合多段线。

（4）起点切向（T）：基于切向创建样条曲线。

（5）端点相切（T）：停止基于切向创建曲线。可通过指定拟合点继续创建样条曲线。

（6）公差（L）：指定距样条曲线必须经过的指定拟合点的距离。公差应用于除起点和端点外的所有拟合点。

2.5.2　编辑样条曲线

1. 执行方式

命令行：SPLINEDIT。

菜单栏："修改"→"对象"→"样条曲线"。

工具栏："修改 II"→"编辑样条曲线" ⌇ 。

快捷菜单："样条曲线"下拉菜单。

功能区："默认"→"修改"→"编辑样条曲线" ⌇ 。

2. 操作步骤

命令：SPLINEDIT↙

选择样条曲线：（选择要编辑的样条曲线。若选择的样条曲线是用SPLINE命令创建的，其近似点以夹点的颜色显示出来；若选择的样条曲线是用PLINE命令创建的，其控制点以夹点的颜色显示出来）

输入选项 [闭合(C)/合并(J)/拟合数据(F)/编辑顶点(E)/转换为多段线(P)/反转(R)/放弃(U)/退出(X)]:

3. 选项说明

（1）拟合数据（F）：编辑近似数据。选择该选项后，创建该样条曲线时指定的各点以小方格的形式显示出来。

（2）编辑顶点（E）：精密调整样条曲线定义。

（3）转换为多段线（P）：将样条曲线转换为多段线。

（4）反转（R）：翻转样条曲线的方向，该项操作主要用于应用程序。

2.5.3　实例——壁灯

壁灯

绘制步骤如下（光盘\动画演示\第 2 章\壁灯.avi）。

本实例主要介绍样条曲线的具体应用。首先利用"直线"命令绘制底座，然后利用"多段线"命令绘制灯罩，最后利用"样条曲线拟合"命令绘制装饰物，如图 2-64所示。

（1）单击"默认"选项卡"绘图"面板中的"矩形"按钮 ▢ ，在适当位置绘制一个 220mm×50mm的矩形。

（2）单击"默认"选项卡"绘图"面板中的"直线"按钮 ╱ ，在矩形中绘制 5 条水平直线，结果如图 2-65 所示。

（3）单击"默认"选项卡"绘图"面板中的"多段线"按钮 ⭢ ，绘制灯罩。命令行提示与操作如下。

命令：_pline
指定起点：（在矩形上方适当位置指定一点）
指定下一个点或[圆弧(A)/半宽(H)/长度(L)/放弃(U)/宽度(W)]: A
指定圆弧的端点或[角度(A)/圆心(CE)/方向(D)/半宽(H)/直线(L)/半径(R)/第二个点(S)/放弃(U)/宽度(W)]: S
指定圆弧上的第二个点：（捕捉矩形上边线中点）
指定圆弧的端点：（在图中合适的位置处捕捉一点）
指定圆弧的端点或[角度(A)/圆心(CE)/闭合(CL)/方向(D)/半宽(H)/直线(L)/半径(R)/第二个点(S)/放弃(U)/宽度(W)]: L
指定下一点或[圆弧(A)/闭合(C)/半宽(H)/长度(L)/放弃(U)/宽度(W)]:（捕捉圆弧起点）

重复多段线命令，在灯罩上绘制一个不等四边形，如图 2-66 所示。

（4）单击"默认"选项卡"绘图"面板中的"样条曲线拟合"按钮 ∿ ，绘制装饰物。命令行提示与操作如下。

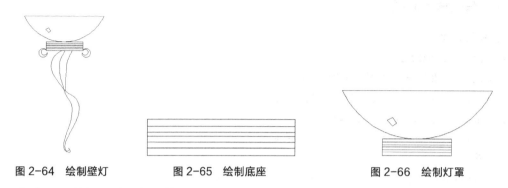

图 2-64　绘制壁灯　　　　　图 2-65　绘制底座　　　　　图 2-66　绘制灯罩

命令：_SPLINE
当前设置：方式=拟合　　节点=弦
指定第一个点或 [方式(M)/节点(K)/对象(O)]：_M
输入样条曲线创建方式 [拟合(F)/控制点(CV)] <拟合>：_FIT
当前设置：方式=拟合　　节点=弦
指定第一个点或[方式(M)/节点(K)/对象(O)]：（捕捉矩形底边上任一点）
输入下一个点或[起点切向(T)/公差(L)]：（在矩形下方合适的位置处指定一点）
输入下一个点或[端点相切(T)/公差(L)/放弃(U)]：（指定样条曲线的下一个点）
输入下一个点或[端点相切(T)/公差(L)/放弃(U)/闭合(C)]：（指定样条曲线的下一个点）
输入下一个点或[端点相切(T)/公差(L)/放弃(U)/闭合(C)]：↓

同理，绘制其他的样条曲线，结果如图 2-67 所示。

（5）单击"默认"选项卡"绘图"面板中的"多段线"按钮⤵，在矩形的两侧绘制月亮装饰，如图 2-68 所示。

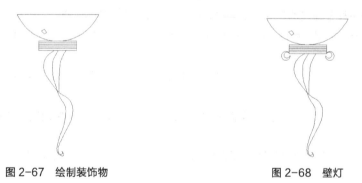

图 2-67　绘制装饰物　　　　　　　　　　　　图 2-68　壁灯

2.6　多线

多线是指由多条平行线构成的直线，连续绘制的多线是一个图元。多线内的直线线型可以相同，也可以不同，图 2-69 给出了几种多线形式。多线常用于建筑图的绘制。在绘制多线前应该对多线样式进行定义，然后用定义的样式绘制多线。

2.6.1　定义多线样式

使用多线命令绘制多线时，首先应对多线的样式进行设置，其中包括多线的数量，以及每条线之间的偏移距离等。

1. 执行方式

命令行：MLSTYLE。

2. 操作步骤

命令：MLSTYLE↙

执行该命令后，打开图 2-70 所示的"多线样式"对话框。在该对话框中，用户可以对多线样式进行定义、保存和加载等操作。

图 2-69 多线

图 2-70 "多线样式"对话框

（1）单击"新建"按钮，打开"创建新的多线样式"对话框，如图 2-71 所示。

（2）在"新样式名"文本框中输入"THREE"，单击"继续"按钮，打开"新建多线样式：THREE"对话框，如图 2-72 所示。

图 2-71 "创建新的多线样式"对话框

图 2-72 "新建多线样式：THREE"对话框

（3）在"封口"选项组中可以设置多线起点和端点的特性，包括以直线、外弧还是内弧封口，以及封口线段或圆弧的角度。

（4）在"填充颜色"下拉列表框中可以选择多线填充的颜色。

（5）在"图元"选项组中可以设置组成多线元素的特性。单击"添加"按钮，可以为多线添加元素；

反之，单击"删除"按钮，可以为多线删除元素。在"偏移"文本框中可以设置选中元素的位置偏移值。在"颜色"下拉列表框中可以为选中的元素选择颜色。单击"线型"按钮，可以为选中的元素设置线型。

（6）设置完毕后，单击"确定"按钮，返回"多线样式"对话框，在"样式"列表框中会显示刚才设置的多线样式名，选择该样式，单击"置为当前"按钮，则将此多线样式设置为当前样式，下面的预览框中会显示出当前多线样式。

（7）单击"确定"按钮，完成多线样式设置。

2.6.2 绘制多线

多线应用的一个最主要的场合是建筑墙线的绘制，在后面的学习中会通过相应的实例帮助读者进行体会。

1. 执行方式

命令行：MLINE。

菜单栏："绘图" → "多线"。

2. 操作步骤

命令：MLINE✓
当前设置：对正 = 上，比例 = 20.00，样式 = STANDARD
指定起点或 [对正(J)/比例(S)/样式(ST)]：（指定起点）
指定下一点：（给定下一点）
指定下一点或 [放弃(U)]：（继续给定下一点绘制线段。输入U，则放弃前一段的绘制；单击鼠标右键或回车，结束命令）
指定下一点或 [闭合(C)/放弃(U)]：（继续给定下一点，绘制线段。输入C，则闭合线段，结束命令）

3. 选项说明

（1）指定起点：执行该选项后（即输入多线的起点），系统会以当前的线型样式、比例和对正方式绘制多线。默认状态下，多线的形式是距离为 1mm 的平行线。

（2）对正（J）：用来确定绘制多线的基准（上、无、下）。

（3）比例（S）：用来确定所绘制的多线相对于定义的多线的比例系数，默认为 1.00。

（4）样式（ST）：用来确定绘制多线时所使用的多线样式，默认样式为 STANDARD。执行该选项后，根据系统提示，输入定义过的多线样式名称，或输入"？"显示已有的多线样式。

2.6.3 编辑多线

利用编辑多线命令，可以创建和修改多线样式。

1. 执行方式

命令行：MLEDIT。

菜单栏："修改" → "对象" → "多线"。

2. 操作步骤

执行该命令后，打开"多线编辑工具"对话框，如图 2-73 所示。利用该对话框可以创建或修改多线的模式。该对话框中分 4 列显示了示例图形。其中，第 1 列管理十字交叉形式的多线，第 2 列管理 T 形多线，第 3 列管理拐角接合点和节点，第 4 列管理多线被剪切或连接的形式。选择某个示例图形，即可调用该项编辑功能。

下面以"十字打开"为例介绍多线编辑方法：把选择的两条多线进行打开交叉。选择该选项后，出现如下提示。

选择第一条多线：（选择第一条多线）

选择第二条多线:（选择第二条多线）

选择完毕后，第二条多线被第一条多线横断交叉。系统继续提示如下。

选择第一条多线或[放弃(U)]:

可以继续选择多线进行操作（选择"放弃（U）"功能会撤销前次操作）。操作过程和执行结果如图2-74 所示。

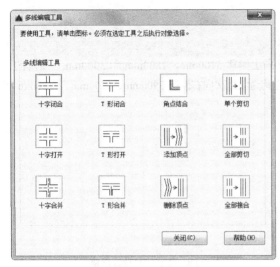

图 2-73 "多线编辑工具"对话框

(a) 选择第一条多线　(b) 选择第二条多线　(c) 执行结果

图 2-74 十字打开

2.6.4 实例——墙体

墙体

本实例利用"构造线"命令绘制辅助线，再利用"多线"命令绘制墙线，最后编辑多线得到所需的图形，如图 2-75 所示。

绘制步骤如下（光盘\动画演示\第 2 章\墙体.avi）。

（1）单击"默认"选项卡"绘图"面板中的"构造线"按钮 ，绘制出一条水平构造线和一条竖直构造线，组成"十"字辅助线。命令行中的提示与操作如下。

```
命令: _xline
指定点或 [水平(H)/垂直(V)/角度(A)/二等分(B)/偏移(O)]: h↙
指定通过点:（适当指定一点）
指定通过点: ↙
命令: _xline
指定点或 [水平(H)/垂直(V)/角度(A)/二等分(B)/偏移(O)]: v↙
指定通过点:（适当指定一点）
指定通过点: ↙
```

绘制结果如图 2-76 所示。

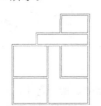

图 2-75 绘制墙体

图 2-76 "十"字辅助线

（2）单击"默认"选项卡"绘图"面板中的"构造线"按钮 ⟋，绘制辅助线。命令行中的提示与操作如下。

命令：XLINE↙
指定点或 [水平(H)/垂直(V)/角度(A)/二等分(B)/偏移(O)]：O↙
指定偏移距离或 [通过(T)] <通过>：4500↙
选择直线对象：（选择刚绘制的水平构造线）
指定向哪侧偏移：（指定右边一点）
选择直线对象：（继续选择刚绘制的水平构造线）
……

重复"构造线"命令，将偏移的水平构造线依次向上偏移 5100mm、1800mm 和 3000mm，绘制的水平构造线如图 2-77 所示。重复"构造线"命令，将竖直构造线依次向右偏移 3900mm、1800mm、2100mm 和 4500mm，结果如图 2-78 所示。

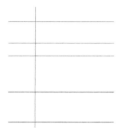
图 2-77　水平方向的主要辅助线

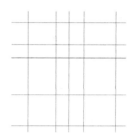
图 2-78　居室的辅助线网格

（3）选择菜单栏中的"格式"→"多线样式"命令，打开"多线样式"对话框，在其中单击"新建"按钮，打开"创建新的多线样式"对话框，在"新样式名"文本框中输入"墙体线"，单击"继续"按钮。

（4）打开"新建多线样式：墙体线"对话框，在其中进行图 2-79 所示的设置。

图 2-79　设置多线样式

（5）选择菜单栏中的"绘图"→"多线"命令，绘制多线墙体。命令行中的提示与操作如下。

命令：MLINE↙

当前设置: 对正 = 上, 比例 = 20.00, 样式 = STANDARD
指定起点或 [对正(J)/比例(S)/样式(ST)]: S↙
输入多线比例 <20.00>: 1↙
当前设置: 对正 = 上, 比例 = 1.00, 样式 = STANDARD
指定起点或 [对正(J)/比例(S)/样式(ST)]: J↙
输入对正类型 [上(T)/无(Z)/下(B)] <上>: Z↙
当前设置: 对正 = 无, 比例 = 1.00, 样式 = STANDARD
指定起点或 [对正(J)/比例(S)/样式(ST)]: (在绘制的辅助线交点上指定一点)
指定下一点: (在绘制的辅助线交点上指定下一点)
指定下一点或 [放弃(U)]: (在绘制的辅助线交点上指定下一点)
指定下一点或 [闭合(C)/放弃(U)]: (在绘制的辅助线交点上指定下一点)
......
指定下一点或 [闭合(C)/放弃(U)]:C↙

重复"多线"命令,根据辅助线网格绘制多线,绘制结果如图 2-80 所示。

(6)选择菜单栏中的"修改"→"对象"→"多线"命令,打开"多线编辑工具"对话框,如图 2-81 所示。选择其中的"T 形合并"选项,确认后,命令行中的提示与操作如下。

命令: MLEDIT↙
选择第一条多线:(选择多线)
选择第二条多线:(选择多线)
选择第一条多线或 [放弃(U)]:(选择多线)
......
选择第一条多线或 [放弃(U)]: ↙

重复编辑多线命令,继续进行多线编辑,最终结果如图 2-82 所示。

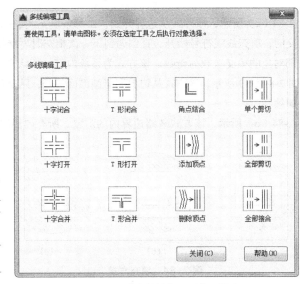

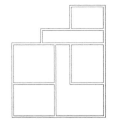

图 2-80 全部多线绘制结果　　　图 2-81 "多线编辑工具"对话框　　　图 2-82 墙体

2.7 图案填充

当需要用一个重复的图案(pattern)填充一个区域时,可以使用 BHATCH 命令建立一个相关联的填充阴影对象,即图案填充。

2.7.1 基本概念

1. 图案边界

当进行图案填充时，首先要确定填充图案的边界。定义边界的对象只能是直线、双向射线、单向射线、多义线、样条曲线、圆弧、圆、椭圆、椭圆弧、面域等对象或用这些对象定义的块，而且作为边界的对象在当前屏幕上必须全部可见。

2. 孤岛

在进行图案填充时，把位于总填充域内的封闭区域称为孤岛，如图 2-83 所示。在用 BHATCH 命令填充时，AutoCAD 允许以拾取点的方式确定填充边界，即在希望填充的区域内任意取一点，AutoCAD 会自动确定填充边界，同时也确定该边界内的岛。如果用户是以选取对象的方式确定填充边界，则必须确切地选取这些岛，相关知识将在 2.7.2 节中介绍。

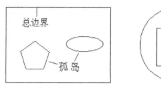
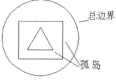

图 2-83 孤岛

3. 填充方式

在进行图案填充时，需要控制填充的范围，AutoCAD 系统为用户设置了以下 3 种填充方式实现对填充范围的控制。

（1）普通方式：如图 2-84（a）所示，该方式从边界开始，由每条填充线或每个填充符号的两端向里画，遇到内部对象与之相交时，填充线或符号断开，直到遇到下一次相交时再继续画。采用这种方式时，要避免剖面线或符号与内部对象的相交次数为奇数。该方式为系统内部的默认方式。

（2）最外层方式：如图 2-84（b）所示，该方式从边界向里画剖面符号，只要在边界内部与对象相交，剖面符号由此断开而不再继续画。

（3）忽略方式：如图 2-84（c）所示，该方式忽略边界内的对象，所有内部结构都被剖面符号覆盖。

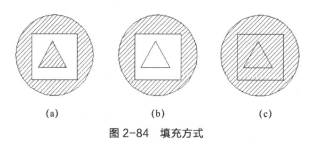

(a)　　　　　　　　(b)　　　　　　　　(c)

图 2-84 填充方式

2.7.2 图案填充的操作

在 AutoCAD 2016 中，可以对图形进行图案填充，图案填充是在"图案填充创建"选项卡中进行的。

1. 执行方式

命令行：BHATCH。

菜单栏："绘图" → "图案填充"。

工具栏："绘图" → "图案填充" 圖。

功能区："默认" → "绘图" → "图案填充" 圖。

2. 操作步骤

执行上述命令后，系统弹出图 2-85 所示的"图案填充创建"选项卡，各选项组和按钮含义如下。

图 2-85 "图案填充创建"选项卡

（1）"边界"面板

① 拾取点：通过选择由一个或多个对象形成的封闭区域内的点，确定图案填充边界，如图 2-86 所示。指定内部点时，可以随时在绘图区域中单击鼠标右键以显示包含多个选项的快捷菜单。

(a) 选择一点　　　　　　(b) 填充区域　　　　　　(c) 填充结果

图 2-86 边界确定

② 选择边界对象：指定基于选定对象的图案填充边界。使用该选项时，不会自动检测内部对象，必须选择选定边界内的对象，以按照当前孤岛检测样式填充这些对象，如图 2-87 所示。

(a) 原始图形　　　　　　(b) 选取边界对象　　　　　　(c) 填充结果

图 2-87 选取边界对象

③ 删除边界对象：从边界定义中删除之前添加的任何对象，如图 2-88 所示。

(a) 选取边界对象　　　　　　(b) 删除边界　　　　　　(c) 填充结果

图 2-88 删除"岛"后的边界

④ 重新创建边界：围绕选定的图案填充或填充对象创建多段线或面域，并使其与图案填充对象相关联（可选）。

⑤ 显示边界对象：选择构成选定关联图案填充对象的边界的对象，使用显示的夹点可修改图案填充边界。

⑥ 保留边界对象：指定如何处理图案填充边界对象。包括以下选项。

- 不保留边界。（仅在图案填充创建期间可用）不创建独立的图案填充边界对象。
- 保留边界-多段线。（仅在图案填充创建期间可用）创建封闭图案填充对象的多段线。
- 保留边界-面域。（仅在图案填充创建期间可用）创建封闭图案填充对象的面域对象。
- 选择新边界集。指定对象的有限集（称为边界集），以便通过创建图案填充时的拾取点进行计算。

（2）"图案"面板

该面板用于显示所有预定义和自定义图案的预览图像。

（3）"特性"面板

① 图案填充类型：指定是使用纯色、渐变色、图案还是用户定义的填充。

② 图案填充颜色：替代实体填充和填充图案的当前颜色。

③ 背景色：指定填充图案背景的颜色。

④ 图案填充透明度：设定新图案填充或填充的透明度，替代当前对象的透明度。

⑤ 图案填充角度：指定图案填充或填充的角度。

⑥ 填充图案比例：放大或缩小预定义或自定义填充图案。

⑦ 相对图纸空间：（仅在布局中可用）相对于图纸空间单位缩放填充图案。使用此选项，可很容易地做到以适合于布局的比例显示填充图案。

⑧ 双向：（仅当"图案填充类型"设定为"用户定义"时可用）将绘制第二组直线，与原始直线成90°角，从而构成交叉线。

⑨ ISO 笔宽：（仅对于预定义的 ISO 图案可用）基于选定的笔宽缩放 ISO 图案。

（4）"原点"面板

① 设定原点：直接指定新的图案填充原点。

② 左下：将图案填充原点设定在图案填充边界矩形范围的左下角。

③ 右下：将图案填充原点设定在图案填充边界矩形范围的右下角。

④ 左上：将图案填充原点设定在图案填充边界矩形范围的左上角。

⑤ 右上：将图案填充原点设定在图案填充边界矩形范围的右上角。

⑥ 中心：将图案填充原点设定在图案填充边界矩形范围的中心。

⑦ 使用当前原点：将图案填充原点设定在 HPORIGIN 系统变量中存储的默认位置。

⑧ 存储为默认原点：将新图案填充原点的值存储在 HPORIGIN 系统变量中。

（5）"选项"面板

① 关联：指定图案填充或填充为关联图案填充。关联的图案填充或填充在用户修改其边界对象时将会更新。

② 注释性：指定图案填充为注释性。此特性会自动完成缩放注释过程，从而使注释能够以正确的大小在图纸上打印或显示。

③ 特性匹配，内容如下。

- 使用当前原点：使用选定图案填充对象（除图案填充原点外）设定图案填充的特性。
- 使用源图案填充的原点：使用选定图案填充对象（包括图案填充原点）设定图案填充的特性。

- 允许的间隙：设定将对象用作图案填充边界时可以忽略的最大间隙。默认值为 0，此值指定对象必须封闭区域而没有间隙。
- 创建独立的图案填充：控制当指定了几个单独的闭合边界时，是创建单个图案填充对象，还是创建多个图案填充对象。

④ 孤岛检测，包括以下选项。

- 普通孤岛检测：从外部边界向内填充。如果遇到内部孤岛，填充将关闭，直到遇到孤岛中的另一个孤岛。
- 外部孤岛检测：从外部边界向内填充。此选项仅填充指定的区域，不会影响内部孤岛。
- 忽略孤岛检测：忽略所有内部的对象，填充图案时将通过这些对象。

⑤ 绘图次序：为图案填充或填充指定绘图次序。选项包括不更改、后置、前置、置于边界之后和置于边界之前。

（6）"关闭"面板

关闭"图案填充创建"：退出 HATCH 并关闭上下文选项卡。也可以按 Enter 键或 Esc 键退出 HATCH。

2.7.3　渐变色的操作

在 AutoCAD2016 中，对图形进行渐变色图案填充和图案填充一样，都是在"图案填充创建"选项卡中进行的。打开"图案填充创建"选项卡，主要有如下 4 种方法。

命令行：GRADIENT。

菜单栏："绘图"→"渐变色"。

工具栏："绘图"→"图案填充"。

功能区："默认"→"绘图"→"渐变色"。

执行上述命令后系统打开图 2-89 所示的"图案填充创建"选项卡，各面板中的按钮含义与图案填充的类似，这里不再赘述。

图 2-89　"图案填充创建"选项卡 2

2.7.4　编辑填充的图案

在对图形对象以图案进行填充后，还可以对填充图案进行编辑操作，如更改填充图案的类型、比例等。更改填充图案，主要有如下 6 种方法。

命令行：HATCHEDIT。

菜单栏："修改"→"对象"→"图案填充"。

工具栏："修改 II"→"编辑图案填充"。

功能区："默认"→"修改"→"编辑图案填充"。

快捷菜单：选中填充的图案右击，在打开的快捷菜单中选择"图案填充编辑…"命令，如图 2-90 所示。

快捷方法：直接选择填充的图案，打开"图案填充编辑器"选项卡，如图 2-91 所示。

图 2-90　快捷菜单

图 2-91 "图案填充编辑器"选项卡

2.7.5　实例——小房子

本实例利用"直线"命令绘制屋顶和外墙轮廓，再利用"矩形""圆环""多段线"等命令绘制门、把手、窗、牌匾，最后利用"图案填充"命令填充图案，如图 2-92 所示。

图 2-92　绘制小房子

绘制步骤如下（光盘\动画演示\第 2 章\小房子.avi）。

（1）单击"默认"选项卡"绘图"面板中的"直线"按钮，以{（0,500）、（@600,0）}为端点坐标绘制直线。

重复"直线"命令，单击状态栏中的"对象捕捉"按钮，捕捉绘制好的直线的中点为起点，以（@0,50）为第二点坐标绘制直线。连接各端点，完成屋顶轮廓的绘制，结果如图 2-93 所示。

小房子

（2）单击"默认"选项卡"绘图"面板中的"矩形"按钮，以（50,500）为第一角点，（@500,-350）为第二角点绘制墙体轮廓，结果如图 2-94 所示。

单击状态栏中的"线宽"按钮，绘制结果如图 2-95 所示。

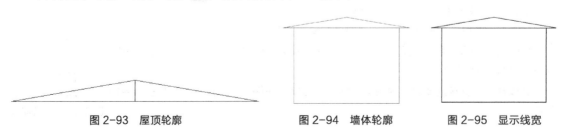

图 2-93　屋顶轮廓　　　　图 2-94　墙体轮廓　　　　图 2-95　显示线宽

（3）绘制门。操作步骤如下。

① 单击"默认"选项卡"绘图"面板中的"矩形"按钮 □，以墙体底面中点作为第一角点，以（@90,200）为第二角点绘制右边的门，重复"矩形"命令，以墙体底面中点作为第一角点，以（@-90,200）为第二角点绘制左边的门，绘制结果如图 2-96 所示。

② 单击"默认"选项卡"绘图"面板中的"矩形"按钮 □，在适当的位置绘制一个长度为 10mm、高度为 40mm、倒圆半径为 5mm 的矩形作为门把手。命令行中的提示与操作如下。

命令：rectang↙
指定第一个角点或 [倒角(C)/标高(E)/圆角(F)/厚度(T)/宽度(W)]：f↙
指定矩形的圆角半径 <0.0000>：5↙
指定第一个角点或 [倒角(C)/标高(E)/圆角(F)/厚度(T)/宽度(W)]：（在图上选取合适的位置）
指定另一个角点或 [面积(A)/尺寸(D)/旋转(R)]：@10,40↙

重复"矩形"命令，绘制另一个门把手，结果如图 2-97 所示。

图 2-96　绘制门体　　　　　　图 2-97　绘制门把手

③ 选择菜单栏中的"绘图"→"圆环"命令，在适当的位置绘制两个内径为 20mm、外径为 24mm 的圆环作为门环。命令行中的提示与操作如下。

命令：donut↙
指定圆环的内径 <30.0000>：20↙
指定圆环的外径 <35.0000>：24↙
指定圆环的中心点或 <退出>：（适当指定一点）
指定圆环的中心点或 <退出>：（适当指定一点）
指定圆环的中心点或 <退出>：↙

绘制结果如图 2-98 所示。

（4）单击"默认"选项卡"绘图"面板中的"矩形"按钮 □，绘制外玻璃窗，指定门的左上角点为第一个角点，指定第二点为（@-120,-100）；接着指定门的右上角点为第一个角点，指定第二点为（@120, -100）。

重复"矩形"命令，以（205,345）为第一角点、（@-110,-90）为第二角点绘制左边内玻璃窗，以（505,345）为第一角点、（@-110,-90）为第二角点绘制右边的内玻璃窗，结果如图 2-99 所示。

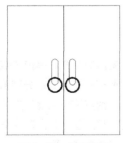

图 2-98　绘制门环

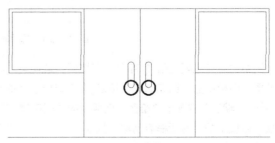

图 2-99　绘制窗户

（5）单击"默认"选项卡"绘图"面板中的"多段线"按钮 ，绘制牌匾。命令行中的提示与操作如下。

```
命令：_pline
指定起点：（用光标拾取一点作为多段线的起点）
当前线宽为 0.0000
指定下一个点或 [圆弧(A)/半宽(H)/长度(L)/放弃(U)/宽度(W)]: @200,0
指定下一点或 [圆弧(A)/闭合(C)/半宽(H)/长度(L)/放弃(U)/宽度(W)]: a
指定圆弧的端点(按住 Ctrl 键以切换方向)或[角度(A)/圆心(CE)/闭合(CL)/方向(D)/半宽(H)/直线(L)/半径(R)/第二个点(S)/放弃(U)/宽度(W)]: a
指定夹角: 180
指定圆弧的端点(按住 Ctrl 键以切换方向)或 [圆心(CE)/半径(R)]:  r
指定圆弧的半径: 40
指定圆弧的弦方向(按住 Ctrl 键以切换方向) <291>: 90
指定圆弧的端点(按住 Ctrl 键以切换方向)或[角度(A)/圆心(CE)/闭合(CL)/方向(D)/半宽(H)/直线(L)/半径(R)/第二个点(S)/放弃(U)/宽度(W)]: l
指定下一点或 [圆弧(A)/闭合(C)/半宽(H)/长度(L)/放弃(U)/宽度(W)]: @-200,0
指定下一点或 [圆弧(A)/闭合(C)/半宽(H)/长度(L)/放弃(U)/宽度(W)]: a
指定圆弧的端点(按住 Ctrl 键以切换方向)或[角度(A)/圆心(CE)/闭合(CL)/方向(D)/半宽(H)/直线(L)/半径(R)/第二个点(S)/放弃(U)/宽度(W)]: a
指定夹角: 180
指定圆弧的端点(按住 Ctrl 键以切换方向)或 [圆心(CE)/半径(R)]:r
指定圆弧的半径: 40
指定圆弧的弦方向(按住 Ctrl 键以切换方向) <291>: -90
指定圆弧的端点(按住 Ctrl 键以切换方向)或[角度(A)/圆心(CE)/闭合(CL)/方向(D)/半宽(H)/直线(L)/半径(R)/第二个点(S)/放弃(U)/宽度(W)]:
```

（6）单击"默认"选项卡"修改"面板中的"移动"按钮 ，将绘制好的牌匾移动到适当位置。

（7）单击"默认"选项卡"修改"面板中的"偏移"按钮 ，将绘制好的牌匾向内偏移 5mm，结果如图 2-100 所示。

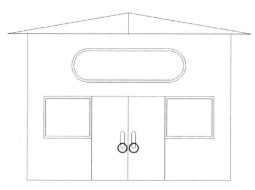

图 2-100　牌匾轮廓

（8）图案的填充主要包括 5 部分，即墙面、玻璃窗、门把手、牌匾和屋顶的填充。单击"默认"选项卡"绘图"面板中的"图案填充"按钮 ，选择适当的图案，即可分别填充完成这 5 部分图形。

① 单击"默认"选项卡"绘图"面板中的"图案填充"按钮 ，打开"图案填充创建"选项卡，单击"选项"面板下的"对话框启动器"按钮 ，打开"图案填充和渐变色"对话框，单击对话框右下角的 按钮展开对话框，在"孤岛"选项组中选择"外部"孤岛显示样式，如图 2-101 所示。

图 2-101 "图案填充和渐变色"对话框

在该对话框中选择"类型"为"预定义",单击"图案"下拉列表框后面的 ⸺ 按钮,打开"填充图案选项板"对话框,选择"其他预定义"选项卡中的 BRICK 图案,如图 2-102 所示。

确认后,返回"图案填充和渐变色"对话框,将比例设置为 2。单击 ⊞ 按钮,需要切换到绘图平面,在墙面区域中选取一点,按<Enter>键后,返回"图案填充和渐变色"对话框,单击"确定"按钮,完成墙面的填充,如图 2-103 所示。

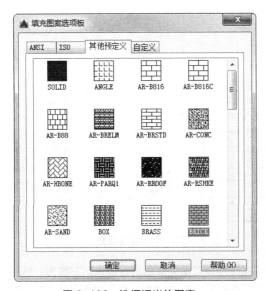

图 2-102 选择适当的图案

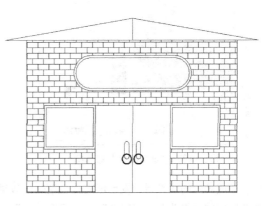

图 2-103 完成墙面填充

② 用同样的方法，选择"其他预定义"选项卡中的"**STEEL**"图案，将其比例设置为"**4**"，选择窗户区域进行填充，填充结果如图 2-104 所示。

③ 用同样的方法，选择"**ANSI 选项卡**"中的"**ANSI33**"图案，将其比例设置为"**4**"，选择门把手区域进行填充，填充结果如图 2-105 所示。

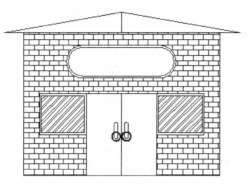

图 2-104　完成窗户填充　　　　　　　　图 2-105　完成门把手填充

④ 单击"默认"选项卡"绘图"面板中的"渐变色"按钮■，打开"图案填充创建"选项卡，如图 2-106 所示。单击"渐变色 2"单选按钮■，将"渐变色 2"关闭，使其成为单变色，在"渐变色 1"下拉列表下选择"更多颜色"按钮●，打开"选择颜色"对话框，如图 2-107 所示。

确认后，返回"图案填充创建"选项卡，在牌匾区域中选取一点，按<Enter>键后，完成牌匾的填充，如图 2-108 所示。

图 2-106　"图案填充创建"选项卡

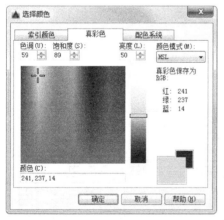
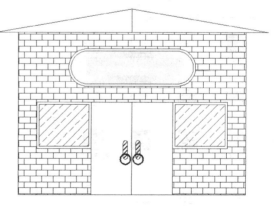

图 2-107　"选择颜色"对话框　　　　　　图 2-108　完成牌匾填充

完成牌匾的填充后，发现填充金色渐变的效果不好，此时可以对渐变颜色进行修改，方法为：选择菜单栏中的"修改"→"对象"→"图案填充"命令，然后选择渐变填充对象，打开"图案填充编辑"

对话框，将渐变颜色重新进行设置，如图 2-109 所示，单击"确定"按钮，完成牌匾填充图案的修改，如图 2-110 所示。

图 2-109 "图案填充编辑"对话框

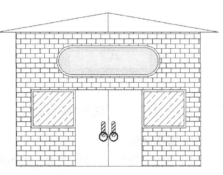

图 2-110 编辑填充图案

⑤ 采用相同的方法，打开"图案填充创建"选项卡，分别设置"渐变色 1"和"渐变色 2"为红色和绿色，选择一种颜色过渡方式，如图 2-111 所示。确认后，选择屋顶区域进行填充，填充结果如图 2-92 所示。

图 2-111 设置屋顶填充颜色

2.8 操作与实践

通过本章的学习，读者对不同二维图形的绘制方法有了大致的了解。本节通过几个操作练习使读者进一步掌握本章知识要点。

2.8.1 绘制洗脸盆

1. 目的要求

本例反复利用"圆""圆弧""直线""椭圆弧"命令绘制洗脸盆，从而使读者灵活掌握圆、圆弧和椭圆弧的绘制方法，如图 2-112 所示。

2．操作提示

（1）绘制水龙头。

（2）绘制水龙头旋钮。

（3）绘制洗脸盆外沿。

（4）绘制洗脸盆内沿。

2.8.2　绘制车模

1．目的要求

本例利用"圆"和"圆环"命令绘制车轮，再利用"直线""多段线""圆弧"等命令绘制轮廓，最后利用"矩形"和"多边形"绘制车窗，如图 2-113 所示，要求读者掌握相关命令。

图 2-112　洗脸盆

图 2-113　车模

2．操作提示

（1）利用"圆"和"圆环"命令绘制车轮。

（2）利用"直线""多段线""圆弧"等命令绘制轮廓。

（3）利用"矩形"和"多边形"绘制车门和车窗。

2.8.3　绘制花园一角

1．目的要求

本例图形为花园一角（见图 2-114），绘制中涉及多种命令。为了做到准确无误，读者需要灵活掌握各种命令的绘制方法。

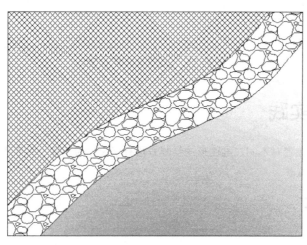

图 2-114　花园一角

2. 操作提示

（1）分别利用"矩形"和"样条曲线"命令绘制花园外形。

（2）分别选用不同的填充类型和图案类型进行填充。

2.9 思考与练习

1. 可以有宽度的线有（　　）。

　　A. 构造线　　　　　　　B. 多段线　　　　　　　C. 直线　　　　　　　D. 样条曲线

2. 可以用 FILL 命令进行填充的图形有（　　）。

　　A. 多段线　　　　　　　B. 圆环　　　　　　　C. 椭圆　　　　　　　D. 多边形

3. 下面的命令能绘制出线段或类似线段的图形有（　　）。

　　A. LINE　　　　　　　B. XLINE　　　　　　　C. PLINE　　　　　　　D. ARC

4. 以同一点作为中心，分别以 I 和 C 两种方式绘制半径为 40mm 的正五边形，间距是（　　）mm。

　　A. 7.6　　　　　　　B. 8.56　　　　　　　C. 9.78　　　　　　　D. 12.34

5. 若需要编辑已知多段线，使用"多段线"命令中的（　　）选项可以创建宽度不等的对象。

　　A. 锥形（T）　　　　　B. 宽度（W）　　　　　C. 样条（S）　　　　　D. 编辑顶点（E）

6. 绘制图 2-115 所示的矩形。外层矩形长度为 150mm，宽度为 100mm，线宽为 5mm，圆角半径为 10mm；内层矩形面积为 2400mm，宽度为 30mm，线宽为 0mm，第一倒角距离为 6mm，第二倒角距离为 4mm。

图 2-115　矩形

第3章

基本绘图工具

■ 为了快捷准确地绘制图形和方便高效地管理图形，AutoCAD提供了多种必要的绘图工具，如图层管理器、精确定位工具、图形显示工具等。利用这些工具，可以方便、迅速、准确地实现图形的绘制和编辑，不仅可提高工作效率，而且能更好地保证图形的质量。

3.1 图层设置

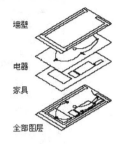

AutoCAD中的图层就如同在手工绘图中使用的重叠透明图纸,如图3-1所示。图层可以用来组织不同类型的信息。在 AutoCAD 中,图形的每个对象都位于一个图层上,所有图形对象都具有图层、颜色、线型和线宽这 4 个基本属性。在绘制时,图形对象将创建在当前的图层上。每个 CAD 文档中图层的数量是不受限制的,每个图层都有自己的名称。

图 3-1　图层示意图

3.1.1 建立新图层

新建的 CAD 文档中只能自动创建一个名为 0 的特殊图层。默认情况下,图层 0 将被指定使用 7 号颜色、Continuous 线型、"默认"线宽以及 NORMAL 打印样式。不能删除或重命名图层 0。通过创建新的图层,可以将类型相似的对象指定给同一个图层使其相关联。例如,可以将构造线、文字、标注和标题栏置于不同的图层上,并为这些图层指定通用特性。通过将对象分类放到各自的图层中,可以快速有效地控制对象的显示并对其进行更改。

1. 执行方式

命令行:LAYER。

菜单栏:"格式"→"图层"。

工具栏:"图层"→"图层特性管理器" ，如图 3-2 所示。

功能区:"默认"→"图层"→"图层特性" ，如图 3-3 所示。

图 3-2　"图层"工具栏

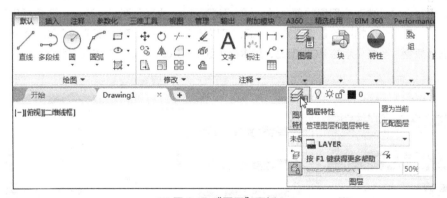

图 3-3　"图层"面板

2. 操作步骤

执行上述命令后,弹出"图层特性管理器"对话框,如图 3-4 所示。

单击"图层特性管理器"对话框中的"新建图层"按钮 ，建立新图层,默认的图层名为"图层 1"。可以根据绘图需要更改图层名,如改为实体层、中心线层或标准层等。

在一个图形中可以创建的图层数以及在每个图层中可以创建的对象数实际上是无限的。图层最长可使用 255 个字符的字母、数字命名。图层特性管理器按名称的字母顺序排列图层。

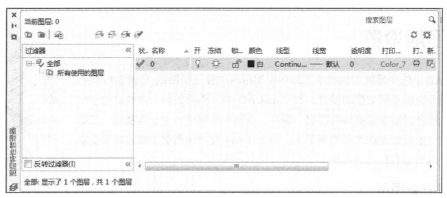

图 3-4 "图层特性管理器"对话框

如果要建立多个图层，无须重复单击"新建图层"按钮 ⬚。更有效的方法是：在建立一个新的图层"图层 1"后，改变图层名，在其后输入一个逗号","，这样就会又自动建立一个新图层"图层 1"，改变图层名，再输入一个逗号，又一个新的图层建立了，依次建立各个图层。也可以按两次<Enter>，建立另一个新的图层。图层的名称也可以更改，直接双击图层名称，输入新的名称即可。

在每个图层属性设置中，包括图层名称、关闭/打开图层、冻结/解冻图层、锁定/解锁图层、图层线条颜色、图层线条线型、图层线条宽度、图层打印样式以及图层是否打印 9 个参数。下面部分讲述如何设置图层参数。

（1）设置图层颜色。在工程制图中，整个图形包含多种不同功能的图形对象，如实体、剖面线与尺寸标注等，为了便于直观地区分它们，有必要针对不同的图形对象使用不同的颜色，如实体层使用白色、剖面线层使用青色等。要改变图层的颜色时，单击图层所对应的颜色图标，弹出"选择颜色"对话框，如图 3-5 所示。它是一个标准的颜色设置对话框，可以使用"索引颜色""真彩色"和"配色系统"3 个选项卡来选择颜色。系统显示的 RGB 配比，即 Red（红）、Green（绿）和 Blue（蓝）3 种颜色。

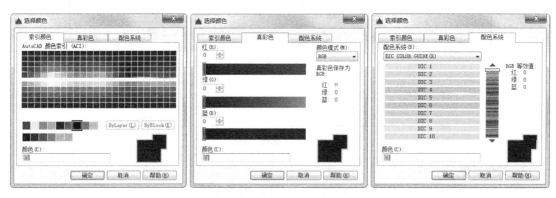

图 3-5 "选择颜色"对话框

（2）设置图层线型。单击图层所对应的线型图标，弹出"选择线型"对话框，如图 3-6 所示。默认情况下，在"已加载的线型"列表框中，系统只添加了 Continuous 线型。单击"加载"按钮，打开"加载或重载线型"对话框，如图 3-7 所示。可以看到 AutoCAD 还提供了许多其他的线型，选择所需线型，单击"确定"按钮，即可把该线型加载到"已加载的线型"列表框中，可以按住 Ctrl 键选择几种线型后同时加载。

图 3-6 "选择线型"对话框

图 3-7 "加载或重载线型"对话框

（3）设置图层线宽。单击图层所对应的线宽图标，弹出"线宽"对话框，如图 3-8 所示。选择一个线宽，单击"确定"按钮完成对图层线宽的设置。图层线宽的默认值 0.25mm。在状态栏为"模型"状态时，显示的线宽同计算机的像素有关。线宽为 0mm 时，显示为一个像素的线宽。单击状态栏中的"线宽"按钮，屏幕上显示的线宽与实际线宽成比例，如图 3-9 所示，但线宽不随着图形的放大和缩小而变化。"线宽"功能关闭时，不显示图形的线宽，图形的线宽均为默认宽度值显示。可以在"线宽"对话框中选择需要的线宽。

图 3-8 "线宽"对话框

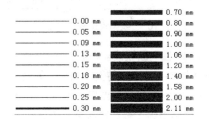

图 3-9 线宽显示效果图

3.1.2 设置图层

除了上面讲述的通过图层管理器设置图层的方法外，还有几种其他的简便方法可以设置图层的颜色、线型、线宽等参数。

1. 直接设置图层

可以直接通过命令行或菜单设置图层的颜色、线型、线宽。

（1）设置图层颜色

① 执行方式

命令行：COLOR。

菜单栏："格式"→"颜色"。

② 操作步骤

执行上述命令后，弹出"选择颜色"对话框，如图 3-5 所示。

（2）设置图层线型

① 执行方式

命令行：LINETYPE。

菜单栏："格式"→"线型"。

② 操作步骤

执行上述命令后，弹出"线型管理器"对话框，如图 3-10 所示。

（3）设置图层线宽

① 执行方式

命令行：LINEWEIGHT 或 LWEIGHT。

菜单栏："格式"→"线宽"。

② 操作步骤

执行上述命令后，弹出"线宽设置"对话框，如图 3-11 所示。

图 3-10 "线型管理器"对话框

图 3-11 "线宽设置"对话框

2．利用"特性"面板设置图层

AutoCAD 提供了一个"特性"面板，如图 3-12 所示。用户能够控制和使用面板上的"对象特性"，快速地查看和改变所选对象的图层、颜色、线型和线宽等特性。"特性"面板上的图层颜色、线型、线宽和打印样式的控制增强了查看和编辑对象属性的命令。在绘图屏幕上选择任何对象都将在面板上自动显示它所在的图层、颜色、线型等属性。

也可以在"特性"面板的"颜色""线型""线宽""打印样式"下拉列表框中选择需要的参数值。如果在"颜色"下拉列表框中选择"更多颜色"选项（见图 3-13），就会打开"选择颜色"对话框，如图 3-5 所示。同样，如果在"线型"下拉列表框中选择"其他"选项（见图 3-14），就会打开"线型管理器"对话框，如图 3-10 所示。

图 3-12 "特性"面板

图 3-13 选择"更多颜色"选项

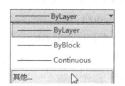

图 3-14 选择"其他"选项

3. 用"特性"对话框设置图层

（1）执行方式

命令行：DDMODIFY 或 PROPERTIES。

菜单栏："修改"→"特性"。

工具栏："标准"→"特性"回。

功能区："视图"→"选项板"→"特性"。

（2）操作步骤

执行上述命令后，弹出"特性"对话框，如图 3-15 所示。在其中可以方便地设置或修改图层、颜色、线型、线宽等属性。

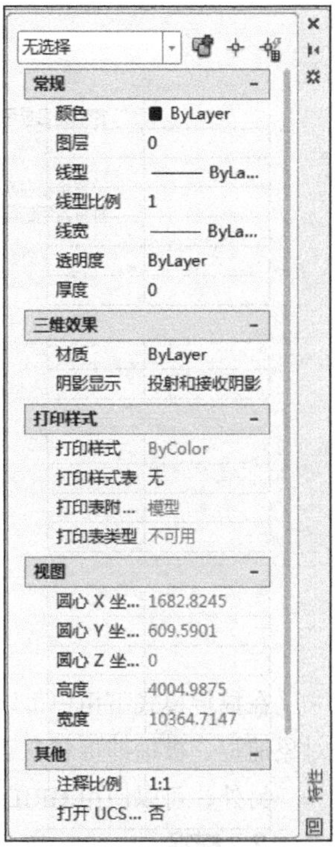

图 3-15 "特性"对话框

3.2 绘图辅助工具

要想快速、顺利地完成图形绘制工作，有时需要借助一些辅助工具，如用于准确确定绘制位置的精确定位工具和调整图形显示范围与方式的显示工具等。下面将简要介绍这两种非常重要的辅助绘图工具。

3.2.1 精确定位工具

在绘制图形时，可以使用直角坐标和极坐标精确定位点，但是有些点（如端点、中心点等）的坐标是不知道的，要想精确地指定这些点，可想而知是很难的，有时甚至是不可能的。AutoCAD 提供了辅助定位工具，使用这类工具可以很容易地在屏幕中捕捉到这些点进行精确的绘图。

1. 栅格

AutoCAD 的栅格由有规则的点的矩阵组成，延伸到指定为图形界限的整个区域。使用栅格与在坐标纸上绘图十分相似，利用栅格可以对齐对象并直观地显示对象之间的距离。如果放大或缩小图形，可能需要调整栅格间距，使其更适合新的比例。虽然栅格在屏幕上是可见的，但它并不是图形对象，因此它不会被打印成图形中的一部分，也不会影响在何处绘图。

可以单击状态栏上的"栅格显示"按钮或按 F7 键打开或关闭栅格。启用栅格并设置栅格在 X 轴方向和 Y 轴方向上的间距的方法如下。

（1）执行方式

命令行：DSETTINGS 或 DS，SE 或 DDRMODES。

菜单栏："工具"→"绘图设置"。

快捷菜单：右击"栅格"按钮，在弹出的快捷菜单中选择"设置"命令。

（2）操作步骤

执行上述命令，弹出"草图设置"对话框，如图 3-16 所示。

用户可改变栅格与图形界限的相对位置。默认情况下，栅格以图形界限的左下角为起点，沿着与坐标轴平行的方向填充整个由图形界限所确定的区域。

如果栅格的间距设置得太小，当进行打开栅格操作时，AutoCAD 将在文本窗口中显示"栅格太密，无法显示"信息，而不在屏幕上显示栅格点。使用"缩放"命令时，如将图形缩得很小，也会出现同样提示，不显示栅格。

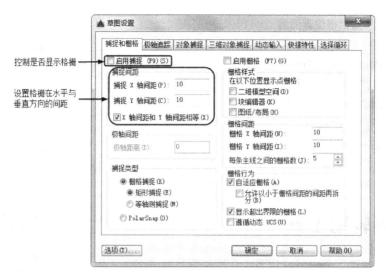

控制是否显示格栅

设置格栅在水平与
垂直方向的间距

图 3-16 "草图设置"对话框

在捕捉模式下用户可以直接使用鼠标快速地定位目标点。捕捉模式有 4 种不同的形式，即栅格捕捉、对象捕捉、极轴捕捉和自动捕捉。

另外，可以使用 GRID 命令通过命令行方式设置栅格，功能与"草图设置"对话框类似。

2. 捕捉

捕捉是指 AutoCAD 可以生成一个隐藏分布于屏幕上的栅格，这种栅格能够捕捉光标，使得光标只能落到其中的一个栅格点上。捕捉可分为"矩形捕捉"和"等轴测捕捉"两种类型。默认设置为"矩形捕捉"，即捕捉点的阵列类似于栅格，如图 3-17 所示，用户可以指定捕捉模式在 x 轴方向和 y 轴方向上的间距，也可改变捕捉模式与图形界限的相对位置。与栅格的不同之处在于：捕捉间距的值必须为正实数；另外捕捉模式不受图形界限的约束。"等轴测捕捉"表示捕捉模式为等轴测模式，此模式是绘制正等轴测图时的工作环境，如图 3-18 所示。在"等轴测捕捉"模式下，栅格和光标十字线呈绘制等轴测图时的特定角度。

在绘制图 3-17 和图 3-18 中的图形且输入参数点时，光标只能落在栅格点上。这两种模式切换方法是：打开"草图设置"对话框，选择"捕捉和栅格"选项卡，在"捕捉类型"选项组中，选中相应单选按钮即可在"矩形捕捉"模式与"等轴测捕捉"模式间切换。

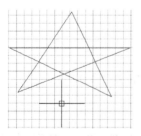

图 3-17 "矩形捕捉"模式

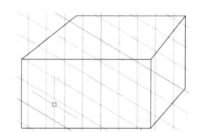

图 3-18 "等轴测捕捉"模式

3. 极轴捕捉

极轴捕捉是在创建或修改对象时，按事先给定的角度增量和距离增量来追踪特征点，即捕捉相对于初始点，且满足指定极轴距离和极轴角的目标点。

极轴追踪设置主要是设置追踪的距离增量和角度增量，以及与其相关联的捕捉模式。这些设置可以通过"草图设置"对话框的"捕捉和栅格"选项卡与"极轴追踪"选项卡来实现，如图 3-19 和图 3-20 所示。

图 3-19　"捕捉和栅格"选项卡　　　　　图 3-20　"极轴追踪"选项卡

（1）设置极轴距离。在"草图设置"对话框的"捕捉和栅格"选项卡中，可以设置极轴距离，单位为 mm。绘图时，光标将按指定的极轴距离增量进行移动。

（2）极轴角设置。如图 3-20 所示，在"草图设置"对话框的"极轴追踪"选项卡中，可以设置极轴角增量角度。设置时，可以从"增量角"下拉列表框中选择 90、45、30、22.5、18、15、10 和 5 的极轴角增量，也可以直接输入指定其他任意角度。光标移动时，如果接近极轴角，将显示对齐路径和工具栏提示。例如，图 3-21 所示为当极轴角增量设置为 30、光标移动 90 时显示的对齐路径。

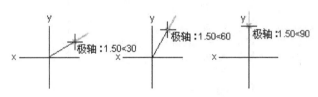

图 3-21　设置极轴角度

"附加角"复选框用于设置极轴追踪时是否采用附加角度追踪。选中该复选框，通过"新建"按钮或者"删除"按钮来增加、删除附加角度值。

（3）对象捕捉追踪设置。用于设置对象捕捉追踪的模式。如果选中"仅正交追踪"单选按钮，则当采用追踪功能时，系统仅在水平和垂直方向上显示追踪数据；如果选中"用所有极轴角设置追踪"单选按钮，则当采用追踪功能时，系统不仅可以在水平和垂直方向显示追踪数据，还可以在设置的极轴追踪角度与附加角度所确定的一系列方向上显示追踪数据。

（4）极轴角测量。用于设置极轴角的角度测量采用的参考基准，"绝对"则是相对水平方向逆时针测量，"相对上一段"则是以上一段对象为基准进行测量。

4. 对象捕捉

AutoCAD 给所有的图形对象都定义了特征点，对象捕捉则是指在绘图过程中，通过捕捉这些特征点，迅速准确地将新的图形对象定位在现有对象的确切位置上，如圆的圆心、线段中点或两个对象的交点等。在 AutoCAD 2016 中，可以通过单击状态栏中的"对象捕捉"按钮，或是在"草图设置"对话框的"对象捕捉"选项卡中选中"启用对象捕捉"复选框，完成启用对象捕捉功能。在绘图过程中，对象捕捉功能的调用可以通过以下方式完成。

"对象捕捉"工具栏如图 3-22 所示，在绘图过程中，当系统提示需要指定点位置时，可以单击"对象捕捉"工具栏中相应的特征点按钮，再把光标移动到要捕捉对象的特征点附近，AutoCAD 会自动提示并捕捉到这些特征点。例如，如果需要用直线连接一系列圆的圆心，可以将"圆心"设置为执行对象捕捉。如果有两个可能的捕捉点落在选择区域，AutoCAD 将捕捉离光标中心最近的符合条件的点。还有可能指定点时需要检查哪一个对象捕捉有效，例如在指定位置有多个对象捕捉符合条件，在指定点之前，按 Tab 键可以遍历所有可能的点。

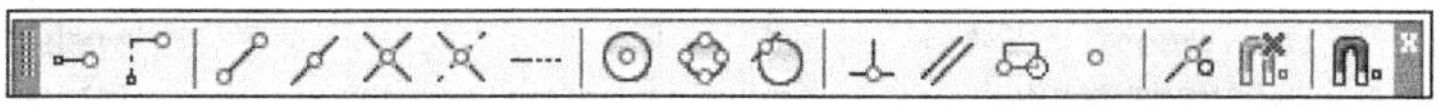

图 3-22 "对象捕捉"工具栏

在需要指定点位置时，还可以按住 Ctrl 键或 Shift 键，单击鼠标右键，弹出"对象捕捉"快捷菜单，如图 3-23 所示。从该菜单中可以选择某一种特征点执行对象捕捉操作，把光标移动到要捕捉对象的特征点附近，即可捕捉到这些特征点。

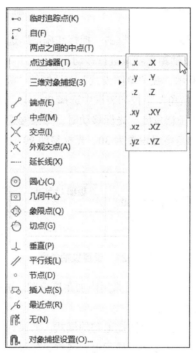

图 3-23 "对象捕捉"快捷菜单

当需要指定点位置时，在命令行中输入相应特征点的关键词把光标移动到要捕捉对象的特征点附近，即可捕捉到这些特征点。对象捕捉特征点的关键字见表 3-1。

表 3-1 对象捕捉模式

模式	关键字	模式	关键字	模式	关键字
临时追踪点	TT	捕捉自	FROM	端点	END
中点	MID	交点	INT	外观交点	APP
延长线	EXT	圆心	CEN	象限点	QUA
切点	TAN	垂足	PER	平行线	PAR
节点	NOD	最近点	NEA	无捕捉	NON

（1）对象捕捉不可单独使用，必须配合其他的绘图命令一起使用。仅当 AutoCAD 提示输入点时，对象捕捉才生效。如果试图在命令提示下使用对象捕捉，AutoCAD 将显示错误信息。

（2）对象捕捉只影响屏幕上可见的对象，包括锁定图层、布局视口边界和多段线上的对象，不能捕捉不可见的对象，如未显示的对象、关闭或冻结图层上的对象或虚线的空白部分。

5.自动对象捕捉

在绘制图形的过程中，使用对象捕捉的频率非常高，如果每次在捕捉时都先选择捕捉模式，将使工作效率大大降低。出于此种考虑，AutoCAD 提供了自动对象捕捉模式。如果启用自动捕捉功能，当光标距指定的捕捉点较近时，系统会自动精确地捕捉这些特征点，并显示出相应的标记以及该捕捉的提示。设置"草图设置"对话框中的"对象捕捉"选项卡，选中"启用对象捕捉追踪"复选框，可以调用自动捕捉，如图 3-24 所示。

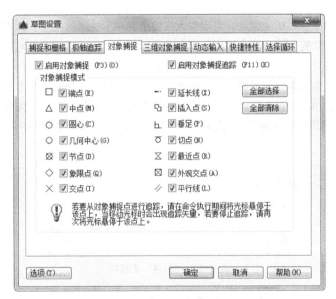

图 3-24 "对象捕捉"选项卡

用户可以设置自己经常要用的捕捉方式。一旦设置了运行捕捉方式后，在每次运行时，所设定的目标捕捉方式就会被激活，而不是仅对一次选择有效；当同时使用多种方式时，系统将捕捉距光标最近，同时又满足多种目标捕捉方式之一的点。当光标距要获取的点非常近时，按 Shift 键将暂时不获取对象。

6.正交绘图

正交绘图模式即在命令的执行过程中，光标只能沿 x 轴或 y 轴移动，所有绘制的线段和构造线都将平行于 x 轴或 y 轴，因此它们相互垂直成 90° 相交，即正交。正交绘图对于绘制水平和垂直线非常有用，特别是当绘制构造线时。而且当捕捉模式为等轴测模式时，它还迫使直线平行于 3 个等轴测中的一个。

设置正交绘图可以直接单击状态栏中的"正交模式"按钮或按 F8 键，文本窗口中会显示开/关提示信息；也可以在命令行中输入 ORTHO，开启或关闭正交绘图。

"正交"模式将光标限制在水平或垂直（正交）轴上。因为不能同时打开"正交"模式和极轴追踪，因此当"正交"模式打开时，AutoCAD 会关闭极轴追踪。如果再次打开极轴追踪，AutoCAD 则会关闭"正交"模式。

3.2.2 图形显示工具

对于一个较为复杂的图形而言，在观察整幅图形时，通常无法对其局部细节进行查看和操作，而当在屏幕上显示一个细部时又看不到其他部分。为解决这类问题，AutoCAD 提供了缩放、平移、视图、鸟瞰视图和视口等一系列图形显示控制命令，可以用来任意地放大、缩小或移动屏幕上的图形，还可以同时从不同的角度、不同的部位来显示图形。AutoCAD 还提供了重画和重新生成命令来刷新屏幕、重新生成图形。

1. 图形缩放

图形缩放命令类似于照相机的镜头，可以放大或缩小屏幕所显示的范围，只改变视图的比例，但是对象的实际尺寸并不发生变化。当放大图形一部分的显示尺寸时，可以更清楚地查看这个区域的细节；相反，如果缩小图形的显示尺寸，则可以查看更大的区域，如整体浏览。

图形缩放功能在绘制大幅面机械图，尤其是装配图时非常有用，是使用频率最高的命令之一。这个命令可以透明地使用，也就是说，该命令可以在其他命令执行时运行。当用户完成涉及透明命令的操作时，AutoCAD 会自动地返回到在用户调用透明命令前正在运行的命令。执行图形缩放的方法如下。

（1）执行方式

命令行：ZOOM。

菜单栏："视图"→"缩放"。

工具栏："标准"→"窗口缩放" ，如图 3-25 所示。

图 3-25 "缩放"工具栏

（2）操作步骤

执行上述命令后，系统提示如下。

[全部(A)/中心点(C)/动态(D)/范围(E)/上一个(P)/比例(S)/窗口(W)] <实时>:

（3）选项说明

① 实时：这是"缩放"命令的默认操作，即在输入"ZOOM"后，直接按<Enter>，将自动执行实时缩放操作。实时缩放就是可以通过上下移动鼠标交替进行放大和缩小操作。在使用实时缩放时，系统会显示一个"＋"号或"－"号。当缩放比例接近极限时，AutoCAD 将不再与光标一起显示"＋"号或"－"号。当需要从实时缩放操作中退出时，可按回车、Esc 键或是从菜单中选择 Exit 命令退出。

② 全部（A）：执行 ZOOM 命令后，在提示文字后输入"A"，即可执行"全部（A）"缩放操作。不论图形有多大，该操作都将显示图形的边界或范围，即使对象不包括在边界以内，它们也将被显示。因此，使用"全部（A）"缩放操作，可查看当前视口中的整个图形。

③ 中心点（C）：通过确定一个中心点，该选项可以定义一个新的显示窗口。操作过程中需要指定中心点以及输入比例或高度。默认新的中心点就是视图的中心点，默认的输入高度就是当前视图的高度，直接回车后，图形将不会被放大。输入比例，数值越大时，图形放大倍数也将越大，也可以在数值后面

紧跟一个 X，如 3X，表示在放大时不是按照绝对值变化，而是按相对于当前视图的相对值缩放。

④ 动态（D）：通过操作一个表示视口的视图框，可以确定所需显示的区域。选择该选项，在绘图窗口中出现一个小的视图框，按住鼠标左键左右移动可以改变该视图框的大小，定形后释放左键，再按下鼠标左键移动视图框，确定图形中的放大位置，系统将清除当前视口并显示一个特定的视图选择屏幕。这个特定屏幕由有关当前视图及有效视图的信息所构成。

⑤ 范围（E）：可以使图形缩放至整个显示范围。图形的范围由图形所在的区域构成，剩余的空白区域将被忽略。应用这个选项，图形中所有的对象都尽可能地被放大。

⑥ 上一个（P）：在绘制一幅复杂的图形时，有时需要放大图形的一部分以进行细节的编辑。当编辑完成后，有时希望返回到前一个视图。这个操作可以使用"上一个（P）"选项来实现。当前视口由"缩放"命令的各种选项或移动视图、视图恢复、平行投影或透视命令引起的任何变化，系统都将做保存。每个视口最多可以保存 10 个视图。连续使用"上一个（P）"选项可以恢复前 10 个视图。

⑦ 比例（S）：提供了 3 种使用方法。在提示信息下，直接输入比例系数，AutoCAD 将按照此比例因子放大或缩小图形的尺寸。如果在比例系数后面加一个 X，则表示相对于当前视图计算的比例因子。使用比例因子的第三种方法就是相对于图形空间，例如，可以在图纸空间阵列布排或打印出模型的不同视图。为了使每一张视图都与图纸空间单位成比例，可以使用"比例（S）"选项，每一个视图可以有单独的比例。

⑧ 窗口（W）：是最常使用的选项。通过确定一个矩形窗口的两个对角来指定所需缩放的区域，对角点可以由鼠标指针指定，也可以输入坐标确定。指定窗口的中心点将成为新的显示屏幕的中心点，窗口中的区域将被放大或者缩小。调用 ZOOM 命令时，可以在没有选择任何选项的情况下，利用鼠标指针在绘图窗口中直接指定缩放窗口的两个对角点。

> 这里所提到的如放大、缩小或移动的操作，仅仅是对图形在屏幕上的显示进行控制，图形本身并没有任何改变。

2. 图形平移

当图形幅面大于当前视口时，例如使用图形缩放命令将图形放大，如果需要在当前视口之外观察或绘制一个特定区域时，可以使用图形平移命令来实现。平移命令能将在当前视口以外的图形的一部分移进来查看或编辑，但不会改变图形的缩放比例。

执行图形平移的方法如下。

命令行：PAN。

菜单栏："视图"→"平移"。

工具栏："标准"→"实时平移" 👋 。

快捷菜单：在绘图窗口中单击鼠标右键，在弹出的快捷菜单中选择"平移"命令。

激活"平移"命令之后，光标将变成一只"小手"，可以在绘图窗口中任意移动，表示当前正处于平移模式。单击并按住鼠标左键将光标锁定在当前位置，即"小手"已经抓住图形，然后拖动图形使其移动到所需位置上。释放鼠标左键将停止平移图形。可以反复按下鼠标左键，拖动，松开，将图形平移到其他位置上。

"平移"命令预先定义了一些不同的菜单选项与按钮，它们可用于在特定方向上平移图形，在激活"平移"命令后，这些选项可以从菜单"视图"→"平移"→"*"中调用。

（1）实时：该选项是平移命令中最常用的选项，也是默认选项，前面提到的平移操作都是指实时平移，通过鼠标的拖动来实现任意方向上的平移。

（2）点：该选项要求确定位移量，这就需要确定图形移动的方向和距离。可以通过输入点的坐标或用鼠标指针指定点的坐标来确定位移。

（3）左：该选项移动图形使屏幕左部的图形进入显示窗口。

（4）右：该选项移动图形使屏幕右部的图形进入显示窗口。

（5）上：该选项向底部平移图形后，使屏幕顶部的图形进入显示窗口。

（6）下：该选项向顶部平移图形后，使屏幕底部的图形进入显示窗口。

3.3 操作与实践

3.3.1 绘制墙线

1. 目的要求

本实验设置图层并绘制图 3-26 所示的墙线。绘制的图形虽然简单，但与前面所学知识有一个明显的不同之处，即图中不止一种图线。在绘制墙线时，需要利用对象捕捉功能准确定位墙体的起点和终点。通过本实验，要求读者掌握设置图层的方法与步骤，以及对象捕捉功能的使用方法。

2. 操作提示

（1）设置两个新图层。

（2）绘制中心线。

（3）绘制墙线。

3.3.2 绘制塔形三角形

1. 目的要求

本实验绘制图 3-27 所示的塔形三角形。绘制的图形比较简单，但是要使里面的 3 条图线的端点恰好在大三角形的 3 个边的中点上，需要启用"对象捕捉"功能。通过本实验，读者将体会到对象捕捉功能带来的方便快捷。

2. 操作提示

（1）绘制正三角形。

（2）打开并设置"对象捕捉"功能。

（3）利用对象捕捉功能绘制里面的 3 条线段。

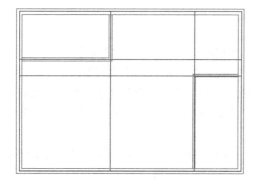

图 3-26 墙线

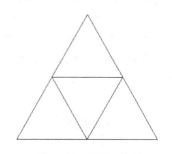

图 3-27 塔形三角形

3.3.3 察看零件图

1. 目的要求

本实验使用缩放工具查看图 3-28 所示的平面图的细节，给出的单元平面图相对比较复杂，为了绘制或查看平面图的局部或整体，需要使用图形显示工具。通过本实验的练习，要求熟练掌握各种图形显示工具的使用方法与技巧。

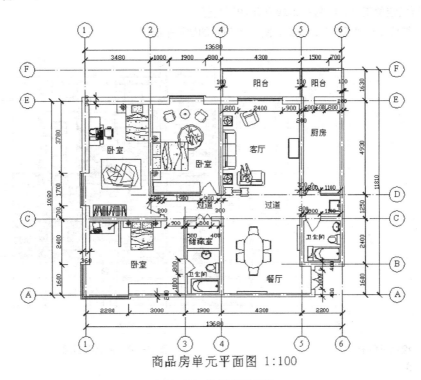

商品房单元平面图 1:100

图 3-28　商品房平面图

2. 操作提示

（1）利用平移工具把图形移动到一个合适的位置。

（2）利用"缩放"工具栏中的各种缩放工具对图形的各个局部进行缩放。

3.4　思考与练习

1. 新建图层的方法有（　　）。

　　A. 命令行：LAYER　　　　　　　　　B. 菜单："格式"→"图层"

　　C. 工具栏："图层"→"图层特性管理器"　　D. 命令行：_LAYER

2. 下列关于图层描述不正确的是（　　）。

　　A. 新建图层的默认颜色为白色　　　　　B. 被冻结的图层不能设置为当前层

　　C. 各个图层共用一个坐标系统　　　　　D. 每张图必然有且只有一个 0 层

3. 有一个圆在 0 层，颜色为 BYLAYER，如果通过偏移（　　）。

　　A. 该圆一定仍在 0 层上，颜色不变　　　B. 该圆一定会可能在其他层上，颜色不变

　　C. 该圆可能在其他层上，颜色与所在层一致　　D. 偏移只相当于复制

4. 设置对象捕捉的方法有（　　　）。

A. 命令行方式　　　　　B. 菜单栏方式　　　　　C. 快捷菜单方式　　　　　D. 工具栏方式

5. 按照默认设置，启用或关闭动态输入功能的快捷键是（　　　）。

A. F2　　　　　　　　　B. F1　　　　　　　　　C. F8　　　　　　　　　D. F12

6. 试比较栅格与捕捉的异同点。

7. 绘制图形时，需要一种前面没有用到过的线型，请给出解决步骤。

8. 利用精确定位工具，绘制图 3-29 所示的三角形。

9. 利用"缩放"与"平移"命令查看图 3-30 所示的建筑平面图。

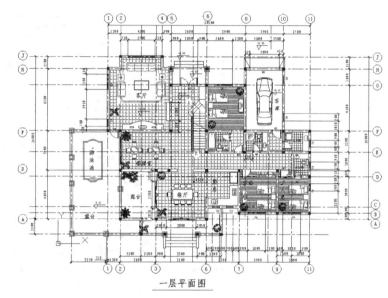

一层平面图

图 3-30　建筑平面图

图 3-29　绘制三角形

第4章

二维图形的编辑

■ 二维图形的编辑操作配合绘图命令的使用可以进一步完成复杂图形对象的绘制工作，并可使用户合理安排和组织图形，保证绘图准确，减少重复，因此，对编辑命令的熟练掌握和使用有助于提高设计和绘图的效率。

4.1 构造选择集及快速选择对象

在绘图过程中常会涉及对象的选择，如何才能更快、更好地选择对象。本节主要介绍构造选择集和快速选择对象命令。

4.1.1 构造选择集

当用户执行某个编辑命令时，命令行提示如下。

> 选择对象：

此时系统要求用户从屏幕上选择要进行编辑的对象，即构造选择集，并且光标的形状由十字光标变成了一个小方框（即拾取框）。编辑对象时需要构造对象的选择集。选择集可以是单个的对象，也可以由多个对象组成。可以在执行编辑命令之前构造选择集，也可以在选择编辑命令之后构造选择集。

可以使用下列任意一种方法构造选择集。

- 先选择一个编辑命令，然后选择对象并按<Enter>键，结束操作。
- 输入 SELECT，然后选择对象并按<Enter>键，结束操作。
- 用定点设备选择对象，然后调用编辑命令。

下面结合 SELECT 命令说明选择对象的方法。

SELECT 命令可以单独使用，也可以在执行其他编辑命令时被自动调用。此时屏幕提示如下。

> 选择对象：

等待用户以某种方式选择对象作为回答。AutoCAD 2016 提供了多种选择方式，可以输入"?"查看这些选择方式。输入"?"后，出现如下提示。

> 需要点或窗口(W)/上一个(L)/窗交(C)/框(BOX)/全部(ALL)/栏选(F)/圈围(WP)/圈交(CP)/编组(G)/添加(A)/删除(R)/多个(M)/前一个(P)/放弃(U)/自动(AU)/单个(SI)/子对象/对象：
> 选择对象：

上面各选项的含义介绍如下。

（1）点：系统默认的一种对象选择方式，用拾取框直接选择对象，选中的目标以高亮显示。选中一个对象后，命令行提示仍然是"选择对象"，用户可以继续选择。选择后按<Enter>键，以结束对象的选择。选择模式和拾取框的大小可以通过"选项"对话框进行设置，操作如下：选择菜单栏中的"工具"→"选项"命令，打开"选项"对话框，然后选择"选择集"选项卡，如图 4-1 所示。利用该选项卡可以设置选择模式和拾取框的大小。

（2）窗口（W）：用由两个对角顶点确定的矩形窗口选取位于其范围内部的所有图形，与边界相交的对象不会被选中。指定对角顶点时应该按照从左向右的顺序，如图 4-2 所示。

（3）上一个（L）：在"选择对象"提示下输入"L"，按<Enter>键，系统自动选择最后绘出的一个对象。

（4）窗交（C）：该方式与"窗口"方式类似，其区别在于它不但选中矩形窗口内部的对象，也选中与矩形窗口边界相交的对象，执行结果如图 4-3 所示。

（5）框（BOX）：使用框时，系统根据用户在绘图区指定的两个对角点的位置而自动引用"窗口"或"窗交"选择方式。若从左向右指定对角点，为"窗口"方式；反之，为"窗交"方式。

（6）全部（ALL）：选择绘图区所有对象。

（7）栏选（F）：用户临时绘制一些直线，这些直线不必构成封闭图形，凡是与这些直线相交的对象均被选中，执行结果如图 4-4 所示。

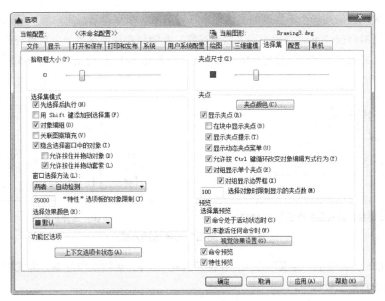

图 4-1 "选择集"选项卡

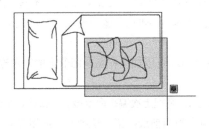

(a) 图中深色覆盖部分为选择窗口　　　　　　(b) 选择后的图形

图 4-2 "窗口"对象选择方式

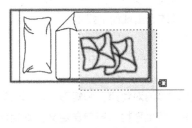

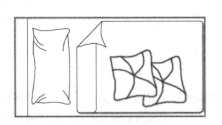

(a) 图中深色覆盖部分为选择窗口　　　　　　(b) 选择后的图形

图 4-3 "窗交"对象选择方式

(a) 图中虚线为选择栏　　　　　　　　　　(b) 选择后的图形

图 4-4 "栏选"对象选择方式

（8）圈围（WP）：使用一个不规则的多边形来选择对象。根据提示，用户顺次输入构成多边形所有顶点的坐标，直到最后按<Enter>作出空回答结束操作，系统将自动连接第一个顶点与最后一个顶点形成封闭的多边形。凡是被多边形围住的对象均被选中（不包括边界）。执行结果如图 4-5 所示。

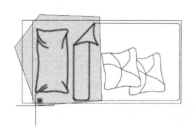

（a）图中十字线所拉出的深色多边形为选择窗口   （b）选择后的图形

图 4-5 "圈围"对象选择方式

（9）圈交（CP）：类似于"圈围"方式，在提示后输入 CP，后续操作与 WP 方式相同。区别在于与多边形边界相交的对象也被选中。

（10）编组（G）：使用预先定义的对象组作为选择集。事先将若干个对象组成组，用组名引用。

（11）添加（A）：添加下一个对象到选择集。也可用于从移走模式（Remove）到选择模式的切换。

（12）删除（R）：按住 Shift 键选择对象可以从当前选择集中移走该对象。对象由高亮显示状态变为正常状态。

（13）多个（M）：指定多个点，不高亮显示对象。这种方法可以加快在复杂图形上的对象选择过程。若两个对象交叉，指定交叉点两次则可以选中这两个对象。

（14）前一个（P）：用关键字 P 回答"选择对象:"的提示，则把上次编辑命令最后一次构造的选择集或最后一次使用 SELECT（DDSELECT）命令预置的选择集作为当前选择集。这种方法适用于对同一选择集进行多种编辑操作。

（15）放弃（U）：用于取消加入选择集的对象。

（16）自动（AU）：选择结果视用户在屏幕上的选择操作而定。如果选中单个对象，则该对象即为自动选择的结果；如果选择点落在对象内部或外部的空白处，系统会出现如下提示。

指定对角点：

此时，系统会采取一种窗口的选择方式。对象被选中后，变为虚线形式并高亮显示。

若矩形框从左向右定义，即第一个选择的对角点为左侧的对角点，则矩形框内部的对象被选中，框外部及与矩形框边界相交的对象不会被选中。若矩形框从右向左定义，则矩形框内部及与矩形框边界相交的对象都会被选中。

（17）单个（SI）：选择指定的第一个对象或对象集，而不继续提示进行进一步的选择。

4.1.2 快速选择对象

快速选择对象可以同时选中具有相同特征的多个对象，如选择具有相同颜色、线型或线宽的对象，并可以在对象特性管理器中建立和修改快速选择参数。

1. 执行方式

命令行：QSELECT。

菜单栏："工具"→"快速选择"。

快捷菜单：快速选择（见图4-6）。

2．操作步骤

命令：QSELECT↙

执行上述命令后，打开"快速选择"对话框，如图4-7所示。

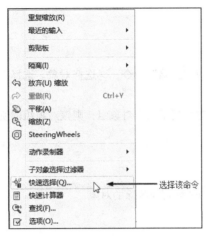

图4-6　右键快捷菜单

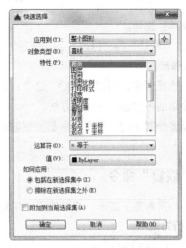

图4-7　"快速选择"对话框

3．选项说明

在"快速选择"对话框中的选项介绍如下。

（1）"应用到"下拉列表框：确定范围，可以是整张图，也可以是当前的选择集。

（2）"对象类型"下拉列表框：指出要选择的对象类型。

（3）"特性"列表框：在该列表框中列出了作为过滤依据的对象特性。

（4）"运算符"下拉列表框：用4种运算符来确定所选择特性与特性值之间的关系，有等于、大于、小于和不等于。

（5）"值"下拉列表框：根据所选特性指定特性的值，也可以从下拉列表框中选取。

（6）"如何应用"选项组：选择是"包括在新选择集中"还是"排除在新选择集之外"。

（7）"附加到当前选择集"复选框：让用户多次运用不同的快速选择，从而产生累加选择集。

4.2　删除与恢复

添加在绘图过程中常会出错，难免需要删除和恢复，如何更便捷地减少一些不必要的麻烦呢？本节主要介绍删除和恢复命令。

4.2.1　"删除"命令

如果所绘制的图形不符合要求或绘制错了，则可以使用删除命令ERASE把它删除。

1．执行方式

命令行：ERASE。

菜单栏："修改"→"删除"，如图4-8所示。

图4-8　"修改"菜单

工具栏："修改"→"删除" ✐ ，如图 4-9 所示。

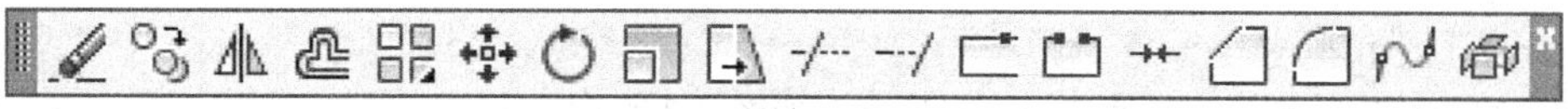

图 4-9 "修改"工具栏

快捷菜单：删除。

功能区："默认"→"修改"→"删除" ✐ 。

2．操作步骤

可以先选择对象，调用"删除"命令；也可以先调用"删除"命令，再选择对象。选择对象时可以使用前面介绍的各种选择对象的方法。

当选择多个对象时，多个对象都被删除；若选择的对象属于某个对象组，则该对象组的所有对象都被删除。

4.2.2 "恢复"命令

若不小心误删除了图形，可以使用"恢复"命令 OOPS 恢复误删除的对象。

1．执行方式

命令行：OOPS 或 U。

工具栏："快速访问"→"放弃"。

组合键：Ctrl+Z。

2．操作步骤

命令:OOPS✓

4.3 调整对象位置

调整对象位置是指按照指定要求改变当前图形或图形中某部分的位置，主要包括移动、对齐和旋转命令。

4.3.1 移动

移动对象是将对象位置平移，而不改变对象的方向和大小。如果要精确地移动对象，需要配合使用捕捉、坐标、夹点和对象捕捉模式。

1．执行方式

命令行：MOVE。

菜单栏："修改"→"移动"。

工具栏："修改"→"移动" ✛ 。

快捷菜单：移动。

功能区："默认"→"修改"→"移动" ✛ 。

2．操作步骤

命令：MOVE✓
选择对象：（选择对象）
指定基点或[位移(D)] <位移>：（指定基点或移至点）
指定第二个点或 <使用第一个点作为位移>：

3. 选项说明

（1）如果对"指定第二个点或<使用第一个点作为位移>:"提示不输入内容而回车，则第一次输入的值为相对坐标（@X,Y）。选择的对象从它当前的位置以第一次输入的坐标为位移量而移动。

（2）可以使用夹点进行移动。当对所操作的对象选取基点后，按空格键以切换到"移动"模式。

4.3.2 对齐

可以通过移动、旋转或倾斜一个对象来使该对象与另一个对象对齐。"对齐"命令既适用于三维对象也适用于二维对象。

1. 执行方式

命令行：ALIGN。

菜单栏："修改" → "三维操作" → "对齐"。

2. 操作步骤

命令：ALIGN✓
选择对象：（选择要对齐的对象）
指定第一个源点：（如图4-10（b）中所示的点3）
指定第一个目标点：（如图4-10（b）中所示的点4）
指定第二个源点：（如图4-10（b）中所示的点5）
指定第二个目标点：（如图4-10（b）中所示的点6）
指定第三个源点或 <继续>:
是否基于对齐点缩放对象？[是(Y)/否(N)] <否>:

绘制结果如图4-10（c）所示。

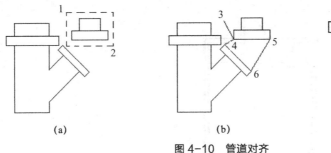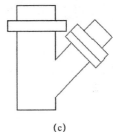

（a）　　　　　　　　　　（b）　　　　　　　　　　（c）

图4-10　管道对齐

4.3.3 旋转

旋转是将所选对象绕指定点（即基点）旋转至指定的角度，以便调整对象的位置。

1. 执行方式

命令行：ROTATE。

菜单栏："修改" → "旋转"。

工具栏："修改" → "旋转" ○。

快捷菜单：旋转。

功能区："默认" → "修改" → "旋转" ○。

2. 操作步骤

命令：ROTATE✓
UCS 当前的正角方向：ANGDIR=逆时针　ANGBASE=0
选择对象：（选择要旋转的对象）

指定基点：（指定旋转的基点，在对象内部指定一个坐标点）
指定旋转角度或 [复制(C)/参照(R)] <0>：（指定旋转角度或其他选项）

3．选项说明

（1）复制（C）：选择该选项，旋转对象的同时保留原对象，如图 4-11 所示。

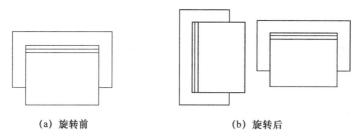

(a) 旋转前　　　　　　　　　　　　(b) 旋转后

图 4-11　复制旋转图

（2）参照（R）：采用参考方式旋转对象时，系统提示如下。

指定参照角 <0>：（指定要参考的角度，默认值为 0）
指定新角度：（输入旋转后的角度值）

操作完毕后，对象被旋转至指定的角度位置。

可以用拖动鼠标指针的方法旋转对象。选择对象并指定基点后，从基点到当前光标位置会出现一条连线，移动鼠标指针，选择的对象会动态地随着该连线与水平方向的夹角的变化而旋转，按 <Enter> 确认旋转操作，如图 4-12 所示。

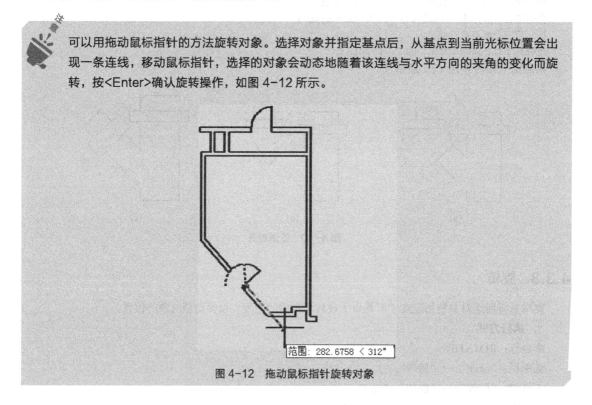

范围：282.6758 < 312°

图 4-12　拖动鼠标指针旋转对象

4.4　利用一个对象生成多个对象

本节将详细介绍 AutoCAD 2016 的复制类命令，利用这些编辑功能，可以方便地编辑绘制的图形。

4.4.1 复制

根据需要，可以将选择的对象复制一次，也可以复制多次（即多重复制）。在复制对象时，需要创建一个选择集并为复制对象指定一个起点和终点，这两点分别称为基点和第二个位移点，可位于图形内的任何位置。

1. 执行方式

命令行：COPY。

菜单栏："修改" → "复制"。

工具栏："修改" → "复制" %。

快捷菜单：复制选择。

功能区："默认" → "修改" → "复制" %。

2. 操作步骤

命令：COPY✓

选择对象：（选择要复制的对象）

用前面介绍的对象选择方法选择一个或多个对象，按<Enter>结束选择操作，系统继续提示如下。

指定基点或 [位移(D)/模式(O)] <位移>：（指定基点或位移）

3. 选项说明

（1）位移（D）：直接输入位移值，表示以选择对象时的拾取点为基准，以拾取点坐标为移动方向纵横比，以移动指定位移后确定的点为基点。例如，选择对象时拾取点坐标为（2,3），输入位移为5，则表示以（2,3）点为基准，沿纵横比为3:2的方向移动5个单位所确定的点为基点。

（2）模式（O）：控制是否自动重复该命令。图4-13所示为将脸盆复制后形成的洗手间图形。

（3）使用第一个点作为位移：将第一个点当作相对于X、Y、Z的位移。例如，如果指定基点为2、3并在下一个提示下按<Enter>，则该对象从它当前的位置开始在X方向上移动2个单位，在Y方向上移动3个单位。

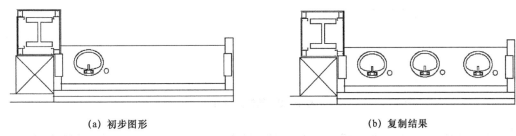

(a) 初步图形   (b) 复制结果

图 4-13 洗手间

4.4.2 实例——办公桌

办公桌

本例利用"矩形"命令绘制一侧的桌柜，再利用"矩形"命令绘制桌面，最后利用"复制"命令创建另一侧的桌柜，如图4-14所示。

绘制步骤如下（光盘\动画演示\第4章\办公桌.avi）。

（1）单击"默认"选项卡"绘图"面板中的"矩形"按钮 ▢，在合适的位置绘制矩形，结果如图4-15所示。

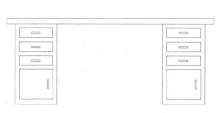

图 4-14　办公桌（一）

图 4-15　绘制矩形 1

（2）单击"默认"选项卡"绘图"面板中的"矩形"按钮▢，在合适的位置绘制一系列的矩形，结果如图 4-16 所示。

（3）单击"默认"选项卡"绘图"面板中的"矩形"按钮▢，在合适的位置绘制一系列的矩形，结果如图 4-17 所示。

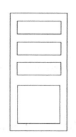

图 4-16　绘制矩形 2

图 4-17　绘制矩形 3

（4）单击"默认"选项卡"绘图"面板中的"矩形"按钮▢，在合适的位置绘制一个矩形，结果如图 4-18 所示。

图 4-18　绘制矩形 4

（5）单击"默认"选项卡"修改"面板中的"复制"按钮％，将办公桌左边的一系列矩形复制到右边，完成办公桌的绘制。命令行中的提示与操作如下。

命令：copy↙
选择对象：（选取左边的一系列矩形）
选择对象：↙
当前设置：复制模式 = 多个
指定基点或 [位移(D)/模式(O)] <位移>：
指定第二个点或 [阵列(A)] <使用第一个点作为位移>：（选取左边的一系列矩形任意指定一点）
指定第二个点或 [阵列(A)/退出(E)/放弃(U)] <退出>：（打开状态栏上的"正交"开关，在右侧适当位置选取一点）

绘制结果如图 4-19 所示。

图 4-19 办公桌（二）

4.4.3 镜像

将指定的对象按给定的镜像线作反像复制，即镜像。镜像操作适用于对称图形，是一种常用的编辑方法。

1. 执行方式

命令行：MIRROR。

菜单栏："修改" → "镜像"。

工具栏："修改" → "镜像" ⚖。

功能区："默认" → "修改" → "镜像" ⚖。

2. 操作步骤

命令：MIRROR✓

选择对象：（选择要镜像的对象）

指定镜像线的第一点：（指定镜像线的第一个点）

指定镜像线的第二点：（指定镜像线的第二个点）

要删除源对象吗？[是(Y)/否(N)] <否>：（确定是否删除源对象）

这两点确定一条镜像线，被选择的对象以该线为对称轴进行镜像。包含该线的镜像平面与用户坐标系统的 XY 平面垂直，即镜像操作工作在与用户坐标系统的 XY 平面平行的平面上。

4.4.4 实例——双扇弹簧门

双扇弹簧门

利用矩形、圆弧和镜像命令绘制双扇弹簧门，如图 4-20 所示。

绘制步骤如下（光盘\动画演示\第 4 章\双扇弹簧门.avi）。

（1）门扇绘制。单击"默认"选项卡"绘图"面板中的"矩形"按钮 ▭，在绘图区的适当位置绘制一个 50mm×1000mm 的矩形作为门扇，如图 4-21 所示。

（2）弧线绘制。单击"默认"选项卡"绘图"面板中的"圆弧"按钮 ⌒，在矩形左侧绘制一段圆弧。命令行提示与操作如下。

命令：_arc

指定圆弧的起点或[圆心(C)]：（输入 "C"）

指定圆弧的圆心：（用鼠标捕捉矩形右下角点）

指定圆弧的起点：（用鼠标捕捉矩形右上角点）

指定圆弧的端点(按住 Ctrl 键以切换方向或[角度(A)/弦长(L)]：（用鼠标向左在水平线上单击一点）

绘制结果如图 4-22 所示。

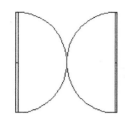

图 4-20　绘制双扇弹簧门流程图　　　图 4-21　绘制矩形　　　图 4-22　单扇平面门绘制

（3）双扇门绘制。单击"默认"选项卡"修改"面板中的"镜像"按钮 ⚎，将单扇门进行镜像。命令行提示与操作如下。

```
命令：_mirror
选择对象：(框选单扇门)
选择对象：↓
指定镜像线的第一点：捕捉单扇门的左下端点
指定镜像线的第二点：(打开正交模式，在第一点的上方单击确定镜像线，如图4-23所示)
要删除源对象吗？[是(Y)/否(N)] <否>：↓
```

重复上述操作，创建图 4-24 所示的双扇弹簧门。

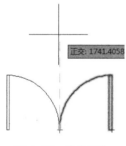

图 4-23　镜像操作　　　　　图 4-24　双扇弹簧门

4.4.5　阵列

阵列是指按环形或矩形排列形式复制对象或选择集。对于环形阵列，可以控制复制对象的数目和是否旋转对象。对于矩形阵列，可以控制行和列的数目以及间距。图 4-25 所示为矩形阵列和环形阵列的示例。

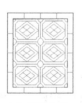

（a）矩形阵列　　　　　　　（b）环形阵列

图 4-25　阵列

1. 执行方式

命令行：ARRAY。

菜单栏："修改" → "阵列"。

工具栏："修改" → "矩形阵列" ▦（或"环形阵列" ▧、"路径阵列" ▱）。

功能区："默认" → "修改" → "阵列" 。

2．操作步骤

命令：ARRAY↙
选择对象：（使用对象选择方法）
输入阵列类型[矩形(R)/路径(PA)/极轴(PO)]<矩形>：PA↙
类型＝路径　关联＝是
选择路径曲线：（使用一种对象选择方法）
选择夹点以编辑阵列或 [关联(AS)/方法(M)/基点(B)/切向(T)/项目(I)/行(R)/层(L)/对齐项目(A)/Z 方向(Z)/退出(X)] <退出>：i
指定沿路径的项目之间的距离或 [表达式(E)] <1293.769>：（指定距离）
最大项目数 ＝ 5
指定项目数或 [填写完整路径(F)/表达式(E)] <5>：（输入数目）
选择夹点以编辑阵列或 [关联(AS)/方法(M)/基点(B)/切向(T)/项目(I)/行(R)/层(L)/对齐项目(A)/Z 方向(Z)/退出(X)] <退出>：

3．选项说明

（1）切向（T）：控制选定对象是否将相对于路径的起始方向重定向（旋转），然后再移动到路径的起点。

（2）表达式（E）：使用数学公式或方程式获取值。

（3）基点（B）：指定阵列的基点。

（4）关联（AS）：指定是否在阵列中创建项目作为关联阵列对象，或作为独立对象。

（5）项目（I）：编辑阵列中的项目数。

（6）行（R）：指定阵列中的行数和行间距，以及它们之间的增量标高。

（7）层（L）：指定阵列中的层数和层间距。

（8）对齐项目（A）：指定是否对齐每个项目以与路径的方向相切。对齐相对于第一个项目的方向（Z 方向（Z）选项）。

（9）Z 方向（Z）：控制是否保持项目的原始 Z 方向或沿三维路径自然倾斜项目。

（10）退出（X）：退出命令。

4.4.6　实例——餐桌

本实例首先利用"直线""圆弧"命令绘制椅子，再利用"圆"命令绘制餐桌，最后利用"环形阵列"命令创建其余椅子，如图 4-26 所示。

绘制步骤如下（光盘\动画演示\第 4 章\餐桌.avi）。

（1）选择菜单栏中的"格式" → "图形界限"命令，设置图幅为 297mm×210mm。

（2）单击"默认"选项卡"绘图"面板中的"直线"按钮 ╱，绘制直线，结果如图 4-27 所示。

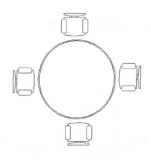

图 4-26　绘制餐桌　　　　图 4-27　绘制直线

（3）单击"默认"选项卡"修改"面板中的"复制"按钮 ，复制直线。命令行中的提示与操作如下。

> 命令：COPY↙
> 选择对象：（选择左边短竖线）
> 选择对象：↙
> 当前设置：复制模式 = 多个
> 指定基点或 [位移(D)/模式(O)] <位移>：（捕捉横线段左端点）
> 指定第二个点或 [阵列(A)] <使用第一个点作为位移>：（捕捉横线段右端点）

绘制结果如图 4-28 所示。

（4）单击"默认"选项卡"绘图"面板中的"直线"按钮 和"圆弧"按钮 ，绘制靠背，结果如图 4-29 所示。

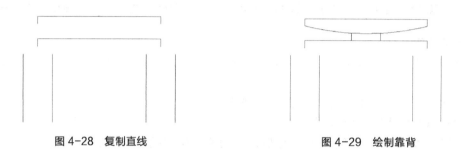

图 4-28 复制直线　　　　　图 4-29 绘制靠背

（5）单击"默认"选项卡"绘图"面板中的"直线"按钮 和"圆弧"按钮 ，绘制扶手，结果如图 4-30 所示。

（6）细化图形。完成椅子轮廓的绘制，结果如图 4-31 所示。

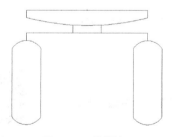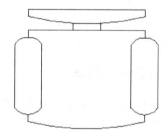

图 4-30 绘制扶手　　　　　图 4-31 细化图形

（7）单击"默认"选项卡"绘图"面板中的"圆"按钮 和"修改"面板中的"偏移"按钮 ，绘制两个同心圆，结果如图 4-32 所示。

（8）单击"默认"选项卡"修改"面板中的"旋转"按钮 ，旋转椅子，命令行中的提示与操作如下。

> 命令：rotate↙
> UCS 当前的正角方向：ANGDIR=逆时针　ANGBASE=0
> 选择对象：（框选椅子）
> 指定基点：（指定椅背中心点）
> 指定旋转角度，或 [复制(C)/参照(R)] <0>：90↙

（9）单击"默认"选项卡"修改"面板中的"移动"按钮 ，将椅子移动到合适的位置，绘制结果如图 4-33 所示。

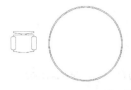

图 4-32　绘制桌子

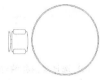

图 4-33　布置桌椅

（10）单击"默认"选项卡"修改"面板中的"环形阵列"按钮，阵列椅子。命令行中的提示与操作如下。

```
命令：_arraypolar
选择对象：
选择对象：
类型 = 极轴　关联 = 否
指定阵列的中心点或 [基点(B)/旋转轴(A)]：（选择桌面圆心）
选择夹点以编辑阵列或 [关联(AS)/基点(B)/项目(I)/项目间角度(A)/填充角度(F)/行(ROW)/层(L)/旋转项目(ROT)/退出(X)] <退出>：I
输入阵列中的项目数或 [表达式(E)] <6>：4
选择夹点以编辑阵列或 [关联(AS)/基点(B)/项目(I)/项目间角度(A)/填充角度(F)/行(ROW)/层(L)/旋转项目(ROT)/退出(X)] <退出>：F
指定填充角度(+=逆时针、-=顺时针)或 [表达式(EX)] <360>：
选择夹点以编辑阵列或 [关联(AS)/基点(B)/项目(I)/项目间角度(A)/填充角度(F)/行(ROW)/层(L)/旋转项目(ROT)/退出(X)] <退出>：✓
```

（11）选择菜单栏中的"文件"→"另存为"命令，将绘制完成的图形以"餐桌.dwg"为文件名保存在指定的路径中。

4.4.7　偏移

偏移是根据确定的距离和方向，在不同的位置创建一个与选择的对象相似的新对象。可以偏移的对象包括直线、圆弧、圆、二维多段线、椭圆、椭圆弧、参照线、射线和平面样条曲线等。

1. 执行方式

命令行：OFFSET。

菜单栏："修改"→"偏移"。

工具栏："修改"→"偏移" 🔳。

功能区："默认"→"修改"→"偏移" 🔳。

2. 操作步骤

```
命令：OFFSET✓
当前设置：删除源=否　图层=源　OFFSETGAPTYPE=0
指定偏移距离或 [通过(T)/删除(E)/图层(L)] <通过>：（指定距离值）
选择要偏移的对象，或 [退出(E)/放弃(U)] <退出>：（选择要偏移的对象，回车结束操作）
指定要偏移的那一侧上的点，或 [退出(E)/多个(M)/放弃(U)] <退出>：（指定偏移方向）
```

3. 选项说明

（1）指定偏移距离：输入一个距离值，或回车使用当前的距离值，系统将把该距离值作为偏移距离，如图 4-34 所示。

（2）通过（T）：指定偏移的通过点，选择该选项后会出现如下提示。

```
选择要偏移的对象，或 [退出(E)/放弃(U)] <退出>：（选择要偏移的对象，按<Enter>结束操作）
指定通过点或 [退出(E)/多个(M)/放弃(U)] <退出>：（指定偏移对象的一个通过点）
```

操作完毕后系统根据指定的通过点绘出偏移对象，如图 4-35 所示。

(a) 选择要偏移的对象　　(b) 指定偏移方向　　(c) 执行结果

图 4-34　指定距离偏移对象

(a) 要偏移的对象　　(b) 指定通过点　　(c) 执行结果

图 4-35　指定通过点偏移对象

4.4.8　实例——门

本实例利用"矩形"命令绘制外框，利用"偏移"命令创建内框，再利用"直线""偏移""矩形"命令绘制窗口，如图 4-36 所示。

绘制步骤如下（光盘\动画演示\第 4 章\门.avi）。

门

（1）将图形界面缩放至适当大小。

（2）单击"默认"选项卡"绘图"面板中的"矩形"按钮，绘制矩形。命令行中的提示与操作如下。

```
命令: _rectang
指定第一个角点或 [倒角(C)/标高(E)/圆角(F)/厚度(T)/宽度(W)]: 0,0✓
指定另一个角点或 [面积(A)/尺寸(D)/旋转(R)]: @900,2400✓
```

绘制结果如图 4-37 所示。

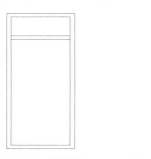

图 4-36　绘制门　　　　　　　　　　　　图 4-37　绘制矩形

（3）单击"默认"选项卡"修改"面板中的"偏移"按钮，将步骤（2）绘制的矩形向内偏移。命令行中的提示与操作如下。

```
命令: _offset
当前设置: 删除源=否　图层=源　OFFSETGAPTYPE=0
指定偏移距离或 [通过(T)/删除(E)/图层(L)] <通过>: 60✓
选择要偏移的对象，或 [退出(E)/放弃(U)] <退出>: （选择上述矩形）
指定要偏移的那一侧上的点，或 [退出(E)/多个(M)/放弃(U)] <退出>: （选择矩形内侧）
选择要偏移的对象，或 [退出(E)/放弃(U)] <退出>:
```

绘制结果如图 4-38 所示。

（4）单击"默认"选项卡"绘图"面板中的"直线"按钮 ／，绘制直线。命令行中的提示与操作如下。

> 命令：_line
> 指定第一个点：60,2000↙
> 指定下一点或 [放弃(U)]：@780,0↙
> 指定下一点或 [放弃(U)]：↙

绘制结果如图 4-39 所示。

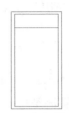

图 4-38　偏移操作　　　　　　　　　图 4-39　绘制直线

（5）单击"默认"选项卡"修改"面板中的"偏移"按钮 ，将步骤（4）绘制的直线向下偏移。命令行中的提示与操作如下。

> 命令：_offset
> 指定偏移距离或 [通过(T)/删除(E)/图层(L)] <通过>:60↙
> 选择要偏移的对象，或 [退出(E)/放弃(U)] <退出>:（选择上述绘制的直线）
> 指定要偏移的那一侧上的点，或 [退出(E)/多个(M)/放弃(U)] <退出>:（选择直线下方）
> 选择要偏移的对象，或 [退出(E)/放弃(U)] <退出>:↙

绘制结果如图 4-40 所示。

（6）单击"默认"选项卡"绘图"面板中的"矩形"按钮 ，绘制矩形。命令行中的提示与操作如下。

> 命令：_rectang
> 指定第一个角点或 [倒角(C)/标高(E)/圆角(F)/厚度(T)/宽度(W)]：200,1500↙
> 指定另一个角点或 [面积(A)/尺寸(D)/旋转(R)]：700,1800↙

绘制结果如图 4-41 所示。

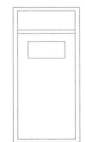

图 4-40　偏移操作　　　　　　　　　图 4-41　门

4.5　调整对象尺寸

调整对象尺寸是在对指定对象进行编辑后，使编辑对象的几何尺寸发生改变，包括缩放、修剪、延伸、拉伸、拉长、打断、分解、合并等命令。

4.5.1 缩放

缩放是使对象整体放大或缩小，通过指定一个基点和比例因子来缩放对象。

1. 执行方式

命令行：SCALE。

菜单栏："修改"→"缩放"。

工具栏："修改"→"缩放" □ 。

快捷菜单：缩放。

功能区："默认"→"修改"→"缩放" □ 。

2. 操作步骤

命令:SCALE↙
选择对象:（选择要缩放的对象）
指定基点:（指定缩放操作的基点）
指定比例因子或 [复制(C)/参照(R)] <1.0000>:

3. 选项说明

（1）采用参考方式缩放对象时，系统提示如下。

指定参照长度 <1.0000>:（指定参考长度值）
指定新长度或[点(P)]<1.0000>:（指定新长度值）

若新长度值大于参考长度值，则放大对象；否则缩小对象。操作完毕后，系统以指定的点为基点、按指定的比例因子缩放对象。如果选择"点（P）"选项，则指定两点来定义新的长度。

（2）可以用拖动鼠标指针的方法缩放对象。选择对象并指定基点后，从基点到当前光标位置会出现一条连线，线段的长度即为比例大小。移动鼠标指针，选择的对象会动态地随着连线长度的变化而缩放，回车会确认缩放操作。

（3）选择"复制（C）"选项时，可以复制缩放对象，即缩放对象时保留原对象，如图 4-42 所示。

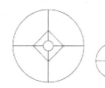

(a) 缩放前　　　　　　　　　　(b) 缩放后

图 4-42　复制缩放

4.5.2 修剪

修剪是指用指定的边界（由一个或多个对象定义的剪切边）修剪指定的对象，剪切边可以是直线、圆弧、圆、多段线、椭圆、样条曲线、构造线、射线和图纸空间中的视口。

1. 执行方式

命令行：TRIM。

菜单栏："修改"→"修剪"。

工具栏："修改"→"修剪" -/-- 。

功能区："默认"→"修改"→"修剪" -/-- 。

2．操作步骤

命令：TRIM↙
当前设置：投影=UCS，边=无
选择剪切边...
选择对象或 <全部选择>：（选择用作修剪边界的对象）
选择要修剪的对象，或按住 Shift 键选择要延伸的对象，或[栏选(F)/窗交(C)/投影(P)/边(E)/删除(R)/放弃(U)]：

3．选项说明

（1）在选择对象时，如果按住 Shift 键，系统自动将"修剪"命令转换成"延伸"命令，"延伸"命令将在 4.5.4 节介绍。

（2）选择"边（E）"选项时，可以选择对象的修剪方式。

延伸（E）：延伸边界进行修剪，在此方式下，如果剪切边没有与要修剪的对象相交，系统会延伸剪切边直至与对象相交，然后再修剪，如图 4-43 所示。

(a) 选择剪切边　　　　(b) 选择要修剪的对象　　　　(c) 修剪后的结果

图 4-43　延伸方式修剪对象

不延伸（N）：不延伸边界修剪对象，只修剪与剪切边相交的对象。

（3）选择"栏选（F）"选项时，系统以栏选的方式选择被修剪对象，如图 4-44 所示。

(a) 选择剪切边　　　　(b) 使用栏选选定要修剪的对象　　　　(c) 结果

图 4-44　栏选方式修剪对象

（4）选择"窗交（C）"选项时，系统以窗交方式选择被修剪对象，如图 4-45 所示。

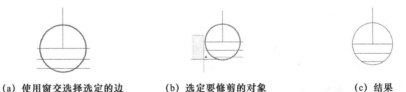

(a) 使用窗交选择选定的边　　　　(b) 选定要修剪的对象　　　　(c) 结果

图 4-45　窗交方式修剪对象

（5）被选择的对象可以互为边界和被修剪对象，此时系统会在选择的对象中自动判断边界。

4.5.3　实例——落地灯

本实例利用"矩形""镜像""圆弧"等命令绘制灯架，再利用"圆弧""直线""修剪"等命令绘制连接处，最后利用"样条曲线拟合""直线""圆弧"等命令创建灯罩，如图 4-46 所示。

图 4-46　绘制落地灯

绘制步骤如下（光盘\动画演示\第 4 章\落地灯.avi）。

（1）单击"默认"选项卡"绘图"面板中的"矩形"按钮▢，绘制轮廓线。单击
"默认"选项卡"修改"面板中的"镜像"按钮⚠，使轮廓线左右对称，如图 4-47 所示。

（2）单击"默认"选项卡"绘图"面板中的"圆弧"按钮╱和"修改"面板中
的"偏移"按钮⬚，绘制两条圆弧，端点分别捕捉到矩形的角点，其中绘制的下面
的圆弧中间一点捕捉到中间矩形上边的中点，如图 4-48 所示。

落地灯

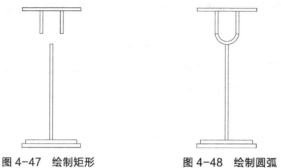

图 4-47　绘制矩形　　　　　图 4-48　绘制圆弧

（3）单击"默认"选项卡"绘图"面板中的"直线"按钮╱和"圆弧"按钮╱，绘制灯柱上的结合
点，如图 4-49 所示。

（4）单击"默认"选项卡"修改"面板中的"修剪"按钮-/--，修剪多余图线。命令行中的提示与操
作如下。

```
命令：_trim↙
当前设置：投影=UCS，边=延伸
选择修剪边...
选择对象或<全部选择>：（选择修剪边界对象，如图4-49所示）↙
选择对象：（选择修剪边界对象）↙
选择对象：↙
选择要修剪的对象，或按住Shift键选择要延伸的对象，[栏选(F)/窗交(C)/投影(P)/边(E)/删除(R)/放弃(U)]：（选
择修剪对象，如图4-49所示）↙
```

修剪结果如图 4-50 所示。

图 4-49　绘制多段线　　　　　　　　　图 4-50　修剪图形

（5）单击"默认"选项卡"绘图"面板中的"样条曲线拟合"按钮〜和"修改"面板中的"镜像"
按钮⚠，绘制灯罩轮廓线，如图 4-51 所示。

（6）单击"默认"选项卡"绘图"面板中的"直线"按钮╱，补齐灯罩轮廓线，直线端点捕捉对应
样条曲线端点，如图 4-52 所示。

（7）单击"默认"选项卡"绘图"面板中的"圆弧"按钮╱，绘制灯罩顶端的突起，如图 4-53 所
示。

（8）单击"默认"选项卡"绘图"面板中的"样条曲线拟合"按钮〜，绘制灯罩上的装饰线，最终
结果如图 4-54 所示。

图 4-51 绘制样条曲线   图 4-52 绘制直线   图 4-53 绘制圆弧   图 4-54 落地灯

4.5.4 延伸

延伸是指将对象延伸至另一个对象的边界线（或隐含边界线）。

1. 执行方式

命令行：EXTEND。

菜单栏："修改" → "延伸"。

工具栏："修改" → "延伸" --/ 。

功能区："默认" → "修改" → "延伸" --/ 。

2. 操作步骤

命令：EXTEND↙
当前设置:投影=UCS，边=无
选择边界的边...
选择对象或 <全部选择>:（选择边界对象，若直接回车，则选择所有对象作为可能的边界对象）
选择要延伸的对象，或按住 Shift 键选择要修剪的对象，或[栏选(F)/窗交(C)/投影(P)/边(E)/放弃(U)]:

3. 选项说明

（1）如果要延伸的对象是适配样条多段线，则延伸后会在多段线的控制框上增加新节点。如果要延伸的对象是锥形的多段线，AutoCAD 2016 会修正延伸端的宽度，使多段线从起始端平滑地延伸至新的终止端。如果延伸操作导致终止端的宽度可能为负值，则取宽度值为 0，如图 4-55 所示。

(a) 选择边界对象   (b) 选择要延伸的多段线   (c) 延伸后的结果

图 4-55 延伸对象

（2）切点也可以作为延伸边界。

（3）选择对象时，如果按住 Shift 键，系统自动将"延伸"命令转换成"修剪"命令。

4.5.5 实例——窗户

本实例利用"矩形""直线"绘制窗户的大致轮廓，再利用"延伸"命令将分割线延伸至矩形顶部，如图 4-56 所示。

绘制步骤如下（光盘\动画演示\第 4 章\窗户图形.avi）。

（1）单击"默认"功能区"绘图"面板中"矩形"按钮 □ ，

图 4-56 窗户图形

窗户图形

绘制窗户外轮廓线，命令行提示与操作如下。

命令：_rectang
指定第一个角点或 [倒角(C)/标高(E)/圆角(F)/厚度(T)/宽度(W)]: 100,100↙
指定另一个角点或 [面积(A)/尺寸(D)/旋转(R)]: @300,500↙

绘制结果如图 4-57 所示。

（2）单击"默认"功能区"绘图"面板中"直线"按钮 ╱，分割矩形，命令行提示与操作如下。

命令：_line
指定第一个点：250,100↙
指定下一点或 [放弃(U)]: 250,200↙

绘制结果如图 4-58 所示。

（3）单击"默认"功能区"修改"面板中"延伸"按钮 --╱，将直线延伸至矩形最上面的边窗户。命令行提示与操作如下。

命令：_extend
当前设置：投影=UCS，边=无
选择边界的边...
选择对象或 <全部选择>: （选择矩形最上面的边）
选择对象：↙
选择要延伸的对象，或按住 Shift 键选择要修剪的对象，或[栏选(F)/窗交(C)/投影(P)/边(E)/放弃(U)]: （选择直线）

绘制结果如图 4-56 所示。

图 4-57　绘制矩形　　　　图 4-58　绘制窗户分割线

4.5.6　拉伸

拉伸是指拖拉选择的对象，使对象的形状发生改变。要拉伸对象，首先要用交叉窗口或交叉多边形选择要拉伸的对象，然后指定拉伸的基点和位移量。

1. 执行方式

命令行：STRETCH。

菜单栏："修改"→"拉伸"。

工具栏："修改"→"拉伸" ▱。

功能区："默认"→"修改"→"拉伸" ▱。

2. 操作步骤

命令：STRETCH↙
以C交叉窗口或CP交叉多边形选择要拉伸的对象...
选择对象：C↙
指定第一个角点：（采用交叉窗口的方式选择要拉伸的对象）
指定基点或 [位移(D)] <位移>: （指定拉伸的基点）

指定第二个点或 <使用第一个点作为位移>：（指定拉伸的移至点）

此时，若指定第二个点，系统将根据这两点决定矢量拉伸对象。若直接按<Enter>键，则会把第一个点作为 x 轴和 y 轴的分量值。拉伸（STRETCH）移动完全包含在交叉窗口内的顶点和端点，部分包含在交叉窗口内的对象将被拉伸。

4.5.7 拉长

非闭合的直线、圆弧、多段线、椭圆弧和样条曲线的长度可以通过拉长改变，也可以改变圆弧的角度。

1. 执行方式

命令行：LENGTHEN。

菜单栏："修改"→"拉长"。

功能区："默认"→"修改"→"拉长" ↗。

2. 操作步骤

命令：LENGTHEN✓
选择对象或 [增量(DE)/百分比(P)/总计(T)/动态(DY)]：（选定对象）
当前长度：30.5001（给出选定对象的长度，如果选择圆弧，则还将给出圆弧的包含角）
选择对象或 [增量(DE)/百分比(P)/总计(T)/动态(DY)]：DE✓（选择拉长或缩短的方式，如选择"增量(DE)"方式）
输入长度增量或 [角度(A)] <0.0000>：10✓（输入长度增量数值。如果选择圆弧段，则可输入A给定角度增量）
选择要修改的对象或 [放弃(U)]：（选定要修改的对象，进行拉长操作）
选择要修改的对象或 [放弃(U)]：（继续选择，回车结束命令）

3. 选项说明

（1）增量（DE）：用来指定一个增加的长度或角度。

（2）百分比（P）：按对象总长的百分比来改变对象的长度。

（3）总计（T）：指定对象总的绝对长度或包含的角度。

（4）动态（DY）：用拖动鼠标指针的方法动态地改变对象的长度。

4.5.8 打断

打断是通过指定点删除对象的一部分或将对象分段。

1. 执行方式

命令行：BREAK。

菜单栏："修改"→"打断"。

工具栏："修改"→"打断" ◻。

功能区："默认"→"修改"→"打断" ◻。

2. 操作步骤

命令：BREAK✓
选择对象：（选择要打断的对象）
指定第二个打断点或 [第一点(F)]：（指定第二个断开点或输入F）

3. 选项说明

（1）如果选择"第一点（F）"，AutoCAD 2016 将丢弃前面的第一个选择点，重新提示用户指定两个断开点。

（2）打断对象时，需要确定两个断点。可以将选择对象处作为第一个断点，然后指定第二个断点；还可以先选择整个对象，然后指定两个断点。

（3）如果仅想将对象在某点打断，则可直接应用"修改"工具栏中的"打断于点"按钮。

（4）"打断"命令主要用于删除断点之间的对象，因为某些删除操作是不能由 ERASE 和 TRIM 命令完成的。例如，圆的中心线和对称中心线过长时可利用打断操作进行删除。

4.5.9 分解

利用分解命令可以将由多个对象组合的图形（如多段线、矩形、多边形和图块等）进行分解。

1. 执行方式

命令行：EXPLODE。

菜单栏："修改" → "分解"。

工具栏："修改" → "分解" 🗗 。

功能区："默认" → "修改" → "分解" 🗗 。

2. 操作步骤

命令：EXPLODE✓
选择对象：（选择要分解的对象）

选择一个对象后，该对象会被分解。系统将继续提示该行信息，允许分解多个对象。

Explode 命令可以对块、二维多段线、宽多段线、三维多段线、复合线、多文本、区域等进行分解。选择的对象不同，分解的结果就不同。

4.5.10 合并

合并功能可以将直线、圆、椭圆弧和样条曲线等独立的线段合并为一个对象，如图 4-59 所示。

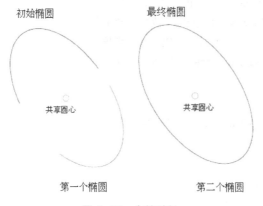

图 4-59　合并对象

1. 执行方式

命令行：JOIN。

菜单栏："修改" → "合并"。

工具栏："修改" → "合并" ⊷ 。

功能区："默认" → "修改" → "合并" ⊷ 。

2. 操作步骤

命令：JOIN✓
选择源对象：（选择一个对象）
选择要合并到源的直线：（选择另一个对象）

4.6 圆角及倒角

本节主要介绍"圆角"和"倒角"命令的用法。

4.6.1 圆角

圆角是通过一个指定半径的圆弧光滑地连接两个对象，可以进行圆角的对象有直线、非圆弧的多段线、样条曲线、构造线、射线、圆、圆弧和椭圆。圆角半径由 AutoCAD 自动计算。

1. 执行方式

命令行：FILLET。

菜单栏："修改"→"圆角"。

工具栏："修改"→"圆角" 🔲。

功能区："默认"→"修改"→"圆角" 🔲。

2. 操作步骤

命令：FILLET✓
当前设置：模式 = 修剪，半径 = 0.0000
选择第一个对象或 [放弃(U)/多段线(P)/半径(R)/修剪(T)/多个(M)]：（选择第一个对象或其他选项）
选择第二个对象，或按住 Shift 键选择要应用角点的对象或[半径(R)]：（选择第二个对象）

3. 选项说明

（1）多段线（P）：在一条二维多段线的两段直线段的节点处插入圆滑的弧。选择多段线后，系统会根据指定的圆弧半径把多段线各顶点用圆滑的弧连接起来。

（2）半径（R）：确定圆角半径。

（3）修剪（T）：确定在圆角连接两条边时是否修剪这两条边，如图 4-60 所示。

(a) 修剪方式　　　　　**(b) 不修剪方式**

图 4-60　圆角连接

（4）多个（M）：同时对多个对象进行圆角编辑，而不必重新启用命令。按住 Shift 键并选择两条直线，可以快速创建零距离倒角或零半径圆角。

4.6.2 实例——沙发

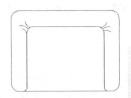

本例利用"矩形""直线""分解""圆角""延伸""剪切"等命令绘制沙发，如图 4-61 所示。

绘制步骤如下（光盘\动画演示\第 4 章\沙发.avi）。

（1）单击"默认"选项卡"绘图"面板中的"矩形"按钮 🔲，绘制圆角半径为 10mm，第一角点坐标为（20,20），长度、宽度分别为 140mm、100mm 的矩形沙发的外框。

图 4-61　绘制沙发

沙发

（2）单击"默认"选项卡"绘图"面板中的"直线"按钮 ✏，绘制连续线段，坐标分别为（40,20）、（@0,80）、（@100,0）、（@0,-80），绘制结果如图 4-62 所示。

（3）单击"默认"选项卡"修改"面板中的"分解"按钮 、"圆角"按钮 和"延伸"按钮 ，绘制沙发的大体轮廓，如图 4-62 所示。命令行中的提示与操作如下。

```
命令：explode↙
选择对象：（选择外部倒圆矩形）
选择对象：↙
命令：fillet↙
当前设置：模式 = 修剪，半径 = 6.0000
选择第一个对象或 [放弃(U)/多段线(P)/半径(R)/修剪(T)/多个(M)]：（选择内部四边形左边的竖直线）
选择第二个对象，或按住 Shift 键选择要应用角点的对象：（选择内部四边形上边的水平线）
选择第一个对象或 [放弃(U)/多段线(P)/半径(R)/修剪(T)/多个(M)]：（选择内部四边形右边的竖直线）
选择第二个对象，或按住 Shift 键选择要应用角点的对象或[半径(R)]：（选择内部四边形下边的水平线）
选择第一个对象或 [放弃(U)/多段线(P)/半径(R)/修剪(T)/多个(M)]：↙
命令：extend↙
当前设置：投影=UCS，边=无
选择边界的边...
选择对象或 <全部选择>：（选择右下角的圆弧）
选择对象：↙
选择要延伸的对象，或按住 Shift 键选择要修剪的对象，或[栏选(F)/窗交(C)/投影(P)/边(E)/放弃(U)]：（选择图4-62左端的短水平线）
选择要延伸的对象，或按住Shift键选择要修剪的对象，或[栏选(F)/窗交(C)/投影(P)/边(E)/放弃(U)]：↙
```

（4）单击"默认"选项卡"修改"面板中的"圆角"按钮 ，对内部四边形的左下角进行圆角处理，如图 4-63 所示。

（5）单击"默认"选项卡"修改"面板中的"圆角"按钮 ，对内部四边形的右下端进行圆角处理。

（6）单击"默认"选项卡"修改"面板中的"修剪"按钮 ，以刚倒出的圆角圆弧为边界，对内部四边形的右下端进行修剪；单击"默认"选项卡"绘图"面板中的"直线"按钮 ，绘制沙发底边。绘制结果如图 4-64 所示。

（7）单击"默认"选项卡"绘图"面板中的"圆弧"按钮 ，绘制沙发褶皱。在沙发拐角位置绘制6 条圆弧，结果如图 4-65 所示。

图 4-62　绘制初步轮廓

图 4-63　圆角处理

图 4-64　完成轮廓绘制

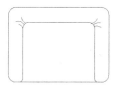
图 4-65　沙发

4.6.3　倒角

倒角是通过延伸（或修剪）使两个不平行的线型对象相交或利用斜线连接。例如，对由直线、多段线、参照线和射线等构成的图形对象进行倒角。AutoCAD 采用两种方法确定连接两个线型对象的斜线。

一是指定斜线距离。斜线距离是指从被连接的对象与斜线的交点到被连接的两个对象可能的交点之间的距离，如图 4-66 所示。

二是指定斜线角度和一个斜线距离。采用这种方法用斜线连接对象时，需要输入两个参数：即斜线与一个对象的斜线距离和斜线与另一个对象的夹角，如图 4-67 所示。

图 4-66　斜线距离

图 4-67　斜线距离与夹角

1．执行方式

命令行：CHAMFER。

菜单栏："修改"→"倒角"。

工具栏："修改"→"倒角" ▱。

功能区："默认"→"修改"→"倒角" ▱。

2．操作步骤

命令：CHAMFER✓
（"修剪"模式）当前倒角距离 1 = 0.0000，距离 2 = 0.0000
选择第一条直线或 [放弃(U)/多段线(P)/距离(D)/角度(A)/修剪(T)/方式(E)/多个(M)]：（选择第一条直线或其他选项）
选择第二条直线，或按住 Shift 键选择要应用角点的直线或[距离(D)/角度(A)/方法(M)]：（选择第二条直线）

3．选项说明

（1）若设置的倒角距离太大或倒角角度无效，系统会给出错误提示信息。

（2）当两个倒角距离均为 0 时，CHAMFER 命令会使选定的两条直线相交，但不产生倒角。

（3）执行"倒角"命令后，系统提示中各选项的含义如下。

多段线（P）：对多段线的各个交叉点进行倒角。

距离（D）：确定倒角的两个斜线距离。

角度（A）：选择第一条直线的斜线距离和第一条直线的倒角角度。

修剪（T）：用来确定倒角时是否对相应的倒角边进行修剪。

方式（E）：用来确定是按距离（D）方式还是按角度（A）方式进行倒角。

多个（M）：同时对多个对象进行倒角编辑。

4.6.4　实例——吧台

首先利用"直线""偏移"等命令绘制吧台轮廓再利用"圆""圆弧""矩形阵列"命令绘制椅子，如图 4-68 所示。

绘制步骤如下（光盘\动画演示\第 4 章\吧台.avi）。

（1）选择菜单栏中的"格式"→"图形界限"命令，设置图幅为 297mm×210mm。

（2）单击"默认"选项卡"绘图"面板中的"直线"按钮 ╱，绘制一条长度为 25mm 的水平直线和一条长度为 30mm 的竖直直线，结果如图 4-69 所示。单击"默认"选项卡"修改"面板中的"偏移"按钮 ⟱，将竖直直线分别向右偏移 12mm、4mm、6mm，将水平直线向上偏移 6mm，结果如图 4-70 所示。

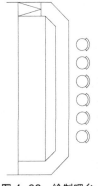

吧台

图 4-68　绘制吧台

图 4-69　绘制直线　　　　　　　　图 4-70　偏移处理

（3）单击"默认"选项卡"修改"面板中的"倒角"按钮▱，将图形进行倒角处理。命令行中的提示与操作如下。

命令：chamfer↙
（"修剪"模式）当前倒角距离 1 = 0.0000，距离 2 = 0.0000
选择第一条直线或 [放弃(U)/多段线(P)/距离(D)/角度(A)/修剪(T)/方式(E)/多个(M)]：d↙
指定第一个倒角距离 <0.0000>：6↙
指定第二个倒角距离 <6.0000>：↙
选择第一条直线或 [放弃(U)/多段线(P)/距离(D)/角度(A)/修剪(T)/方式(E)/多个(M)]：（选择最右侧的线）
选择第二条直线，或按住 Shift 键选择要应用角点的直线或[距离(D)/角度(A)/方法(M)]：（选择最下侧的水平线）

重复"倒角"命令，将其他交线进行倒角处理，绘制结果如图 4-71 所示。

（4）单击"默认"选项卡"修改"面板中的"镜像"按钮▲，将图形进行镜像处理，绘制结果如图 4-72 所示。

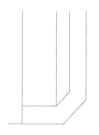

图 4-71　倒角处理　　　　　　　　　　图 4-72　镜像处理

（5）单击"默认"选项卡"绘图"面板中的"直线"按钮╱，绘制门，绘制结果如图 4-73 所示。

（6）单击"默认"选项卡"绘图"面板中的"圆"按钮⊙、"圆弧"按钮╱和"多段线"按钮⤵，绘制座椅，结果如图 4-74 所示。

（7）单击"默认"选项卡"修改"面板中的"矩形阵列"按钮▦，选择矩形阵列方式，选择座椅为阵列对象，设置阵列行数为 6，列数为 1，行间距为-6，绘制结果如图 4-75 所示。

图 4-73　绘制门　　　　　图 4-74　绘制座椅　　　　　图 4-75　吧台

（8）选择菜单栏中的"文件"→"另存为"命令，将绘制完成的图形以"吧台.dwg"为文件名保存在指定的路径中。

4.7 使用夹点功能进行编辑

使用夹点功能可以方便地进行移动、旋转、缩放、拉伸等编辑操作，这是编辑对象时非常方便和快捷的方法。

4.7.1 夹点概述

在使用"先选择后编辑"方式选择对象时，可选取欲编辑的对象，或按住鼠标左键拖出一个矩形框，框住欲编辑的对象。松开后，所选择的对象上出现若干个小正方形，同时对象高亮显示。这些小正方形称为夹点，如图 4-76 所示。夹点表示了对象的控制位置。夹点的大小及颜色可以在图 4-1 所示的"选项"对话框中调整。若要移去夹点，可按 Esc 键。要从夹点选择集中移去指定对象，在选择对象时按住 Shift 键即可。

图 4-76 夹点

4.7.2 使用夹点进行编辑

使用夹点功能编辑对象需要选择一个夹点作为基点，方法是：将十字光标的中心对准夹点，单击鼠标左键，此时夹点即成为基点，并且显示为红色小方块。利用夹点进行编辑的模式有"拉伸""移动""旋转""比例"或"镜像"。可以用空格键、回车或快捷菜单（单击鼠标右键弹出的快捷菜单）循环切换这些模式。

下面以图 4-77 所示的图形为例说明使用夹点进行编辑的方法，操作步骤如下。

（1）选择图形，显示夹点，如图 4-77（a）所示。

（2）选取图形右下角夹点，命令行提示如下。

指定拉伸点或[基点(B)/复制(c)/放弃(U)/退出(X)]：

移动鼠标指针拉伸图形，如图 4-77（b）所示。

（3）单击鼠标右键，在弹出的快捷菜单中选择"旋转"命令，将编辑模式从"拉伸"切换到"旋转"，如图 4-77（c）所示。

（4）指定旋转基点，然后拖动鼠标指针指定旋转角度后单击，即可使图形旋转。

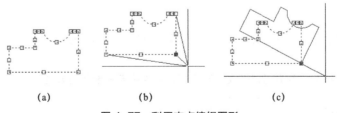

(a)　　　　　　(b)　　　　　　　　(c)

图 4-77 利用夹点编辑图形

有关拉伸、移动、旋转、比例和镜像的编辑功能，以及利用夹点进行编辑的详细内容可以参见下面相应的章节。

4.7.3 实例——花瓣

本例利用"椭圆"命令绘制花瓣，在夹点的旋转模式下进行花瓣的多重复制操作，如图 4-78 所示。

花瓣

绘制步骤如下（光盘\动画演示\第 4 章\花瓣.avi）。

（1）单击"默认"选项卡"绘图"面板中的"椭圆"按钮 ，绘制一个椭圆形，如图 4-79（a）所示。

（2）选择要旋转的椭圆。

（3）将椭圆最下端的夹点作为基点。

（4）按空格键，切换到旋转模式。

（5）输入 C 并按<Enter>键。

图 4-78 绘制花瓣

（6）将对象旋转到一个新位置并单击，此时该对象被复制并围绕基点旋转，如图 4-79（b）所示。

（7）旋转并单击以便复制多个对象，按<Enter>键结束操作，结果如图 4-79（c）所示。

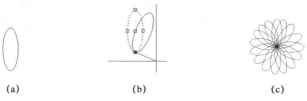

(a)   (b)   (c)

图 4-79 夹点状态下的旋转复制

4.8 特性与特性匹配

在对图形进行编辑时，还可以对图形对象本身的某些特性进行编辑，从而方便地进行图形绘制。

4.8.1 修改对象属性

1. 执行方式

命令行：DDMODIFY 或 PROPERTIES。

菜单栏："修改"→"特性"。

工具栏："标准"→"特性" 回。

功能区："视图"→"选项板"→"特性" 回。

2. 操作步骤

命令：DDMODIFY✓

打开"特性"对话框，如图 4-80 所示，利用它可以方便地设置或修改对象的各种属性。

不同的对象属性种类和值不同，修改属性值后，对象将被赋予新的属性。

4.8.2 特性匹配

特性匹配是将一个对象的某些或所有特性复制到另一个或多个对象上。可以复制的特性包括颜色、图层、线型、线型比例、厚度以及标注、文字和图案填充特性。特性匹配的命令是 MATCHPROP。

图 4-80 "特性"对话框

1. 执行方式

命令行：MATCHPROP。

菜单栏："修改"→"特性匹配"。

2. 操作步骤

命令：MATCHPROP↙
选择源对象：（选择源对象）
选择目标对象或 [设置(S)]：（选择目标对象）

图 4-81（a）所示为两个不同属性的对象，以左边的圆为源对象，对右边的矩形进行属性匹配，结果如图 4-81（b）所示。

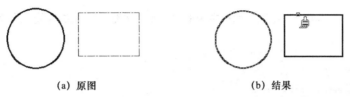

(a) 原图　　　　　　　　　　　　(b) 结果

图 4-81　特性匹配

4.9　综合实例——办公座椅

在前面学习的基础上，为了使读者能综合运用"绘图""编辑"命令绘制出复杂的图形，利用上述综合命令绘制办公座椅的主视图，如图 4-82 所示。

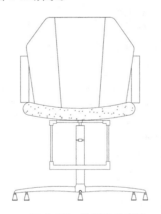

图 4-82　绘制办公座椅

办公座椅

绘制步骤如下（光盘\动画演示\第 4 章\办公座椅.avi）。

（1）新建两个图层，将"1"图层置为当前层。

① "1"图层，颜色为红色，其余属性默认。

② "2"图层，颜色为蓝色，其余属性默认。

（2）单击"视图"选项卡"导航"面板中的"实时"按钮 ，将图形界面缩放至适当大小。

（3）单击"默认"选项卡"绘图"面板中的"圆弧"按钮 ，绘制圆弧，命令行中的操作与提示如下。

命令：_arc ✓
指定圆弧的起点或 [圆心(C)]：15,35.6✓
指定圆弧的第二个点或 [圆心(C)/端点(E)]：170,44.6✓
指定圆弧的端点：325,38.4✓

重复"圆弧"命令，绘制另外 4 段圆弧，三点坐标分别为：{（8,35.6）、（10.7,42.8）、（15.7,48.5）}，{（15.7,48.5）、（159.2,64.7）、（303.5,64.6）}，{（303.5,64.6）、（305.4,52.7）、（305.4,40）}，{（303.5,64.6）、

（308,70.4）、（310,77.7）}。

绘制结果如图 4-83 所示。

图 4-83 绘制圆弧

（4）单击"默认"选项卡"绘图"面板中中的"直线"按钮 ╱，绘制直线，命令行中的操作与提示如下。

```
命令: _line
指定第一个点: 310,77.7↙
指定下一点或 [放弃(U)]: 330, 77.7↙
指定下一点或 [放弃(U)]: ↙
命令: _line 指定第一个点: 310,77.7↙
指定下一点或 [放弃(U)]: 310, 146↙
指定下一点或 [放弃(U)]: ↙
命令: _line
指定第一个点: 330,146↙
指定下一点或 [放弃(U)]: 180.6, 146↙
指定下一点或 [放弃(U)]: 180.6,183.4↙
指定下一点或 [闭合(C)/放弃(U)]: 199,183.4↙
指定下一点或 [闭合(C)/放弃(U)]: 199, 166↙
指定下一点或 [闭合(C)/放弃(U)]: 330, 166↙
指定下一点或 [闭合(C)/放弃(U)]: ↙
命令: _line
指定第一点: 330,377.4
指定下一点或 [放弃(U)]: 180,377.4
指定下一点或 [放弃(U)]: 180,355
指定下一点或 [闭合(C)/放弃(U)]: 180,354.7
指定下一点或 [闭合(C)/放弃(U)]: 198,354.7
指定下一点或 [闭合(C)/放弃(U)]: 198,362.7
指定下一点或 [闭合(C)/放弃(U)]: 214.3,362.7
指定下一点或 [闭合(C)/放弃(U)]: 214.3,377.4
指定下一点或 [闭合(C)/放弃(U)]:
命令: _line
指定第一点: 214.3,367.5
指定下一点或 [放弃(U)]: 330,367.5
指定下一点或 [放弃(U)]:
```

绘制结果如图 4-84 所示。

（5）将"2"图层置为当前图层，单击"默认"选项卡"绘图"面板中的"矩形"按钮 ▭，绘制矩形，命令行中的操作与提示如下。

```
命令: _rectang↙
指定第一个角点或 [倒角(C)/标高(E)/圆角(F)/厚度(T)/宽度(W)]: 319.5,367.5↙
指定另一个角点或 [面积(A)/尺寸(D)/旋转(R)]: @21.9,9.9↙
```

同样的方法，运用矩形命令 RECTANG 绘制另外 6 个矩形，端点坐标分别为：{（310,166）、（@40,187.2）}，{（185.3,183.4）、（@8.6,171.3）}，{（310,282.4）、（@11.9,4.8）}，{（321.9,278.7）、（@16.4,12.3）}，{（40,681.8）、（@40,-218.5）}。

绘制结果如图 4-85 所示。

（6）单击"默认"选项卡"绘图"面板中的"直线"按钮 ∕，在第一个矩形的中点处绘制竖直直线，然后单击"默认"选项卡"修改"面板中的"偏移"按钮 ⟅，将竖直线向两侧偏移，偏移距离为 3.88，然后删除多余的线段整理图形，结果如图 4-85 所示。

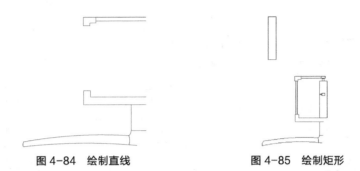

图 4-84　绘制直线　　　　　　　　图 4-85　绘制矩形

（7）将"1"图层置为当前图层，单击"默认"选项卡"绘图"面板中的"圆弧"按钮 ⌒，绘制圆弧，命令行中的操作与提示如下。

```
命令：_arc ✓
指定圆弧的起点或 [圆心(C)]：327.7,377.4✓
指定圆弧的第二个点或 [圆心(C)/端点(E)]：179.9,387.1✓
指定圆弧的端点：63.1,412✓
命令：_arc ✓
指定圆弧的起点或 [圆心(C)]：63.1,412✓
指定圆弧的第二个点或 [圆心(C)/端点(E)]：53,440.7✓
指定圆弧的端点：69.3,462.4✓
命令：_arc ✓
指定圆弧的起点或 [圆心(C)]：69.3,462.4✓
指定圆弧的第二个点或 [圆心(C)/端点(E)]：195.6,433✓
指定圆弧的端点：330,434.5✓
```

绘制结果如图 4-86 所示。

（8）单击"默认"选项卡"绘图"面板中的"直线"按钮 ∕，绘制直线，命令行中的操作与提示如下。

```
命令：_line
指定第一点：107.4,455.2
指定下一点或 [放弃(U)]：@-37.8,269.9
指定下一点或 [放弃(U)]：@60.7,124.1
指定下一点或 [闭合(C)/放弃(U)]：@199.7,0
指定下一点或 [闭合(C)/放弃(U)]：
```

（9）单击"默认"选项卡"绘图"面板中的"直线"按钮 ∕，绘制直线，命令行中的操作与提示如下。

```
命令：_line
指定第一个点：206.8,849.2✓
指定下一点或 [放弃(U)]：238.4,438.8✓
指定下一点或 [放弃(U)]：✓
```

绘制结果如图 4-87 所示。

（10）单击"默认"选项卡"修改"面板中的"圆角"按钮 ⌒，设置圆角半径为 30mm，对图形进行圆角操作，然后单击"默认"选项卡"修改"面板中的"修剪"按钮 ⊬，修剪多余的直线，如图 4-88 所示。

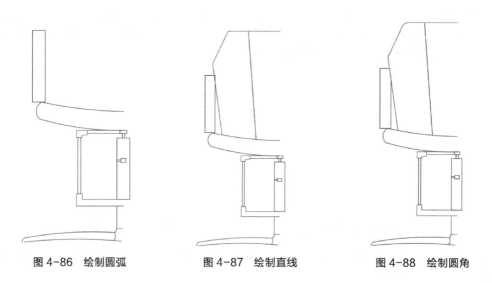

图 4-86　绘制圆弧　　　　　　图 4-87　绘制直线　　　　　　图 4-88　绘制圆角

（11）单击"默认"选项卡"绘图"面板中的"直线"按钮 ∕ ，绘制直线，坐标分别为（0,3.5）、（7.2,29.7）、（@9.3,0）和（@7.2,-29.7）。

（12）单击"默认"选项卡"绘图"面板中的"矩形"按钮 ▢ ，绘制两个矩形，坐标分别为（0,0）、（@23.7,3.5）和（8.8,33.2）、（@6.1,2.5），然后单击"默认"选项卡"绘图"面板中的"直线"按钮 ∕ ，在合适的位置处绘制一条水平直线，最终完成轮子的绘制，结果如图 4-89 所示。

（13）单击"默认"选项卡"修改"面板中的"复制"按钮 ⛶ ，将绘制的轮子复制到图中其他位置处，利用绘图和编辑命令整理图形，结果如图 4-90 所示。

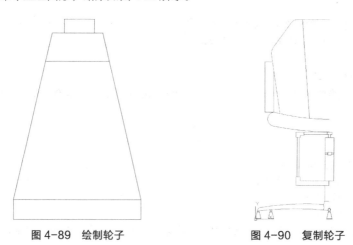

图 4-89　绘制轮子　　　　　　　　图 4-90　复制轮子

（14）单击"默认"选项卡"修改"面板中的"镜像"按钮 ⟁ ，镜像图形，结果如图 4-91 所示。

（15）将当前图层设为"0"图层，单击"默认"选项卡"绘图"面板中的"图案填充"按钮 ▨ ，打开"图案填充创建"选项卡，在"图案填充图案"列表中，选择 AR-CONC 图案，如图 4-92 所示。设置填充比例为 0.2，选择填充区域，然后填充图形，最终效果如图 4-93 所示。

如果要对一个已经填充好的区域进行修改，双击该填充区域即可，或者选择菜单栏中的"修改"→"对象"→"图案填充"命令，然后选择待修改区域即可。

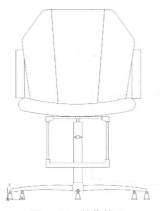

图 4-91　镜像处理

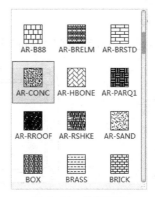

图 4-92　选择图案

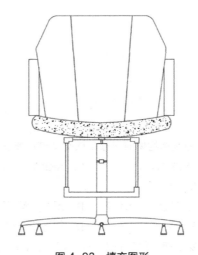

图 4-93　填充图形

4.10　操作与实践

通过本章的学习，读者对二维图形编辑的相关知识有了大致的了解，本节通过几个操作练习使读者进一步掌握本章知识要点。

4.10.1　绘制酒店餐桌椅

1. 目的要求

本例主要用到了"直线""偏移""圆角""修剪""环形阵列"等命令绘制餐桌椅，如图 4-94 所示，要求读者掌握相关命令。

2. 操作提示

（1）绘制椅子。

（2）绘制桌子。

（3）对椅子使用"环形阵列"等命令进行摆放。

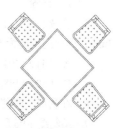

图 4-94　酒店餐桌椅

4.10.2 绘制台球桌

1．目的要求

本例主要用到了"矩形""圆""圆角"等命令绘制台球桌，如图 4-95 所示，要求读者掌握相关命令。

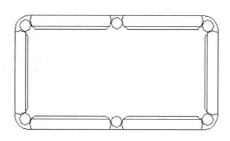

图 4-95 台球桌

2．操作提示

（1）绘制矩形。

（2）绘制圆。

（3）圆角处理。

4.11 思考与练习

1．下列命令中，（　　）命令在选择物体时必须采取交叉窗口或交叉多边形窗口进行选择。

    A．LENGTHEN   B．STRETCH   C．ARRAY   D．MIRROR

2．关于分解命令，描述正确的是（　　）。

    A．分解对象后，颜色、线型和线宽不会改变   B．图像分解后图案与边界的关联性仍然存在

    C．多行文字分解后将变为单行文字   D．构造线分解后可得到两条射线

3．在进行打断操作时，系统要求指定第二打断点，这时输入@，然后按 Enter 键结束，其结果是（　　）。

    A．没有实现打断

    B．在第一打断点处将对象一分为二，打断距离为零

    C．从第一打断点处将对象另一部分删除

    D．系统要求指定第二打断点

4．下列命令中，（　　）可以用来去掉图形中不需要的部分。

    A．删除   B．清除   C．修剪   D．放弃

5．在圆心（70,100）处绘制半径为 10mm 的圆，将圆进行矩形阵列，行之间距离为-30mm，行数为 3mm，列之间距离为 50mm，列数为 2，阵列角度为 10，阵列后第 2 列第 3 行圆的圆心坐标为（　　）。

    A．（119.2404,108.6824）   B．（129.6593,49.5939）

    C．（124.4498,79.1382）   D．（80.4189,40.9115）

6．在利用"修剪"命令对图形进行修剪时，有时无法实现，试分析可能的原因。

7．绘制图 4-96 所示的矩形图形（不要求严格的尺寸）。

8．绘制图 4-97 所示的花瓣图形（不要求严格的尺寸）。

9．绘制图 4-98 所示的组合沙发。

图 4-96　矩形图形　　　　　　　　图 4-97　花瓣图形

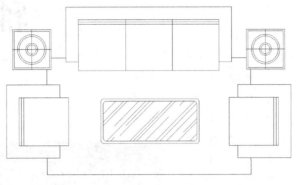

图 4-98　组合沙发

第5章

辅助工具

■ 在绘图设计过程中，经常会遇到一些重复出现的图形（如建筑设计中的桌椅、门窗等），如果每次都重新绘制这些图形，不仅会造成大量的重复工作，而且存储这些图形及其信息也会占据相当大的磁盘空间。这时可以将重复出现的图形定义为图块，需要时可以把图块插入到图中，这样就可避免重复工作，提高绘图效率并节省磁盘空间。

5.1 查询工具

为方便用户及时了解图形信息，AutoCAD 提供了很多查询工具，下面进行简要说明。

5.1.1 距离查询

1. 执行方式

命令行：MEASUREGEOM。

菜单栏："工具"→"查询"→"距离"。

工具栏："查询"→"距离" 📏。

功能区："默认"→"实用工具"→"距离" 📏。

2. 操作步骤

```
命令：MEASUREGEOM
输入选项 [距离(D)/半径(R)/角度(A)/面积(AR)/体积(V)] <距离>: D
指定第一点: 指定点
指定第二点或 [多个点（M）]: 指定第二点或输入 M 表示多个点
距离 = 1.2964，XY 平面中的倾角 = 0，与 XY 平面的夹角 = 0
X 增量 = 1.2964，Y 增量 = 0.0000，Z 增量 = 0.0000
输入选项 [距离(D)/半径(R)/角度(A)/面积(AR)/体积(V)/退出(X)] <距离>: 退出
```

3. 选项说明

多个点（M）：如果使用此选项，将基于现有直线段和当前橡皮线即时计算总距离。

5.1.2 面积查询

1. 执行方式

命令行：MEASUREGEOM。

菜单栏："工具"→"查询"→"面积"。

工具栏："查询"→"面积" 📄。

功能区："默认"→"实用工具"→"面积" 📄。

2. 操作步骤

```
命令：MEASUREGEOM
输入选项 [距离(D)/半径(R)/角度(A)/面积(AR)/体积(V)] <距离>: 面积
指定第一个角点或 [对象(O)/增加面积(A)/减少面积(S)/退出(X)] <对象(O)>: 选择选项
```

3. 选项说明

在工具选项板中，系统设置了一些常用图形的选项卡，这些选项卡可以方便用户绘图。

（1）指定第一个角点：计算由指定点所定义的面积和周长。

（2）增加面积（A）：打开"加"模式，并在定义区域时即时保持总面积。

（3）减少面积（S）：从总面积中减去指定的面积。

5.2 图块及其属性

把一组图形对象组合成图块加以保存，需要时可以把图块作为一个整体以任意比例和旋转角度插入到图中任意位置，这样不仅避免了大量的重复工作，提高了绘图速度和工作效率，而且大大节省了磁盘空间。

5.2.1 图块操作

1. 图块定义

在使用图块时，首先要定义图块，下面介绍图块的定义方法。

（1）执行方式

命令行：BLOCK。

菜单栏："绘图"→"块"→"创建命令"。

工具栏："绘图"→"创建块" 🖼 。

功能区："插入"→"块定义"→"创建块" 🖼 。

（2）操作步骤

执行上述命令，打开图 5-1 所示的"块定义"对话框。利用该对话框指定定义对象和基点以及其他参数，可定义图块并命名。

2. 图块保存

（1）执行方式

命令行：WBLOCK。

（2）操作步骤

执行上述命令，打开图 5-2 所示的"写块"对话框。利用该对话框可以把图形对象保存为图块或把图块转换成图形文件。

3. 图块插入

（1）执行方式

命令行：INSERT。

菜单栏："插入"→"块"。

工具栏："插入"→"插入块" 🖼 或"绘图"→"插入块" 🖼 。

功能区："插入"→"块"→"插入块" 🖼 。

（2）操作步骤

执行上述命令，打开"插入"对话框，如图 5-3 所示。利用该对话框设置插入点位置、插入比例以及旋转角度，可以指定要插入的图块及插入位置。

图 5-1 "块定义"对话框

图 5-2 "写块"对话框

图 5-3 "插入"对话框

5.2.2 图块的属性

1. 属性定义

（1）执行方式

命令行：ATTDEF。

菜单栏："绘图" → "块" → "定义属性"。

功能区："插入" → "块定义" → "定义属性" 。

（2）操作步骤

执行上述命令，打开"属性定义"对话框，如图 5-4 所示。

图 5-4 "属性定义"对话框

（3）选项说明

① "模式"选项组

• "不可见"复选框：选中该复选框，属性为不可见显示方式，即插入图块并输入属性值后，属性值在图中并不显示出来。

• "固定"复选框：选中该复选框，属性值为常量，即属性值在属性定义时给定，在插入图块时，AutoCAD 不再提示输入属性值。

• "验证"复选框：选中该复选框，当插入图块时，AutoCAD 重新显示属性值让用户验证该值是否正确。

- "预设"复选框：选中该复选框，当插入图块时，AutoCAD 自动把事先设置好的默认值赋予属性，而不再提示输入属性值。

- "锁定位置"复选框：选中该复选框，当插入图块时，AutoCAD 锁定块参照中属性的位置。解锁后，属性可以相对于使用夹点编辑的块的其他部分移动，并且可以调整多行属性的大小。

- "多行"复选框：指定属性值可以包含多行文字。

② "属性"选项组

- "标记"文本框：输入属性标签。属性标签可由除空格和感叹号以外的所有字符组成。AutoCAD 自动把小写字母改为大写字母。

- "提示"文本框：输入属性提示。属性提示是插入图块时 AutoCAD 要求输入属性值的提示。如果不在此文本框中输入文本，则以属性标签作为提示。如果在"模式"选项组中选中"固定"复选框，即设置属性为常量，则不需设置属性提示。

- "默认"文本框：设置默认的属性值。可把使用次数较多的属性值作为默认值，也可不设默认值。
  其他各选项组比较简单，这里不再赘述。

2．修改属性定义

（1）执行方式

命令行：DDEDIT。

菜单栏："修改"→"对象"→"文字"→"编辑"。

（2）操作步骤

命令：DDEDIT✓
选择注释对象或[放弃(U)]:

在此提示下选择要修改的属性定义，AutoCAD 打开"编辑属性定义"对话框，如图 5-5 所示，可以在该对话框中修改属性定义。

3．图块属性编辑

（1）执行方式

命令行：EATTEDIT。

菜单栏："修改"→"对象"→"属性"→"单个"。

工具栏："修改 II"→"编辑属性" 。

（2）操作步骤

命令：EATTEDIT✓
选择块：

选择块后，打开"增强属性编辑器"对话框，如图 5-6 所示。该对话框不仅可以编辑属性值，还可以编辑属性的文字选项、图层、线型、颜色等特性值。

图 5-5 "编辑属性定义"对话框

图 5-6 "增强属性编辑器"对话框

5.2.3 实例——标注标高符号

本实例利用"直线"命令绘制标高符号，再利用"定义属性"和"写块"命令创建标高符号图块，最后将标高符号插入到打开的图形中。如图 5-7 所示。

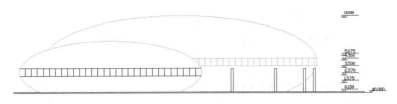

图 5-7 标注标高符号

绘制步骤如下（光盘\动画演示\第 5 章\标注标高符号.avi）。

（1）选择菜单栏中的"绘图"→"直线"命令，绘制图 5-8 所示的标高符号图形。

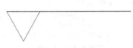

图 5-8 绘制标高符号

标注标高符号

（2）选择菜单栏中的"绘图"→"块"→"定义属性"命令，打开"属性定义"对话框，在其中进行图 5-9 示的设置，其中模式为"验证"，插入点为标高符号水平线中点，确认退出。

（3）在命令行中输入"WBLOCK"，打开"写块"对话框，如图 5-10 所示。拾取图 5-8 所示图形下的尖点为基点，以此图形为对象，输入图块名称并指定路径，确认退出。

图 5-9 "属性定义"对话框

图 5-10 "写块"对话框

（4）选择菜单栏中的"绘图"→"插入块"命令，打开"插入"对话框，如图 5-11 所示。单击"浏览"按钮找到刚才保存的图块，在屏幕上指定插入点和旋转角度，将该图块插入到图 5-12 所示的图形中，这时命令行会提示输入属性并要求验证属性值，此时设置标高数值 0.150，就完成了一个标高的标注。命令行中的提示与操作如下。

```
命令：INSERT↙
指定插入点或[基点(B)/比例(S)/X/Y/Z/旋转(R)/
预览比例(PS)/PX/PY/PZ/预览旋转(PR)]：( 在对话框中指定相关参数，如图5-11所示 )
输入属性值
```

数值：0.150↙
验证属性值
数值 <0.150>：↙

（5）继续插入标高符号图块，并输入不同的属性值作为标高数值，直到完成所有标高符号标注，如图 5-12 所示。

图 5-11 "插入"对话框

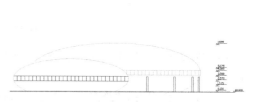

图 5-12 标注标高

5.3 设计中心及工具选项板

使用 AutoCAD 2016 设计中心可以很容易地组织设计内容，并把它们拖动到当前图形中。工具选项板是"工具选项板"窗口中选项卡形式的区域，提供组织、共享和放置块及填充图案的有效方法。工具选项板还可以包含由第三方开发人员提供的自定义工具，也可以利用设置中的组织内容，并将其创建为工具选项板。设计中心与工具选项板的使用大大方便了绘图，同时也加快了绘图的效率。

5.3.1 设计中心

1. 启动设计中心

（1）执行方式

命令行：ADCENTER。

菜单栏："工具"→"设计中心"。

工具栏："标准"→"设计中心" 囲。

功能区："视图"→"选项板"→"设计中心" 囲。

组合键：Ctrl+2。

（2）操作步骤

执行上述命令，打开设计中心。第一次启动设计中心时，默认打开的选项卡为"文件夹"，内容显示区采用大图标显示，左边的资源管理器采用 tree view 显示方式显示系统的树形结构，浏览资源的同时，在内容显示区显示所浏览资源的有关细目或内容，如图 5-13 所示。也可以搜索资源，方法与 Windows 资源管理器类似。

2. 利用设计中心插入图形

设计中心的最大优点是可以将系统文件夹中的 DWG 图形作为图块插入到当前图形中。

（1）从查找结果列表框中选择要插入的对象，双击对象。

（2）弹出"插入"对话框，如图 5-14 所示。

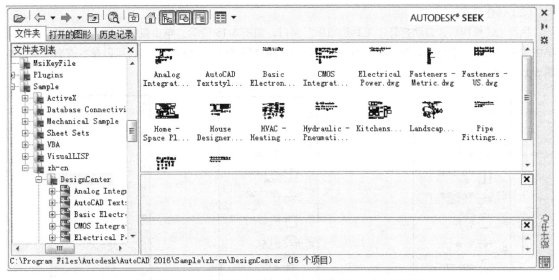

图 5-13　AutoCAD 2016 设计中心的资源管理器和内容显示区

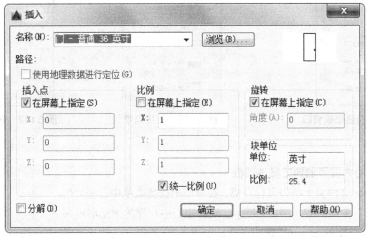

图 5-14　"插入"对话框

（3）在该对话框中设置插入点、比例和旋转角度等数值，被选择的对象将根据指定的参数插入到图形中。

5.3.2　工具选项板

1. 打开工具选项板

（1）执行方式

命令行：TOOLPALETTES。

菜单栏："工具"→"选项板"→"工具选项板"。

工具栏："标准"→"工具选项板" 📇。

功能区："视图"→"选项板"→"工具选项板" 📇。

快捷键：Ctrl+3。

（2）操作步骤

执行上述操作后，自动打开"工具选项板"窗口，如图 5-15 所示。单击鼠标右键，在弹出的快捷菜单中选择"新建选项板"命令，如图 5-16 所示，此时系统新建一个空白选项卡，可以命名该选项卡，如图 5-17 所示。

图 5-15　工具选项板窗口

图 5-16　快捷菜单

图 5-17　新建选项板

2. 将设计中心内容添加到工具选项板

在 DesignCenter 文件夹上单击鼠标右键，在弹出的快捷菜单中选择"创建块的工具选项板"命令，如图 5-18 所示。设计中心中存储的图元出现在工具选项板中新建的 DesignCenter 选项卡上，如图 5-19 所示。这样就可以将设计中心与工具选项板结合起来，建立一个快捷方便的工具选项板。

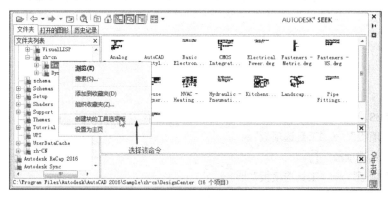

图 5-18　快捷菜单

图 5-19　创建工具选项板

3．利用工具选项板绘图

只需要将工具选项板中的图形单元拖动到当前图形，该图形单元就以图块的形式插入到当前图形中。图 5-20 所示为将工具选项板中"建筑"选项卡中的"床-双人床"图形单元拖曳到当前图形。

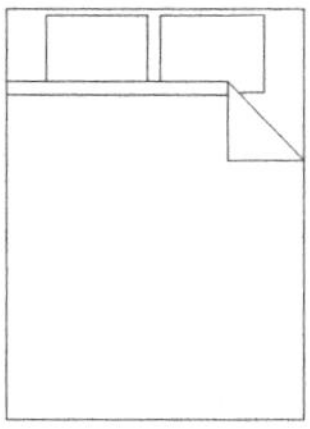

图 5-20　双人床

5.3.3　实例——居室布置平面图

本实例利用绘图命令与编辑命令绘制主平面图，再利用设计中心和工具选项板辅助绘制居室室内布置平面图，如图 5-21 所示。

绘制步骤如下（光盘\动画演示\第 5 章\居室布置平面图.avi）。

（1）利用学过的绘图命令与编辑命令，绘制住房结构截面图。其中，进门为餐厅，左手为厨房，右手为卫生间，正对为客厅，客厅左边为卧室。

居室布置平面图

（2）单击"视图"选项卡"选项板"面板中的"工具选项板"按钮，打开工具选项板。在工具选项板菜单中选择"新建工具选项板"命令，建立新的工具选项板选项卡。在"新建工具选项板"对话框的名称文本框中输入"住房"，按<Enter>键，新建"住房"选项卡。

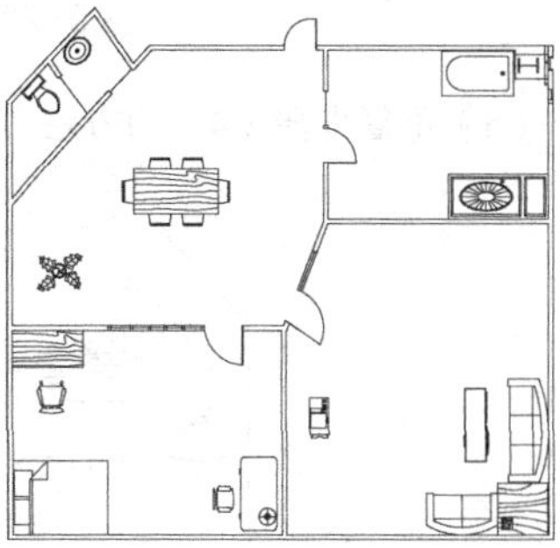

（3）单击"视图"选项卡"选项板"面板中的"设计中心"按钮，打开设计中心，将设计中心中存储的 Kitchens、House Designer、Home-Space Planner 图块拖动到工具选项板的"住房"选项卡上，如图 5-22 所示。

图 5-21　绘制居室布置平面图

（4）布置餐厅。将工具选项板中的 Home-Space Planner 图块拖动到当前图形中，选择菜单栏中的"修改"→"缩放"命令调整所插入的图块与当前图形的相对大小，如图 5-23 所示。对该图块进行分解操作，将 Home-Space Planner 图块分解成单独的小图块集。将图块集中的"饭桌"图块和"植物"图块拖动到餐厅的适当位置，如图 5-24 所示。

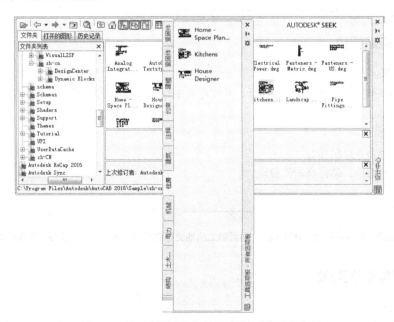

图 5-22　向工具选项板插入设计中心中储存的图块

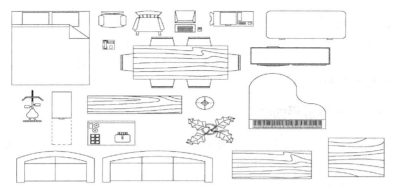

图 5-23　将 Home-Space Planner 图块拖动到当前图形

（5）重复步骤（4）的方法布置居室其他房间。最终绘制的结果如图 5-25 所示。

图 5-24　布置餐厅

图 5-25　居室布置平面图

5.4　操作与实践

通过本章的学习，读者对文本和尺寸标注、表格的绘制、查询工具的使用、图块的应用等知识有了大致的了解，本节通过几个操作练习使读者进一步掌握本章知识要点。

5.4.1　创建标高图块

1. 目的要求

绘制图 5-26～图 5-28 所示的标高符号，并制作成图块。通过本例的练习，读者应掌握图块的创建方法。

2. 操作提示

（1）利用直线命令绘制标高。

（2）利用写块命令，将标高制作成块。

图 5-26　总平面图上的标高符号　　图 5-27　平面图上的地面标高符号　　图 5-28　立面图和剖面图上的标高符号

5.4.2　创建居室平面图

1. 目的要求

利用"直线""圆弧""修剪""偏移"等绘图命令绘制居室平面图，再利用设计中心和工具选项板辅助绘制居室室内布置平面图，如图 5-29 所示。读者应掌握设计中心和工具选项板的使用方法。

2．操作提示

（1）绘制居室平面图。

（2）利用设计中心和工具选项板插入布置图块。

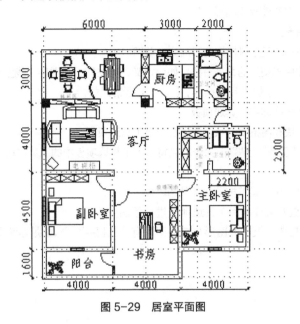

图 5-29　居室平面图

5.5　思考与练习

1．下列关于块说法正确的是（　　　）。

    A．块只能在当前文档中使用

    B．只有用 WBLOCK 命令写到盘上的块才可以插入另一图形文件中

    C．任何一个图形文件都可以作为块插入另一幅图中

    D．用 BLOCK 命令定义的块可以直接通过 INSERT 命令插入到任何图形文件中

2．删除块属性时，（　　　）。

    A．块属性不能删除

    B．可以从块定义和当前图形现有的块参照中删除属性，删除的属性会立即从绘图区域中消失

    C．可以从块中删除所有的属性

    D．如果需要删除所有属性，则需要重定义块

3．下列哪些方法能插入创建好的块（　　　）。

    A．从 Windows 资源管理器中将图形文件图标拖放到 AutoCAD 绘图区域插入块

    B．从设计中心插入块

    C．用"粘贴"命令 PASTECLIP 插入块

    D．用"插入"命令 INSERT 插入块

4．在设计中心中打开图形错误的方法是（　　　）。

    A．在设计中心内容区中的图形图标上单击鼠标右键弹出快捷菜单，单击"在应用程序窗口中打开"

B. 按住 Ctrl 键，同时将图形图标从设计中心内容区拖至绘图区域

C. 将图形图标从设计中心内容区拖动到应用程序窗口绘图区域以外的任何位置

D. 将图形图标从设计中心内容区拖动到绘图区域中

5. 利用设计中心不可能完成的操作是（　　　）。

A. 根据特定的条件快速查找图形文件

B. 打开所选的图形文件

C. 将某一图形中的块通过鼠标拖动添加到当前图形中

D. 删除图形文件中未使用的命名对象，如块定义、标注样式、图层、线型和文字样式等

6. 关于向工具选项板中添加工具的操作，（　　　）是错误的。

A. 可以将光栅图像拖动到工具选项板

B. 可以将图形、块和图案填充从设计中心拖至工具选项板

C. 使用"剪切""复制""粘贴"命令可以将一个工具选项板中的工具移动或复制到另一个工具选项板中

D. 可以从下拉菜单中将菜单拖动到工具选项板

7. 什么是工具选项板？怎样利用工具选项板进行绘图？

8. 设计中心以及工具选项板中的图形与普通图形有什么区别？与图块又有什么区别？

第6章

文字、表格和尺寸

■ 文字注释是图形中很重要的一部分内容，在进行各种设计时，通常不仅要绘出图形，还要在图形中标注一些文字。图表在AutoCAD图形中也有大量的应用，如明细表、参数表和标题栏等。尺寸标注是绘图设计过程中的一个重要环节。

6.1 文本标注

文本是建筑图形的基本组成部分，在图签、说明、图纸目录等地方都要用到文本。本节讲述文本标注的基本方法。

6.1.1 设置文本样式

1．执行方式

命令行：STYLE 或 DDSTYLE。

菜单栏："格式"→"文字样式"。

工具栏："文字"→"文字样式" **A**ρ。

功能区："默认"→"注释"→"文字样式" **A**ρ 或"注释"→"文字"→"对话框启动器" ⊾ 。

2．操作步骤

执行上述命令，打开"文字样式"对话框，如图 6-1 所示。利用该对话框可以新建文字样式或修改当前文字样式，图 6-2～图 6-4 所示为几种文字样式的示例。

图 6-1 "文字样式"对话框 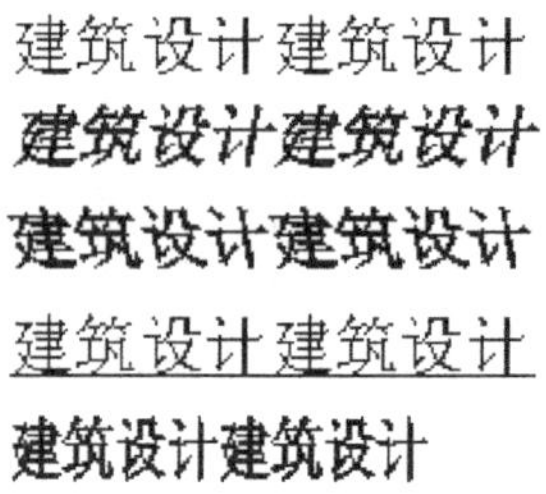　　　　图 6-2 同一字体的不同样式

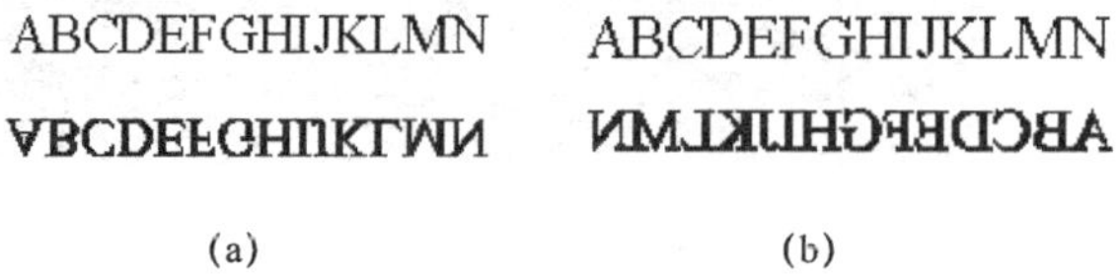

图 6-3 文字倒置标注与反向标注 (a) (b)　　　　图 6-4 垂直标注文字

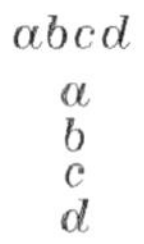

6.1.2 单行文本标注

1．执行方式

命令行：TEXT 或 DTEXT。

菜单栏："绘图"→"文字"→"单行文字"。

工具栏："文字"→"单行文字" **A**I。

功能区："默认"→"注释"→"单行文字" **A**I 或"注释"→"文字"→"单行文字" **A**I。

2．操作步骤

命令：TEXT✓

当前文字样式"Standard"文字高度：2.5000 注释性：否 对正：左

指定文字的起点或 [对正(J)/样式(S)]:

3．选项说明

（1）指定文字的起点：在此提示下直接在作图屏幕上选取一点作为文本的起始点。命令行提示如下。

指定高度 <0.2000>:（确定字符的高度）

指定文字的旋转角度 <0>:（确定文本行的倾斜角度）

（2）对正（J）：在上面的提示下输入 J，用来确定文本的对齐方式，对齐方式决定文本的哪一部分与所选的插入点对齐。执行此选项，命令行提示如下。

输入选项 [左(L)/居中(C)/右(R)/对齐(A)/中间(M)/布满(F)/左上(TL)/中上(TC)/右上(TR)/左中(ML)/正中(MC)/右中(MR)/左下(BL)/中下(BC)/右下(BR)]:

在此提示下选择一个选项作为文本的对齐方式。当文本串水平排列时，AutoCAD 为标注文本串定义了图 6-5 所示的顶线、基线、中线和底线。文本的对齐方式如图 6-6 所示，图中大写字母对应上述提示中的各命令。下面以"对齐"为例进行简要说明。

图6-5 文本行的底线、基线、中线和顶线

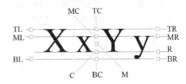

图6-6 文本的对齐方式

在实际绘图时，有时需要标注一些特殊字符，如直径符号、上划线或下划线、温度符号等，由于这些符号不能直接从键盘上输入，AutoCAD 提供了一些控制码用来实现这些要求。控制码用两个百分号（%%）加一个字符构成，常用的控制码见表 6-1。

表6-1 AutoCAD 常用控制码

符号	功能	符号	功能
%%o	上划线	\U+0278	电相位
%%u	下划线	\U+E101	流线
%%d	"度数"符号	\U+2261	标识
%%p	"正/负"符号	\U+E102	界碑线
%%c	"直径"符号	\U+2260	不相等
%%%	百分号%	\U+2126	欧姆
\U+2248	几乎相等	\U+03A9	欧米加
\U+2220	角度	\U+214A	地界线
\U+E100	边界线	\U+2082	下标2
\U+2104	中心线	\U+00B2	平方
\U+0394	差值		

6.1.3 多行文本标注

1．执行方式

命令行：MTEXT。

菜单栏："绘图"→"文字"→"多行文字"。

工具栏："绘图"→"多行文字" **A** 或"文字"→"多行文字" **A**。

功能区："默认"→"注释"→"多行文字" **A** 或"注释"→"文字"→"多行文字" **A**。

2．操作步骤

命令：_mtext
当前文字样式："Standard" 文字高度： 2.5 注释性： 否
指定第一角点：指定矩形框的第一个角点
指定对角点或 [高度(H)/对正(J)/行距(L)/旋转(R)/样式(S)/宽度(W)/栏(C)]：指定矩形框的另一个角点

3．选项说明

（1）指定对角点：直接在屏幕上拾取一个点作为矩形框的第二个角点，AutoCAD 以这两个点为对角点形成一个矩形区域，其宽度作为将来要标注的多行文本的宽度，而且第一个点作为第一行文本顶线的起点。响应后 AutoCAD 打开"文字编辑器"选项卡（见图6-7）和多行文字编辑器（见图6-8），可利用此编辑器输入多行文本并对其格式进行设置。关于"文字编辑器"选项卡中各选项的含义，稍后再详细介绍。

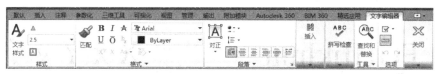

图6-7 "文字编辑器"选项卡

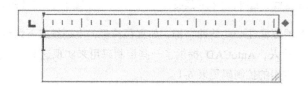

图6-8 多行文字编辑器

（2）对正（J）：确定所标注文本的对齐方式。这些对齐方式与"TEXT"命令中的各对齐方式相同，在此不再重复。选择一种对齐方式后按<Enter>键，AutoCAD 回到上一级提示。

（3）行距（L）：确定多行文本的行间距，这里所说的间距是指相邻两文本行的基线之间的垂直距离。选择此选项，在命令行提示"输入行距类型[至少（A）/精确（E）]<至少（A）>："。

在此提示下有"至少"方式和"精确"方式两种方式确定行间距。"至少"方式下 AutoCAD 根据每行文本中最大的字符自动调整行间距。"精确"方式下 AutoCAD 给多行文本赋予一个固定的行间距。可以直接输入一个确切的间距值，也可以输入"nx"的形式，其中"n"是一个具体数，表示行间距设置为单行文本高度的 n 倍，而单行文本高度是本行文本字符高度的 1.66 倍。

（4）旋转（R）：确定文本行的倾斜角度。选择此选项，在命令行提示"指定旋转角度<0>：（输入倾斜角度）"输入角度值后按<Enter>键，返回到"指定对角点或[高度（H）/对正（J）/行距（L）/旋转（R）/样式（S）/宽度（W）]："提示。

（5）样式（S）：确定当前的文字样式。

（6）宽度（W）：指定多行文本的宽度。可在屏幕上拾取一点，将其与前面确定的第一个角点组成的矩形框的宽度作为多行文本的宽度，也可以输入一个数值，精确设置多行文本的宽度。

（7）高度（H）：用于指定多行文本的高度。可在绘图区选择一点，与前面确定的第一个角点组成一个矩形框的高作为多行文本的高度，也可以输入一个数值，精确设置多行文本的高度。

🎓 **高手支招**

在创建多行文本时，只要指定文本行的起始点和宽度后，AutoCAD 就会打开"文字编辑器"选项卡和多行文字编辑器。该编辑器与 Microsoft Word 编辑器界面相似，事实上该编辑器与 Word 编辑器在某些功能上趋于一致。这样既增强了多行文字的编辑功能，又能使用户更熟悉和方便地使用。

（8）栏（C）：可以将多行文字对象的格式设置为多栏。可以指定栏和栏之间的宽度、高度及栏数，以及使用夹点编辑栏宽和栏高。其中提供了 3 个栏选项："不分栏""静态栏"和"动态栏"。

（9）"文字编辑器"选项卡：用来控制文本文字的显示特性。可以在输入文本文字前设置文本的特性，也可以改变已输入的文本文字特性。要改变已有文本文字显示特性，首先应选择要修改的文本，选择文本的方式有以下 3 种。

- 将光标定位到文本文字开始处，按住鼠标左键，拖到文本末尾。
- 双击某个文字，则该文字被选中。
- 连续 3 次单击鼠标，则选中全部内容。

下面介绍选项卡中部分选项的功能。

① "文字高度"下拉列表框：用于确定文本的字符高度，可在文本编辑器中设置输入新的字符高度，也可从此下拉列表框中选择已设定过的高度值。

② "加粗" **B** 和"斜体" *I* 按钮：用于设置加粗或斜体效果，但这两个按钮只对 TrueType 字体有效。

③ "删除线"按钮 A：用于在文字上添加水平删除线。

④ "下划线" U 和"上划线" ō 按钮：用于设置或取消文字的下划线和上划线。

⑤ "堆叠"按钮 ⅰ：为层叠或非层叠文本按钮，用于层叠所选的文本文字，也就是创建分数形式。当文本中某处出现"/""^"或"#" 3 种层叠符号之一时，选中需层叠的文字，才可层叠文本。二者缺一不可。则符号左边的文字作为分子，右边的文字作为分母进行层叠。

AutoCAD 提供了以下 3 种分数形式。

- 如选中"abcd/efgh"后单击此按钮，得到图 6-9（a）所示的分数形式。
- 如果选中"abcd^efgh"后单击此按钮，则得到图 6-9（b）所示的形式，此形式多用于标注极限偏差。
- 如果选中"abcd # efgh"后单击此按钮，则创建斜排的分数形式，如图 6-9（c）所示。
- 如果选中已经层叠的文本对象后单击此按钮，则恢复到非层叠形式。

⑥ "倾斜角度"（ 0/ ）文本框：用于设置文字的倾斜角度。

$$\frac{abcd}{efgh} \qquad \frac{abcd}{efgh} \qquad abcd\!\diagup\!efgh$$

(a)　　　　(b)　　　　(c)

图 6-9　文本层叠

✏️ **举一反三**

倾斜角度与斜体效果是两个不同的概念，前者可以设置任意倾斜角度，后者是在任意倾斜角度的基础上设置斜体效果，如图 6-10 所示。第一行倾斜角度为 0°，非斜体效果；第二行倾斜角度为 12°，非斜体效果；第三行倾斜角度为 12°，斜体效果。

都市农夫
都市农夫
都市农夫

图 6-10　倾斜角度与斜体效果

⑦ "符号"按钮 @·：用于输入各种符号。单击此按钮，系统打开符号列表，如图6-11所示，可以从中选择符号输入到文本中。

⑧ "插入字段"按钮：用于插入一些常用或预设字段。单击此按钮，系统打开"字段"对话框，如图6-12所示，用户可从中选择字段，插入到标注文本中。

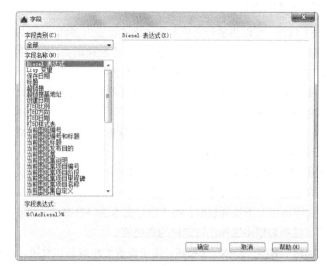

图6-11　符号列表　　　　　　　　　图6-12　"字段"对话框

⑨ "追踪"下拉列表框 ：用于增大或减小选定字符之间的空间。1．0表示设置常规间距，设置大于1．0表示增大间距，设置小于1．0表示减小间距。

⑩ "宽度因子"下拉列表框 ：用于扩展或收缩选定字符。1．0表示设置代表此字体中字母的常规宽度，可以增大该宽度或减小该宽度。

⑪ "上标" 按钮：将选定文字转换为上标，即在键入线的上方设置稍小的文字。

⑫ "下标" 按钮：将选定文字转换为下标，即在键入线的下方设置稍小的文字。

⑬ "清除格式"下拉列表：删除选定字符的字符格式，或删除选定段落的段落格式，或删除选定段落中的所有格式。

⑭ 关闭：如果选择此选项，将从应用了列表格式的选定文字中删除字母、数字和项目符号。不更改缩进状态。

- 以数字标记：应用将带有句点的数字用于列表中的项的列表格式。
- 以字母标记：应用将带有句点的字母用于列表中的项的列表格式。如果列表含有的项多于字母中含有的字母，可以使用双字母继续序列。
- 以项目符号标记：应用将项目符号用于列表中的项的列表格式。
- 启动：在列表格式中启动新的字母或数字序列。如果选定的项位于列表中间，则选定项下面的未选中的项也将成为新列表的一部分。
- 继续：将选定的段落添加到上面最后一个列表然后继续序列。如果选择了列表项而非段落，选定项下面未选中的项将继续序列。
- 允许自动项目符号和编号：在键入时应用列表格式。以下字符可以用作字母和数字后的标点并不能用作项目符号：句点（.）、逗号（,）、右括号（)）、右尖括号（>）、右方括号（]）和右花括号（}）。
- 允许项目符号和列表：如果选择此选项，列表格式将应用到外观类似列表的多行文字对象中的所有纯文本。

⑮ 拼写检查：确定键入时拼写检查处于打开还是关闭状态。

⑯ 编辑词典：显示"词典"对话框，从中可添加或删除在拼写检查过程中使用的自定义词典。

⑰ 标尺：在编辑器顶部显示标尺。拖动标尺末尾的箭头可更改文字对象的宽度。列模式处于活动状态时，还显示高度和列夹点。

⑱ 段落：为段落和段落的第一行设置缩进。指定制表位和缩进，控制段落对齐方式、段落间距和段落行距，如图 6-13 所示。

图 6-13 "段落"对话框

⑲ 输入文字：选择此项，系统打开"选择文件"对话框，如图 6-14 所示。选择任意 ASCII 或 RTF 格式的文件。输入的文字保留原始字符格式和样式特性，但可以在多行文字编辑器中编辑和格式化输入的文字。选择要输入的文本文件后，可以替换选定的文字或全部文字，或在文字边界内将插入的文字附加到选定的文字中。输入文字的文件必须小于 32K。

图 6-14 "选择文件"对话框

⑳ 编辑器设置：显示"文字格式"工具栏的选项列表。

🎓 **高手支招**

　　多行文字由任意数目的文字行或段落组成，布满指定的宽度，还可以沿垂直方向无限延伸。多行文字中，无论行数是多少，单个编辑任务中创建的每个段落集将构成单个对象；用户可对其进行移动、旋转、删除、复制、镜像或缩放操作。

6.2　文本编辑

6.2.1　多行文本编辑

1. 执行方式

命令行：DDEDIT。

菜单栏："修改"→"对象"→"文字"→"编辑"。

工具栏："文字"→"编辑" A？。

快捷菜单："修改多行文字"或"编辑文字"

2. 操作步骤

命令：DDEDIT✓
选择注释对象或 [放弃(U)]：

6.2.2　实例——酒瓶

　　本实例利用"多段线"命令绘制酒瓶一侧的轮廓，再利用"镜像"命令得到另一侧的轮廓，最后利用"直线""椭圆""多行文字"等命令完善图形，如图 6-15所示。

　　绘制步骤如下（光盘\动画演示\第 6 章\酒瓶.avi）。

　　（1）单击"默认"选项卡"图层"面板中的"图层特性"按钮，打开"图层特性管理器"对话框，新建 3 个图层。

　　① "1"图层，颜色为绿色，其余属性默认。

　　② "2"图层，颜色为白色，其余属性默认。

　　③ "3"图层，颜色为蓝色，其余属性默认。

酒瓶

图 6-15　绘制酒瓶

　　（2）选择菜单栏中的"视图"→"缩放"→"全部"命令，将图形界面缩放至适当大小。

　　（3）将当前图层设为"3"图层，单击"默认"选项卡"绘图"面板中的"多段线"按钮，绘制酒瓶左侧图形。命令行中的提示与操作如下。

命令：_pline
指定起点：40,0
当前线宽为 0.0000
指定下一点或 [圆弧(A)/半宽(H)/长度(L)/放弃(U)/宽度(W)]：@-40,0
指定下一点或 [圆弧(A)/闭合(C)/半宽(H)/长度(L)/ 放弃(U)/宽度(W)]：@0,119.8
指定下一点或 [圆弧(A)/闭合(C)/半宽(H)/长度(L)/放弃(U)/宽度(W)]：a
指定圆弧的端点(按住 Ctrl 键以切换方向)或[角度(A)/圆心(CE)/闭合(CL)/方向(D)/半宽(H)/直线(L)/半径(R)/第二个点(S)/放弃(U)/宽度(W)]：22,139.6
指定圆弧的端点(按住 Ctrl 键以切换方向)或[角度(A)/圆心(CE)/闭合(CL)/方向(D)/半宽(H)/直线(L)/半径(R)/第二个点(S)/放弃(U)/宽度(W)]：l
指定下一点或 [圆弧(A)/闭合(C)/半宽(H)/长度(L)/放弃(U)/宽度(W)]：29,190.7

指定下一点或 [圆弧(A)/闭合(C)/半宽(H)/长度(L)/放弃(U)/宽度(W)]: 29,222.5

指定下一点或 [圆弧(A)/闭合(C)/半宽(H)/长度(L)/放弃(U)/宽度(W)]: a

指定圆弧的端点(按住 Ctrl 键以切换方向)或[角度(A)/圆心(CE)/闭合(CL)/方向(D)/半宽(H)/直线(L)/半径(R)/第二个点(S)/放弃(U)/宽度(W)]: s

指定圆弧上的第二个点: 40,227.6

指定圆弧的端点: 51.2,223.3

指定圆弧的端点(按住 Ctrl 键以切换方向)或[角度(A)/圆心(CE)/闭合(CL)/方向(D)/半宽(H)/直线(L)/半径(R)/第二个点(S)/放弃(U)/宽度(W)]:

绘制结果如图 6-16 所示。

（4）单击"默认"选项卡"修改"面板中的"镜像"按钮 ⚮，镜像绘制的多段线，指定镜像点为（40,0）、（40,10），然后单击"默认"选项卡"修改"面板中的"修剪"按钮 ⊬，修剪图形，绘制结果如图 6-17 所示。

（5）将"2"图层置为当前图层，单击"默认"选项卡"绘图"面板中的"直线"按钮 ╱，绘制坐标点为{（0,94.5），（@80,0）}{（0,48.6），（@80,0）}、{（29,190.7），（@22,0）}{（0,50.6），（@80,0）}的直线，绘制结果如图 6-18 所示。

（6）单击"默认"选项卡"绘图"面板中的"轴，端点"按钮 ⬭，指定中心点为（40,120），轴端点为（@25,0），轴长度为（@0,10），单击"默认"选项卡"绘图"面板中的"圆弧"按钮 ╱，以三点方式绘制坐标为（22,139.6）、（40,136）、（58,139.6）的圆弧，绘制结果如图 6-19 所示。

图 6-16　绘制多段线　　　图 6-17　镜像处理　　　图 6-18　绘制直线　　　图 6-19　绘制椭圆

（7）单击"默认"选项卡"修改"面板中的"圆角"按钮 ⬭，设置圆角半径为 10mm，将瓶底进行圆角处理。

（8）将"1"图层置为当前图层，单击"默认"选项卡"注释"面板中的"多行文字"按钮 Ａ，系统打开"文字编辑器"选项卡，如图 6-20 所示，设置文字高度分别为 10mm 和 13mm，输入图 6-21 所示文字。

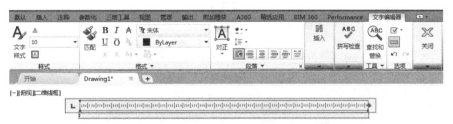

图 6-20　"文字编辑器"选项卡和"多行文字编辑器"

（9）单击"默认"选项卡"绘图"面板中的"圆弧"按钮 ╱，在瓶子的适当位置绘制纹路，结果如图 6-21 所示。

图 6-21　绘制圆弧

6.3 表格

在早期的版本中，要绘制表格必须采用绘制图线或者图线结合偏移或复制等编辑命令来完成，这样的操作过程繁琐而复杂，不利于提高绘图效率。从 AutoCAD 2005 开始，新增加了一个"表格"绘图功能，有了该功能，创建表格就变得非常容易，用户可以直接插入设置好样式的表格，而无须绘制由单独的图线组成的栅格。

6.3.1 设置表格样式

1. 执行方式

命令行：TABLESTYLE。

菜单栏："格式"→"表格样式"。

工具栏："样式"→"表格样式管理器" 📝。

功能区："默认"→"注释"→"表格样式" 📝 或"注释"→"表格"→"对话框启动器" ⬚。

2. 操作步骤

执行上述命令，打开"表格样式"对话框，如图 6-22 所示。

3. 选项说明

（1）"新建"按钮

单击"新建"按钮，打开"创建新的表格样式"对话框，如图 6-23 所示。输入新的表格样式名后，单击"继续"按钮，打开"新建表格样式：Standard 副本"对话框，如图 6-24 所示。从中可以定义新的表格样式，分别控制表格中数据、列标题和总标题的有关参数，如图 6-25 所示。

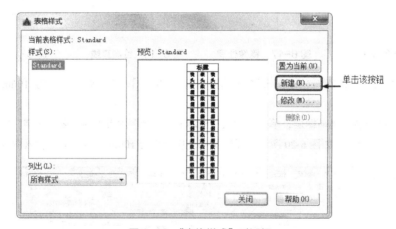

图 6-22 "表格样式"对话框

图 6-23 "创建新的表格样式"对话框

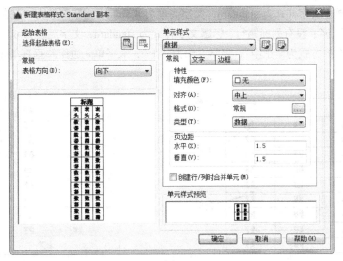

(a)

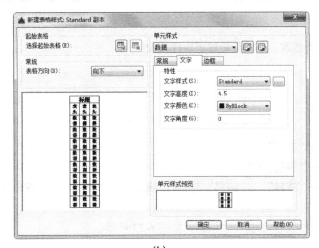

(b)

(c)

图 6-24 "新建表格样式：Standard 副本"对话框

图 6-26 所示的数据文字样式为 standard，文字高度为 4.5mm，文字颜色为"红色"，填充颜色为"黄色"，对齐方式为"右下"；没有列标题行，标题文字样式为 standard，文字高度为 6，文字颜色为"蓝色"，填充颜色为"无"，对齐方式为"正中"；表格方向为"上"，水平单元边距和垂直单元边距都为 1.5mm 的表格样式。

图 6-25 表格样式

图 6-26 表格示例

（2）"修改"按钮

对当前表格样式进行修改，方式与新建表格样式相同。

6.3.2 创建表格

1. 执行方式

命令行：TABLE。

菜单栏："绘图"→"表格"。

工具栏："绘图"→"表格" ⊞。

功能区："默认"→"注释"→"表格" ⊞或"注释"→"表格"→"表格" ⊞。

2. 操作步骤

执行上述命令，打开"插入表格"对话框，如图 6-27 所示。

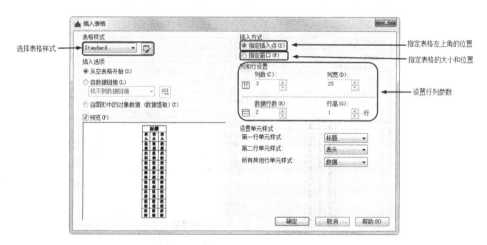

图 6-27 "插入表格"对话框

3. 选项说明

（1）"表格样式"选项组：在要创建表格的当前图形中选择表格样式。通过单击下拉列表框旁边的按钮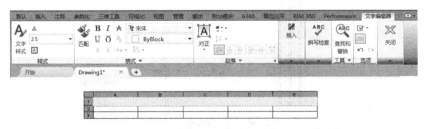，用户可以创建新的表格样式。

（2）"插入选项"选项组：指定插入表格的方式。

"从空表格开始"单选按钮：创建可以手动填充数据的空表格。

"自数据链接"单选按钮：从外部电子表格中的数据创建表格。

"自图形中的对象数据（数据提取）"单选按钮：启动"数据提取"向导。

（3）"预览"选项组：显示当前表格样式的样例。

（4）"插入方式"选项组：指定表格位置。

"指定插入点"单选按钮：指定表格左上角的位置。可以使用定点设备，也可以在命令提示下输入坐标值。如果表格样式将表格的方向设置为由下而上读取，则插入点位于表格的左下角。

"指定窗口"单选按钮：指定表格的大小和位置。可以使用定点设备，也可以在命令提示下输入坐标值。选定此选项时，行数、列数、列宽和行高取决于窗口的大小以及列和行设置。

（5）"列和行设置"选项组：设置列和行的数目和大小。

"列数"数值框：选中"指定窗口"单选按钮并指定列宽时，"自动"选项将被选定，且列数由表格的宽度控制。如果已指定包含起始表格的表格样式，则可以选择要添加到此起始表格的其他列的数量。

"列宽"数值框：指定列的宽度。当选中"指定窗口"单选按钮并指定列数时，则选定"自动"选项，且列宽由表格的宽度控制。最小列宽为一个字符。

"数据行数"数值框：指定行数。选中"指定窗口"单选按钮并指定行高时，则选定"自动"选项，且行数由表格的高度控制。带有标题行和表格头行的表格样式最少应有 3 行。最小行高为一个文字行。如果已指定包含起始表格的表格样式，则可以选择要添加到此起始表格的其他数据行的数量。

"行高"数值框：按照行数指定行高。文字行高基于文字高度和单元边距，这两项均在表格样式中设置。选中"指定窗口"单选按钮并指定行数时，则选定"自动"选项，且行高由表格的高度控制。

（6）"设置单元样式"选项组：对于那些不包含起始表格的表格样式，可指定新表格中行的单元格式。

"第一行单元样式"下拉列表框：指定表格中第一行的单元样式。默认情况下，使用标题单元样式。

"第二行单元样式"下拉列表框：指定表格中第二行的单元样式。默认情况下，使用表头单元样式。

"所有其他行单元样式"下拉列表框：指定表格中所有其他行的单元样式。默认情况下，使用数据单元样式。

在上面的"插入表格"对话框中进行相应设置后，单击"确定"按钮，系统在指定的插入点或窗口自动插入一个空表格，并显示"文字编辑器"选项卡和"多行文字编辑器"，用户可以逐行逐列输入相应的文字或数据，如图 6-28 所示。

图 6-28 "文字编辑器"选项卡和"多行文字编辑器"

6.3.3 编辑表格文字

1. 执行方式

命令行：TABLEDIT。

定点设备：表格内双击。

快捷菜单：编辑单元文字。

2．操作步骤

执行上述命令，打开图 6-28 所示的多行文字编辑器，用户可以对指定表格单元的文字进行编辑。

6.3.4 实例——公园植物明细表

本实例是通过对表格样式的设置确定表格样式，再将表格插入图形中并输入相关文字，最后调整表格宽度，如图 6-29 所示。

苗木名称	数量	规格	苗木名称	数量	规格	苗木名称	数量	规格
落叶松	32	10cm	红叶	3	15cm	金叶女贞		20棵/m² 丛植H-500
银杏	44	15cm	法国梧桐	10	20cm	紫叶小染		20棵/m² 丛植H-500
元宝枫	5	6m（冠径）	油松	4	8cm	草坪		2-3个品种混播
樱花	3	10cm	三角枫	26	10cm			
合欢	8	12cm	睡莲	20				
玉兰	27	15cm						
龙爪槐	30	8cm						

图 6-29　绘制植物明细表

绘制步骤如下（光盘\动画演示\第 6 章\植物明细表.avi）。

（1）单击“默认”选项卡“注释”面板中的“表格样式”按钮，打开“表格样式”对话框，如图 6-30 所示。

（2）单击“新建”按钮，打开“创建新的表格样式”对话框，如图 6-31 所示。在其中输入新的表格名称后，单击“继续”按钮，打开“新建表格样式：Standard 副本”对话框，“数据”选项卡的设置如图 6-32 所示。“标题”选项卡按照图 6-33 所示设置。创建好表格样式后，确定并关闭退出“表格样式”对话框。

植物明细表

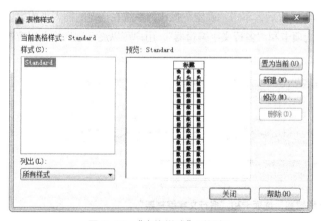

图 6-30　“表格样式”对话框

图 6-31　“创建新的表格样式”对话框

（3）单击“默认”选项卡“注释”面板中的“表格”按钮，打开“插入表格”对话框，设置如图 6-34 所示。

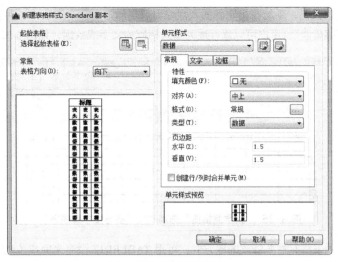

图 6-32 "数据"选项卡

图 6-33 "标题"选项卡

图 6-34 "插入表格"对话框

（4）单击"确定"按钮，系统在指定的插入点或窗口自动插入一个空表格，并显示"文字编辑器"选项卡和"多行文字编辑器"，用户可以逐行逐列输入相应的文字或数据，如图 6-35 所示。

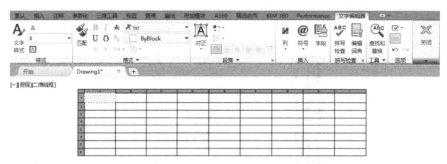

图 6-35 "文字编辑器"选项卡和"多行文字编辑器"

（5）当编辑完成的表格有需要修改的地方时，可用 TABLEDIT 命令来完成（也可在要修改的表格上右击，在弹出的快捷菜单中选择"编辑文字"命令，如图 6-36 所示）。命令行的提示与操作如下。

命令：tabledit↙
拾取表格单元：（鼠标选取需要修改文本的表格单元）

多行文字编辑器会再次出现，用户可以进行修改。

在插入后的表格中选择某一个单元格，单击后出现钳夹点，通过移动钳夹点可以改变单元格的大小，如图 6-37 所示。

最后完成的植物明细表如图 6-38 所示。

图 6-36 快捷菜单

图 6-37 改变单元格大小

苗木名称	数量	规格	苗木名称	数量	规格	苗木名称	数量	规格
落叶松	32	10cm	红叶	3	15cm	金叶女贞		20棵/m²丛植H-500
银杏	44	15cm	法国梧桐	10	20cm	紫叶小檗		20棵/m²丛植H-500
元宝枫	5	6m（冠径）	油松	4	8cm	草坪		2-3个品种混播
樱花	3	10cm	三角枫	26	10cm			
合欢	8	12cm	睡莲	20				
玉兰	27	15cm						
龙爪槐	30	8cm						

图 6-38 编辑文字

6.4 尺寸标注

本节中尺寸标注相关命令的菜单方式集中在"标注"菜单中,工具栏方式集中在"标注"工具栏中。

6.4.1 设置尺寸样式

1. 执行方式

命令行:DIMSTYLE。

菜单栏:"格式"→"标注样式"或"标注"→"样式"。

工具栏:"标注"→"标注样式" ◢。

功能区:"默认"→"注释"→"标注样式" ◢或"注释"→"标注"→"对话框启动器" ◣。

2. 操作步骤

执行上述命令,打开"标注样式管理器"对话框,如图 6-39 所示。利用该对话框可方便直观地定制和浏览尺寸标注样式,包括产生新的标注样式、修改已存在的样式、设置当前尺寸标注样式、样式重命名以及删除一个已有样式等。

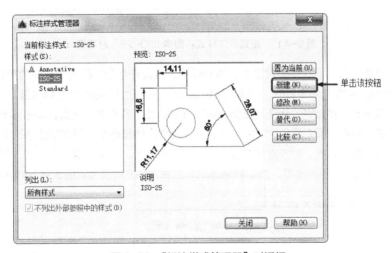

图 6-39 "标注样式管理器"对话框

3. 选项说明

(1)"置为当前"按钮:单击"置为当前"按钮,把在"样式"列表框中选中的样式设置为当前样式。

(2)"新建"按钮:定义一个新的尺寸标注样式。单击"新建"按钮,AutoCAD 打开"创建新标注样式"对话框,如图 6-40 所示。利用该对话框可创建一个新的尺寸标注样式,单击"继续"按钮,可利用打开的"新建标注样式:副本 ISO-25"对话框对新样式的各项特性进行设置,如图 6-41 所示。

在"新建标注样式:副本 ISO-25"对话框中有 7 个选项卡,分别介绍如下。

① "线"选项卡:对尺寸线、尺寸界线的形式

图 6-40 "创建新标注样式"对话框

和特性各个参数进行设置。包括尺寸线的颜色、线宽、超出标记、基线间距、隐藏等参数，尺寸界线的颜色、线宽、超出尺寸线、起点偏移量、隐藏等参数。

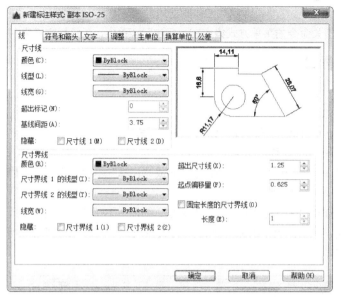

图 6-41 "新建标注样式：副本 ISO-25"对话框

② "符号和箭头"选项卡：主要对箭头、圆心标记、弧长符号和半径折弯标注的形式和特性进行设置，如图 6-42 所示。包括箭头的大小、引线、形状以及圆心标记的类型和大小等参数。

③ "文字"选项卡：对文字的外观、位置、对齐方式等各个参数进行设置，如图 6-43 所示。包括文字外观的文字样式、颜色、填充颜色、文字高度、分数高度比例和是否绘制文字边框，文字位置的垂直、水平和从尺寸线偏移量等参数。对齐方式有水平、与尺寸线对齐、ISO 标准 3 种方式。图 6-44 所示为尺寸在垂直方向上放置的 4 种不同情形，图 6-45 所示为尺寸在水平方向上放置的 5 种不同情形。

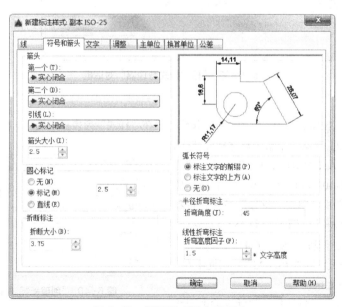

图 6-42 "符号和箭头"选项卡

图 6-43 "文字"选项卡

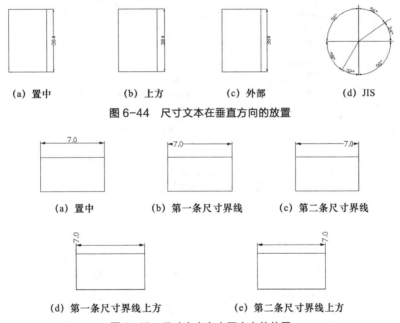

图 6-44 尺寸文本在垂直方向的放置

图 6-45 尺寸文本在水平方向的放置

④ "调整"选项卡：对调整选项、文字位置、标注特征比例、优化等各个参数进行设置，如图 6-46 所示。包括调整选项选择、文字不在默认位置时的放置位置、标注特征比例选择，以及调整尺寸要素位置等参数。图 6-47 所示为文字不在默认位置时的放置位置。

⑤ "主单位"选项卡：用于设置尺寸标注的主单位和精度，以及给尺寸文本添加固定的前缀或后缀。本选项卡含有两个选项组，分别对长度型标注和角度型标注进行设置，如图 6-48 所示。

⑥ "换算单位"选项卡：用于对替换单位进行设置，如图 6-49 所示。

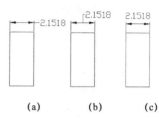

图 6-46 "调整"选项卡

图 6-47 尺寸文本的位置

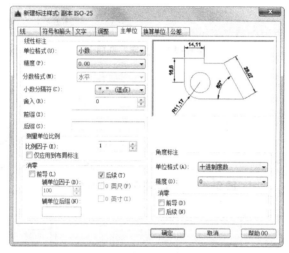

图 6-48 "主单位"选项卡

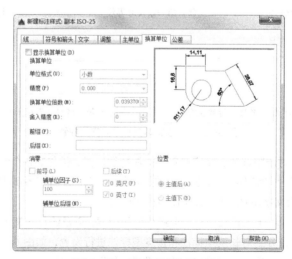

图 6-49 "换算单位"选项卡

⑦ "公差"选项卡：用于对尺寸公差进行设置，如图 6-50 所示。其中"方式"下拉列表框中列出了 AutoCAD 提供的 5 种标注公差的形式，用户可从中选择。这 5 种形式分别是"无""对称""极限偏差""极限尺寸"和"基本尺寸"，其中"无"表示不标注公差。其余 4 种标注情况如图 6-51 所示。在"精度"下拉列表框、"上偏差"数值框、"下偏差"数值框、"高度比例"数值框、"垂直位置"下拉列表框中分别输入或选择相应的参数值。

系统自动在上偏差数值前加一个"+"号，在下偏差数值前加一个"−"号。如果上偏差是负值或下偏差是正值，就需要在输入的偏差值前加负号。如下偏差是+0.005，则需要在"下偏差"数值框中输入"−0.005"。

图 6-50 "公差"选项卡

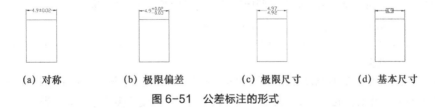

(a) 对称   (b) 极限偏差   (c) 极限尺寸   (d) 基本尺寸

图 6-51 公差标注的形式

（3）"修改"按钮：修改一个已存在的尺寸标注样式。单击该按钮，AutoCAD 弹出"修改标注样式"对话框，该对话框中的各选项与"新建标注样式"对话框完全相同，可以对已有标注样式进行修改。

（4）"替代"按钮：设置临时覆盖尺寸标注样式。单击该按钮，AutoCAD 打开"替代当前样式"对话框，该对话框中的各选项与"新建标注样式"对话框完全相同，用户可改变选项的设置覆盖原来的设置，但这种修改只对指定的尺寸标注起作用，而不影响当前尺寸变量的设置。

（5）"比较"按钮：比较两个尺寸标注样式在参数上的区别或浏览一个尺寸标注样式的参数设置。单击该按钮，AutoCAD 打开"比较标注样式"对话框，如图 6-52 所示。可以把比较结果复制到剪贴板上，然后粘贴到其他的 Windows 应用软件上。

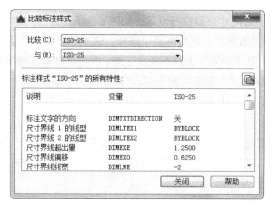

图 6-52 "比较标注样式"对话框

6.4.2 尺寸标注

1. 线性标注

（1）执行方式

命令行：DIMLINEAR。

菜单栏："标注"→"线性"。

工具栏："标注"→"线性" ┠。

功能区："默认"→"注释"→"线性" ┠ 或"注释"→"标注"→"线性" ┠。

（2）操作步骤

命令：DIMLINEAR✓
指定第一个尺寸界线原点或 <选择对象>：

在此提示下有两种选择，直接按<Enter>键选择要标注的对象或确定尺寸界线的起始点，再按<Enter>键并选择要标注的对象或指定两条尺寸线的起始点后，系统继续提示如下。

指定尺寸线位置或[多行文字(M)/文字(T)/角度(A)/水平(H)/垂直(V)/旋转(R)]：

（3）选项说明

① 指定尺寸线位置：确定尺寸线的位置。用户可移动鼠标指针选择合适的尺寸线位置，然后按<Enter>键或单击鼠标左键，AutoCAD 则自动测量所标注线段的长度并标注出相应的尺寸。

② 多行文字（M）：用多行文本编辑器确定尺寸文本。

③ 文字（T）：在命令行提示下输入或编辑尺寸文本。选择此选项后，AutoCAD 提示：

输入标注文字 <默认值>：

其中的默认值是 AutoCAD 自动测量得到的被标注线段的长度，直接按<Enter>键即可采用此长度值，也可输入其他数值代替默认值。当尺寸文本中包含默认值时，可使用尖括号"<>"表示默认值。

④ 角度（A）：确定尺寸文本的倾斜角度。

⑤ 水平（H）：水平标注尺寸，不论标注什么方向的线段，尺寸线均水平放置。

⑥ 垂直（V）：垂直标注尺寸，不论被标注线段沿什么方向，尺寸线总保持垂直。

⑦ 旋转（R）：输入尺寸线旋转的角度值，旋转标注尺寸。

对齐标注的尺寸线与所标注的轮廓线平行；坐标尺寸标注点的纵坐标或横坐标；角度标注两个对象之间的角度；直径或半径标注圆或圆弧的直径或半径；圆心标记则标注圆或圆弧的中心或中心线，具体由"新建（修改）标注样式"对话框中"符号和箭头"选项卡的"圆心标记"选项组决定。上面所述的几种尺寸标注与线性标注类似。

2. 基线标注

基线标注用于产生一系列基于同一条尺寸界线的尺寸标注，适用于长度尺寸标注、角度标注和坐标标注等。在使用基线标注方式之前，应该先标注出一个相关的尺寸，如图6-53所示。基线标注两条平行尺寸线间距由"基线间距"数值框中的值决定（在"新建（修改）标注样式"对话框的"线"选项卡中的"尺寸线"选项组中）。

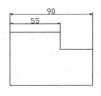

图6-53　基线标注

（1）执行方式

命令行：DIMBASELINE。

菜单栏："标注"→"基线"。

工具栏："标注"→"基线" ⊢┐。

功能区："注释"→"标注"→"基线" ⊢┐。

（2）操作步骤

命令：DIMBASELINE✓
指定第二条尺寸界线原点或 [放弃(U)/选择(S)] <选择>：

直接确定另一个尺寸的第二条尺寸界线的起点，AutoCAD以上次标注的尺寸为基准标注，标注出相应尺寸。

直接按<Enter>键，系统提示如下。

选择基准标注：（选取作为基准的尺寸标注）

连续标注又叫尺寸链标注，用于产生一系列连续的尺寸标注，后一个尺寸标注均把前一个标注的第二条尺寸界线作为它的第一条尺寸界线。与基线标注一样，在使用连续标注方式之前，应先标注出一个相关的尺寸。其标注过程与基线标注类似，如图6-54所示。

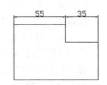

图6-54　连续标注

3. 快速标注

快速尺寸标注命令QDIM使用户可以交互地、动态地、自动化地进行尺寸标注。在QDIM命令中可以同时选择多个圆或圆弧标注直径或半径，也可同时选择多个对象进行基线标注和连续标注，选择一次即可完成多个标注，因此可节省时间，提高工作效率。

（1）执行方式

命令行：QDIM。

菜单栏："标注"→"快速标注"。

工具栏："标注"→"快速标注" ⊢⊣。

功能区："注释"→"标注"→"快速标注" ⊢⊣。

（2）操作步骤

命令：QDIM✓
关联标注优先级 = 端点
选择要标注的几何图形：（选择要标注尺寸的多个对象后回车）
指定尺寸线位置或 [连续(C)/并列(S)/基线(B)/坐标(O)/半径(R)/直径(D)/基准点(P)/编辑(E)/设置(T)] <连续>：

（3）选项说明

① 指定尺寸线位置：直接确定尺寸线的位置，按默认尺寸标注类型标注出相应尺寸。

② 连续（C）：产生一系列连续标注的尺寸。

③ 并列（S）：产生一系列交错的尺寸标注，如图6-55所示。

④ 基线（B）：产生一系列基线标注的尺寸。后面的"坐标（O）""半径（R）""直径（D）"选项的含义与其相同。

⑤ 基准点（P）：为基线标注和连续标注指定一个新的基准点。

⑥ 编辑（E）：对多个尺寸标注进行编辑。系统允许对已存在的尺寸标注添加或移去尺寸点。选择此选项，AutoCAD 作如下提示。

指定要删除的标注点或 [添加(A)/退出(X)] <退出>：

在此提示下确定要移去的点之后按<Enter>键，AutoCAD 对尺寸标注进行更新。图 6-56 所示为图 6-55 删除中间 4 个标注点后的尺寸标注。

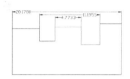

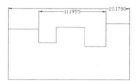

图 6-55　交错尺寸标注　　　　　　　　　　　图 6-56　删除标注点

4．引线标注

（1）执行方式

命令行：QLEADER。

（2）操作步骤

命令：QLEADER↙
指定第一个引线点或 [设置(S)] <设置>：
指定下一点：（输入指引线的第二点）
指定下一点：（输入指引线的第三点）
指定文字宽度 <0.0000>：（输入多行文本的宽度）
输入注释文字的第一行 <多行文字(M)>：（输入单行文本或回车打开多行文字编辑器输入多行文本）
输入注释文字的下一行：（输入另一行文本）
输入注释文字的下一行：（输入另一行文本或回车）

也可以在上面的操作过程中选择"设置(S)"选项打开"引线设置"对话框（见图 6-57）进行相关参数设置。"形位公差"对话框如图 6-58 所示。

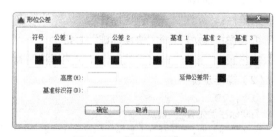

图 6-57　"引线设置"对话框　　　　　　　　　图 6-58　"形位公差"对话框

另外，还有一个名为 LEADER 的命令也可以进行引线标注，与 QLEADER 命令类似，这里不再赘述。

6.4.3　实例——给户型平面图标注尺寸

本实例利用"直线""矩形""偏移"等命令绘制居室平面图，再利用"线性"命令进行尺寸标注，如图 6-59 所示。

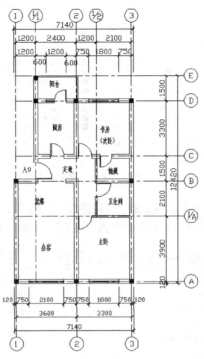

图 6-59　给户型平面图标注尺寸

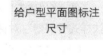

给户型平面图标注
尺寸

绘制步骤如下（光盘\动画演示\第 6 章\给户型平面图标注尺寸.avi）。

（1）打开随书光盘中的"源文件\6\户型平面图.dwg"文件，如图 6-60 所示。

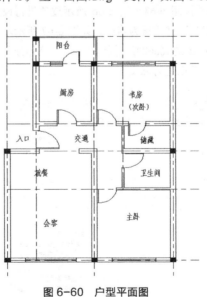

图 6-60　户型平面图

（2）单击"默认"选项卡"图层"面板中的"图层特性"按钮 📑，建立"尺寸"图层，"尺寸"图层参数如图 6-61 所示，并将其置为当前层。

（3）标注样式设置。标注样式的设置应该与绘图比例相匹配。如前面所述，该平面图以实际尺寸绘制，并以 1∶100 的比例输出，对标注样式进行如下设置。

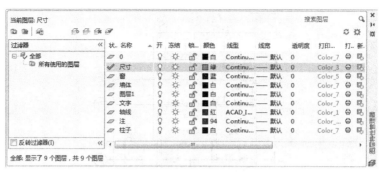

图 6-61 "尺寸"图层参数

① 单击"默认"选项卡"注释"面板中的"标注样式"按钮 ，打开"标注样式管理器"对话框，单击"新建"按钮新建一个标注样式，并将其命名为"建筑"，单击"继续"按钮，如图 6-62 所示。

图 6-62 新建标注样式

② 将"建筑"样式中的参数按图 6-63～图 6-66 所示逐项进行设置。单击"确定"按钮后返回"标注样式管理器"对话框，将"建筑"样式置为当前，如图 6-67 所示。

（4）尺寸标注。以图 6-68 所示的底部的尺寸标注为例。该部分尺寸分为 3 道，第一道为墙体宽度及门窗宽度，第二道为轴线间距，第三道为总尺寸。

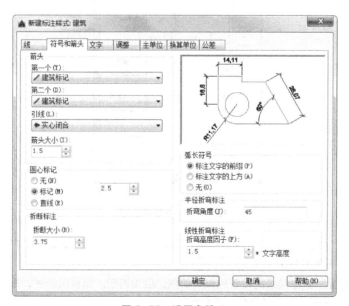

图 6-63 设置参数 1

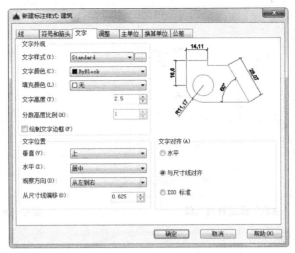

图 6-64　设置参数 2

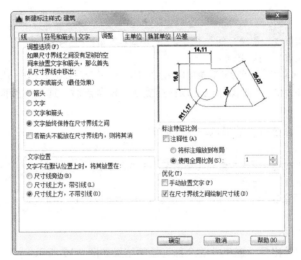

图 6-65　设置参数 3

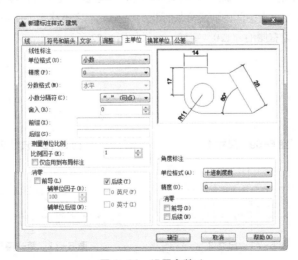

图 6-66　设置参数 4

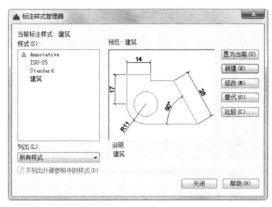

图 6-67　将"建筑"样式置为当前

图 6-68　捕捉点示意

① 第一道尺寸线的绘制

单击"默认"选项卡"注释"面板中的"线性"按钮 ，标注 A、B 两点之间的尺寸，命令行中的提示与操作如下。

```
命令：_dimlinear
指定第一条尺寸界线原点或 <选择对象>：（利用"对象捕捉"单击图6-68中的A点）
指定第二条尺寸界线原点：（捕捉B点）
指定尺寸线位置或[多行文字(M)/文字(T)/角度(A)/水平(H)/垂直(V)/旋转(R)]：@0,-1200（回车）
```

绘制结果如图 6-69 所示。上述操作也可以在捕捉 A、B 两点后，通过直接向外拖动来确定尺寸线的放置位置。

重复"线性"命令，命令行中的提示与操作如下。

```
命令：_dimlinear
指定第一条尺寸界线原点或 <选择对象>：（单击图6-69中的B点）
指定第二条尺寸界线原点：（捕捉C点）
指定尺寸线位置或[多行文字(M)/文字(T)/角度(A)/水平(H)/垂直(V)/旋转(R)]：@0,-1200（回车，也可以直接捕
捉上一道尺寸线位置）
```

绘制结果如图 6-70 所示。

采用同样的方法依次绘出第一道尺寸的全部，绘制结果如图 6-71 所示。

此时发现，图 6-71 中的尺寸"120"与"750"字样出现重叠，现在将它移开。单击"120"，则该尺寸处于选中状态；再用鼠标单击中间的蓝色方块标记，将"120"字样移至外侧适当位置后，单击"确定"按钮。采用同样的办法处理右侧的"120"字样，结果如图 6-72 所示。

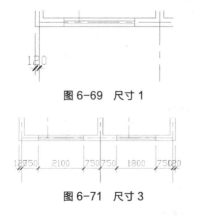

图 6-69　尺寸 1

图 6-71　尺寸 3

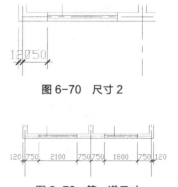

图 6-70　尺寸 2

图 6-72　第一道尺寸

处理字样重叠的问题也可以在标注样式中进行相关设置，这样计算机会自动处理，但处理效果有时不太理想，也可以通过单击"标注"工具栏中的"编辑标注文字"按钮来调整文字位置，读者可以尝试一下。

② 第二道尺寸绘制。单击"默认"选项卡"注释"面板中的"线性"按钮，命令行中的提示与操作如下。

```
命令：_dimlinear
指定第一条尺寸界线原点或 <选择对象>：（捕捉图6-68中的A点）
指定第二条尺寸界线原点： （捕捉图6-68中的B点）
指定尺寸线位置或[多行文字(M)/文字(T)/角度(A)/水平(H)/垂直(V)/旋转(R)]：@0,-800 （按<Enter>键）
```

绘制结果如图 6-73 所示。

重复上述命令，分别捕捉 B 点、C 点，完成第二道尺寸的绘制，结果如图 6-74 所示。

③ 第三道尺寸绘制。单击"默认"选项卡"注释"面板中的"线性"按钮，命令行中的提示与操作如下。

```
命令：_dimlinear
指定第一条尺寸界线原点或 <选择对象>：（捕捉左下角的外墙角点）
指定第二条尺寸界线原点： （捕捉右下角的外墙角点）
指定尺寸线位置或
[多行文字(M)/文字(T)/角度(A)/水平(H)/垂直(V)/旋转(R)]：@0,-2800 （按<Enter>键）
```

绘制结果如图 6-75 所示。

图 6-73 轴线尺寸 1

图 6-74 第二道尺寸

图 6-75 第三道尺寸

（5）轴号标注。根据规范要求，横向轴号一般用阿拉伯数字 1、2、3…标注，纵向轴号一般用字母 A、B、C…标注。

在轴线端绘制一个直径为 800mm 的圆，在图的中央标注一个数字"1"，字高为 300mm，如图 6-76 所示。将该轴号图例复制到其他轴线端，并修改圈内的数字。

双击数字，打开"文字编辑器"选项卡，如图 6-77 所示，输入修改的数字后，单击"关闭"按钮。

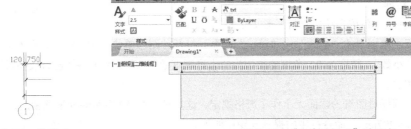

图 6-76 轴号 1

图 6-77 "文字编辑器"选项卡

轴号标注结束后，下方尺寸标注结果如图 6-78 所示。

采用上述整套的尺寸标注方法，完成其他方向的尺寸标注，标注结果如图 6-79 所示。

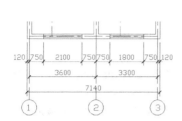

图 6-78　下方尺寸标注结果

图 6-79　尺寸标注结束

6.5　综合实例——绘制 A3 图纸样板图形

在创建前应设置图幅后利用"矩形"命令绘制图框，再利用"表格"命令绘制标题栏和会签栏，最后利用"多行文字"命令输入文字并调整，如图 6-80 所示。

图 6-80　绘制 A3 图纸样板图形

绘制 A3 图纸样板
图形

绘制步骤如下（光盘\动画演示\第 6 章\绘制 A3 图纸样板图形.avi）。

1. 设置单位和图形边界

（1）打开 AutoCAD 程序，系统自动建立新图形文件。

（2）设置单位。选择菜单栏中的"格式"→"单位"命令，打开"图形单位"对话框，如图 6-81 所示。设置长度的类型为"小数"，精度为 0，角度的类型为"十进制度数"，精度为 0，系统默认逆时针方向为正，单击"确定"按钮。

（3）设置图形边界。国标对图纸的幅面大小作了严格规定，这里按国标 A3 图纸幅面设置图形边界。A3 图纸的幅面为 420mm×297mm，命令行中的提示与操作如下。

> 命令：LIMITS✓
> 重新设置模型空间界限：
> 指定左下角点或 [开(ON)/关(OFF)] <0.0000,0.0000>：✓
> 指定右上角点 <12.0000,9.0000>：420,297✓

图 6-81 "图形单位"对话框

2. 设置图层

（1）设置图层名称。单击"默认"选项卡"图层"面板中的"图层特性"按钮，打开"图层特性管理器"对话框，如图 6-82 所示。单击"新建图层"按钮，建立不同名称的新图层，分别存放不同的图线或图形的不同部分。

（2）设置图层颜色。为了区分不同图层上的图线，增加图形不同部分的对比性，可以在"图层特性管理器"对话框中单击相应图层"颜色"栏下的颜色色块，在打开的图 6-83 所示的"选择颜色"对话框中选择需要的颜色。

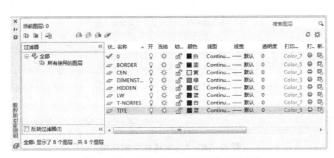

图 6-82 "图层特性管理器"对话框

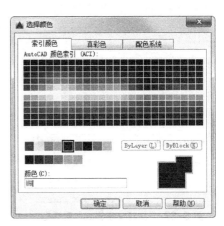

图 6-83 "选择颜色"对话框

（3）设置线型。在常用的工程图纸中，通常要用到不同的线型，这是因为不同的线型表示不同的含义。在"图层特性管理器"对话框中单击"线型"栏下的线型选项，打开"选择线型"对话框，如图 6-84 所示。在该对话框中选择对应的线型，如果在"已加载的线型"列表框中没有需要的线型，可以单击"加载"按钮，打开"加载或重载线型"对话框加载线型，如图 6-85 所示。

（4）设置线宽。在工程图纸中，不同的线宽表示不同的含义，因此也要对不同图层的线宽界线进行设置，单击"图层特性管理器"对话框中"线宽"栏下的选项，在打开的"线宽"对话框中选择适当的线宽，如图 6-86 所示。需要注意的是，应尽量保持细线与粗线之间的比例大约为 1：2。

图 6-84 "选择线型"对话框

图 6-85 "加载或重载线型"对话框

图 6-86 "线宽"对话框

3. 设置文本样式

下面列出一些本练习中的格式，可按如下约定进行设置：文本高度一般注释为 7mm，零件名称为 10mm，标题栏和会签栏中其他文字为 5mm，尺寸文字为 5mm，线型比例为 1，图纸空间线型比例为 1，单位为十进制，小数点后 0 位，角度小数点后 0 位。

可以生成 4 种文字样式，分别用于一般注释、标题块中零件名、标题块注释及尺寸标注。

（1）单击"默认"选项卡"注释"面板中的"文字样式"按钮 ，打开"文字样式"对话框，单击"新建"按钮，打开"新建文字样式"对话框，如图 6-87 所示，接受默认的"样式 1"文字样式名，确认退出。

（2）之后系统返回"文字样式"对话框，在"字体名"下拉列表框中选择"宋体"选项；将"高度"设置为 5；将"宽度因子"设置为 0.7，如图 6-88 所示。先单击"应用"按钮，再单击"置为当前"，最后"关闭"按钮。其他文字样式设置与之类似，此处不再赘述。

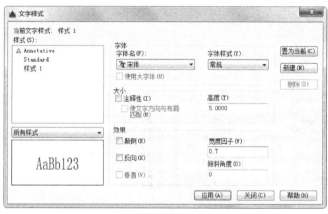

图 6-87 "新建文字样式"对话框

图 6-88 "文字样式"对话框

4. 设置尺寸标注样式

（1）单击"默认"选项卡"注释"面板中的"标注样式"按钮 ，打开"标注样式管理器"对话框，如图 6-89 所示。

（2）单击"修改"按钮，在打开的"修改标注样式：ISO-25"对话框中对标注样式的选项按照需要进行修改，如图 6-90 所示。

（3）在"线"选项卡中设置"颜色"和"线宽"为 ByLayer，"基线间距"为 6。在"符号和箭头"选项卡中设置"箭头大小"为 1。在"文字"选项卡中设置"颜色"为 ByBlock，"文字高度"为 5mm，其他不变。在"主单位"选项卡中设置"精度"为 0。其他选项卡保持不变。

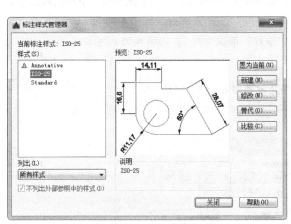

图 6-89 "标注样式管理器"对话框

图 6-90 "修改标注样式：ISO-25"对话框

5. 绘制图框

单击"默认"选项卡"绘图"面板中的"矩形"按钮 ▭，绘制角点坐标为（25,10）和（410,287）的矩形，如图 6-91 所示。

国家标准规定 A3 图纸的幅面大小是 420mm×297mm，这里留出了带装订边的图框到图纸边界的距离。

6. 绘制标题栏

标题栏示意图如图 6-92 所示，由于分隔线不整齐，所以可以先绘制一个 9×4（每个单元格的尺寸是 20mm×10mm）的标准表格，然后在此基础上编辑或合并单元格。

图 6-91 绘制矩形

图 6-92 标题栏示意图

（1）单击"默认"选项卡"注释"面板中的"表格样式"按钮 ▦，打开"表格样式"对话框，如图 6-93 所示。

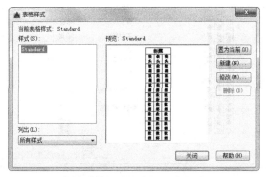

图 6-93 "表格样式"对话框

（2）单击"修改"按钮，打开"修改表格样式：Standard"对话框，在"单元样式"下拉列表框中选择"数据"选项，在下面的"文字"选项卡中将"文字高度"设置为 8mm，如图 6-94 所示。再打开"常规"选项卡，将"页边距"选项组中的"水平"和"垂直"都设置为 1，如图 6-95 所示。

表格的行高=文字高度+2×垂直页边距，此处设置为 8+2×1=10mm。

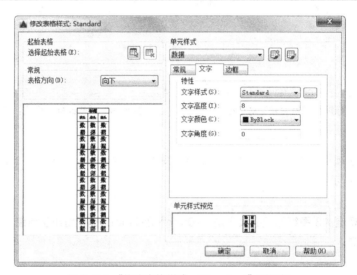

图 6-94　"修改表格样式：Standard"对话框

（3）回到"表格样式"对话框，单击"关闭"按钮退出。

（4）单击"默认"选项卡"注释"面板中的"表格"按钮，打开"插入表格"对话框。在"列和行设置"选项组中将"列数"设置为 9，将"列宽"设置为 20mm，将"数据行数"设置为 2（加上标题行和表头行共 4 行），将"行高"设置为 1 行（即为 10）；在"设置单元样式"选项组中，将"第一行单元样式""第二行单元样式"和"所有其他行单元样式"都设置为"数据"，如图 6-96 所示。

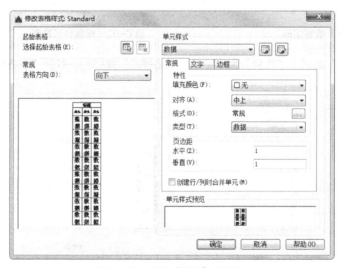

图 6-95　设置"常规"选项卡

图 6-96 "插入表格"对话框

（5）在图框线右下角附近指定表格位置，系统生成表格，同时打开表格和文字编辑器，如图 6-97 所示。直接按<Enter>键，不输入文字，生成表格，如图 6-98 所示。

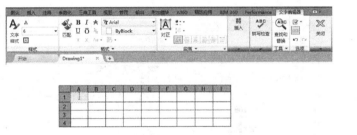

图 6-97 表格和文字编辑器选项卡

图 6-98 生成表格

7. 移动标题栏

由于无法确定刚生成的标题栏与图框的相对位置，因此需要移动标题栏。单击"默认"选项卡"修改"面板中的"移动"按钮 ✛，将刚绘制的表格准确放置在图框的右下角，如图 6-99 所示。

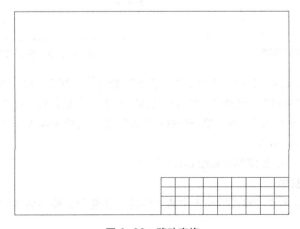

图 6-99 移动表格

8. 编辑标题栏表格

（1）单击标题栏表格 A 单元格，按住 Shift 键，同时选择 B 和 C 单元格，在"表格"编辑器中单击
"合并单元"按钮右侧的下三角按钮，在弹出的下拉菜单中选择"合并全部"命令，如图 6-100 所示。

（2）重复上述方法，对其他单元格进行合并，绘制结果如图 6-101 所示。

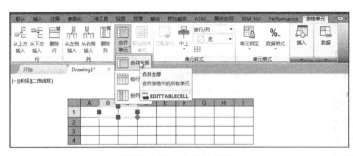

图 6-100　合并单元格　　　　　　　　　　　　图 6-101　完成标题栏单元格编辑

9. 绘制会签栏

会签栏的大小和样式如图 6-102 所示。用户可以采取与标题栏相同的绘制方法绘制会签栏。

（1）在"修改表格样式"对话框的"文字"选项卡中，将"文字高度"设置为 4mm，如图 6-103 所
示；再把"常规"选项卡中的"页边距"选项组中的"水平"和"垂直"都设置为 0.5mm。

图 6-102　会签栏示意图　　　　　　　　　　　图 6-103　设置表格样式

（2）单击"默认"选项卡"注释"面板中的"表格"按钮，打开"插入表格"对话框，在"列和
行设置"选项组中，将"列数"设置为 3，"列宽"设置为 25，"数据行数"设置为 2，"行高"设置为 1
行；在"设置单元样式"选项组中，将"第一行单元样式""第二行单元样式"和"所有其他行单元样式"
都设置为"数据"，如图 6-104 所示。

（3）在表格中输入文字，绘制结果如图 6-105 所示。

10. 旋转和移动会签栏

（1）单击"默认"选项卡"修改"面板中的"旋转"按钮，旋转会签栏，绘制结果如图 6-106
所示。

（2）将会签栏移动到图框的左上角，绘制结果如图 6-107 所示。

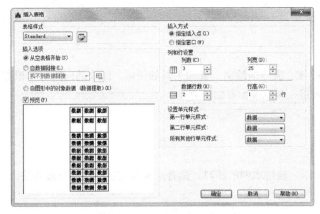

图 6-104　设置表格行和列

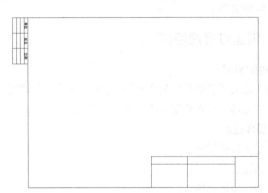

图 6-105　会签栏的绘制

图 6-106　旋转会签栏

图 6-107　绘制完成的样板图

11. 保存样板图

选择菜单栏中的"文件"→"另存为"命令，打开"图形另存为"对话框，将图形保存为".dwg"格式的文件即可，如图 6-108 所示。

图 6-108　"图形另存为"对话框

6.6 操作与实践

通过本章的学习，读者对文本和尺寸标注、表格的绘制、查询工具的使用、图块的应用等知识有了大致的了解，本节通过几个操作练习使读者进一步掌握本章知识要点。

6.6.1 创建施工说明

1. 目的要求

调用文字命令写入文字，如图 6-109 所示。通过本例的练习，读者应掌握文字标注的一般方法。

2. 操作提示

（1）输入文字内容。

（2）编辑文字。

6.6.2 创建灯具规格表

1. 目的要求

本例在定义了表格样式后再利用"表格"命令绘制表格，最后将表格内容添加完整，如图 6-110 所示。通过本例的练习，读者应掌握表格的创建方法。

2. 操作提示

（1）定义表格样式。

（2）创建表格。

（3）添加表格内容。

施工说明

1. 冷水管采用镀锌管，管径均为DN15；热水管采用PPR管，管径均为DN15。
2. 管道铺设在墙内（或地坪下）50米处。
3. 施工时注意与土建的配合。

图 6-109 施工说明

主 要 灯 具 表						
序号	图例	名　称	型 号 规 格	单位	数量	备　注
1	○	地埋灯	70W×1	套	120	
2	☖	投光灯	120W×1	套	26	配树泛光灯
3	☖	泛光灯	150W×1	套	58	配雕塑投光灯
4	⊕	照灯	250W×1	套	36	H=12.0m
5	⊗	广场灯	250W×1	套	4	H=12.0m
6	⊕	庭院灯	1400W×1	套	60	H=4.0m
7	⊠	草坪灯	50W×1	套	130	H=1.0m
8	▦	定制台式工艺灯	方钢亲顶暗色喷漆1600X1800X800 节能灯 27W×2	套	32	
9	①	水中灯	J12V100W×1	套	75	
10						
11						

图 6-110 灯具规格表

6.6.3 创建 A4 样板图

1. 目的要求

利用"矩形""直线""修剪""偏移"等绘图命令绘制 A4 样板图，然后调用文字命令写入文字，如图 6-111 所示。通过本例的练习，读者应掌握样板图的创建方法。

2. 操作提示

（1）绘制样板图图框。

（2）绘制标题栏。

（3）添加文字内容。

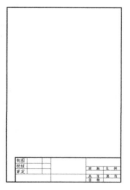

图 6-111 A4 样板图

6.7　思考与练习

1. 在多行文字"特性"选项板中，可以查看并修改多行文字对象的对象特性，其中对仅适用于文字的特性，下列说法错误的是（　　）。

　　A. 行距选项控制文字行之间的空间大小

　　B. 背景中只能插入透明背景，因此文字下的对象不会被遮住

　　C. 宽度定义边框的宽度，因此控制文字自动换行到新行的位置

　　D. 对正确定文字相对于边框的插入位置，并设置输入文字时文字的走向

2. 当文字在尺寸界线内时，文字与尺寸线对齐。当文字在尺寸界线外时，文字水平排列，该文字对齐方式为（　　）。

　　A. 水平　　　　　　　B. 与尺寸线对齐　　　C. ISO 标准　　　　　D. JIS 标准

3. 在设置文字样式的时候，设置了文字的高度，其效果是（　　）。

　　A. 在输入单行文字时，可以改变文字高度　　　B. 在输入单行文字时，不可以改变文字高度

　　C. 在输入多行文字时，不能改变文字高度　　　D. 都能改变文字高度

4. 若尺寸的公差是（20 ± 0.034）mm，则应该在"公差"页面中，显示公差的（　　）设置。

　　A. 极限偏差　　　　B. 极限尺寸　　　　　　C. 基本尺寸　　　　D. 对称

5. 在标注样式设置中，将调整下的"使用全局比例"值增大，将（　　）。

　　A. 使所有标注样式设置增大　　　　　　　B. 使全图的箭头增大

　　C. 使标注的测量值增大　　　　　　　　　D. 使尺寸文字增大

6. 新建一个标注样式，此标注样式的基准标注为（　　）。

　　A. ISO-25　　　　　　　　　　　　　　B. 当前标注样式

　　C. 命名最靠前的标注样式　　　　　　　　D. 应用最多的标注样式

7. 尺寸公差中的上下偏差可以在线性标注的（　　）堆叠起来。

　　A. 多行文字　　　　　　B. 文字　　　　　　C. 角度　　　　　D. 水平

8. 定义一个名为 USER 的文字样式，将字体设置为楷体，字体高度设为 5mm，颜色设为红色，倾斜角度设为 15°，并在矩形内输入图 6-112 所示的内容。

欢迎使用AutoCAD 2016中文版

图 6-112　输入文本

第7章

建筑理论基础

■ 在国内，AutoCAD软件在建筑设计中的应用是最广泛的，掌握该软件是建筑设计人员必不可少的技能。为了让读者能够顺利地学习和把握这些知识和技能，在正式讲解之前有必要对建筑设计工作的特点、建筑设计过程以及AutoCAD在此过程中大致充当的角色作一个初步了解。此外，不管是手工绘图还是计算机绘图，都要运用常用的建筑制图知识，遵照国家有关制图标准、规范来进行。因此，也有必要先交待这部分知识和要点。

7.1 概述

首先，本节从分析建筑要素的复杂性和特殊性入手，进而说明建筑设计工作的特点和复杂性。其次，简要介绍设计过程中各阶段的特点和主要任务，使读者对建筑设计业务有个大概的了解。最后，着重说明 CAD（Computer Aided Design）及 AutoCAD 软件在建筑设计过程中的应用情况，旨在让读者把握好 CAD 软件在建筑设计中所扮演的角色，从而找准方向，有的放矢地学习。

7.1.1 建筑设计概述

人们一般所认为的建筑，是指人类通过物质、技术手段建造起来，在适应自然条件的基础上，力图满足自身活动需求的各种空间环境。小到住宅、村舍，大到宫殿、寺庙，以及现代各种公共空间，如政府、学校、医院、商场等，都可以归到建筑之列。建设活动是人类生产活动中的一个重要组成部分，而建筑设计又是建设活动中的一个重要环节。广义上的建筑设计包括建筑专业设计、结构专业设计、设备专业设计以及概预算的设计工作。狭义上的建筑设计仅指其中的建筑专业设计部分，在本书中提到的建筑设计也基本上指这方面。

建筑包括功能、物质技术条件、形象和历史文化内涵等基本要素，其类型及特征受物质技术条件、经济条件、社会生产关系和文化发展状况等因素影响很大。有人说，建筑是技术和艺术的完美结合；有人说，建筑是凝固的音乐；有人说，建筑是历史文化的载体；有人说，建筑是一种羁绊的艺术。古罗马著名建筑师维特鲁维把经济、适用、美观定为建筑作品普遍追求的目标。20 世纪 50 年代我国曾制定"实用、经济、在可能条件下注意美观"的建筑方针；后来业界又开展了经济、适用、美观的相关讨论。不管怎样，建筑作品的产生，体现着多学科、多层次的交叉融合。相应地，建筑设计既体现技术设计特征，也表现着艺术创作的特点；既要满足经济适用的要求，又要不逊于思想文化的传达。

不同历史时期，建筑类型及特点不尽相同。由于社会的发展、工业文明的不断推进，世界建筑业从 20 世纪至今表现出了前所未有的蓬勃势头。各种各样的建筑类型日益增多，人们对建筑功能的需求日益增强，各种建筑功能日益复杂化。在这样的形势下，建筑设计的难度和复杂程度大大提高，已不是一个人或一个专业就能够全部完成，也不是过去凭借个人经验和意识就能实现。建筑设计往往需要综合考虑建筑功能、形式、造价、自然条件、社会环境、历史文化等因素，系统分析各因素之间的必然联系及其对建筑作品的贡献程度等。目前的建筑设计一般都要在本专业团队共同协作和不同专业之间协同配合的条件下才能最终完成。

尽管计算机不可能全部代替人脑，但借助计算机进行辅助设计已经是必经之路。尽管目前计算机技术在建筑设计领域的应用普遍停留在制图和方案表现上，但各种辅助设计软件已是设计人员不可或缺的工具，它们为设计人员减轻了工作量，提高了设计速度。在这一点上，辅助设计软件是功不可没的。因此，对于建筑学子来说，掌握一门计算机绘图技能是非常有必要的。

7.1.2 建筑设计过程简介

建筑设计过程一般分为方案设计、初步设计、施工图设计 3 个阶段。对于技术要求简单的民用建筑工程，经有关主管部门同意，并且合同中有不作初步设计的约定，可在方案审批后直接进入施工图设计。国家出台的《建筑工程设计文件编制深度规定》（2008 年版）对各阶段设计文件的深度作了具体的规定。

1. 方案设计阶段

方案设计是在明确设计任务书和建设方要求的前提下，遵照国家有关设计标准和规范，综合考虑建筑的功能、空间、造型、环境、材料、技术等因素，做出一个设计方案，形成一定形式的方案设计文件。方案设计文件总体上包括设计说明书、总图、建筑设计图纸以及设计委托或合同规定的透视图、鸟瞰图、模型或模拟动画等方面。方案设计文件一方面要向建设方展示设计思想和方案成果，最大限度地突出方案的优势；另一方面，还要满足下一步编制初步设计的需要。

2．初步设计阶段

初步设计是方案设计和施工图设计之间承前启后的阶段。它在方案设计的基础上，吸取各方面的意见和建议，推敲、完善、优化设计方案，初步考虑结构布置、设备系统和工程概算，进一步解决各工种之间的技术协调问题，最终形成初步设计文件。初步设计文件总体上包括设计说明书、设计图纸和工程概算书 3 个部分，其中包括设备表、材料表内容。

3．施工图设计阶段

施工图设计是在方案设计和初步设计的基础上，综合建筑、结构、设备各个工种的具体要求，将它们反映在图纸上，完成建筑、结构、设备全套图纸，目的在于满足设备材料采购、非标准设备制作和施工的要求。施工图设计文件总体上包括所有专业设计图纸和合同要求的工程预算书。建筑专业设计文件应包括图纸目录、施工图设计说明、设计图纸（包括总图、平面图、立面图、剖面图、大样图、节点详图）、计算书。计算书由设计单位存档。

7.1.3　CAD 技术在建筑设计中的应用简介

1．CAD 技术及 AutoCAD 软件

CAD 即"计算机辅助设计"，是指发挥计算机的潜力，使它在各类工程设计中起辅助设计作用的技术总称，不单指哪一个软件。CAD 技术一方面可以在工程设计中协助完成计算、分析、综合、优化、决策等工作，另一方面可以协助技术人员绘制设计图纸，完成一些归纳、统计工作。在此基础上，还有一个 CAAD 技术，即"计算机辅助建筑设计"（Computer Aided Architectural Design），它是专门开发用于建筑设计的计算机技术。由于建筑设计工作的复杂性和特殊性（不像结构设计属于纯技术工作），就国内目前建筑设计实践状况来看，CAAD 技术的大量应用主要还是在图纸的绘制方面，但也有一些具有三维功能的软件，在方案设计阶段用来协助推敲。

AutoCAD 软件是美国 AutoDesk 公司开发研制的计算机辅助软件，它在世界工程设计领域使用相当广泛，目前已成功应用到建筑、机械、服装、气象、地理等领域。AutoCAD 是为我国建筑设计领域最早接受的 CAD 软件，几乎成了默认绘图软件，主要用于绘制二维建筑图形。此外，AutoCAD 为客户提供了良好的二次开发平台，便于用户自行定制适于本专业的绘图格式和附加功能。目前，国内专门研制开发基于 AutoCAD 的建筑设计软件的公司就有几家。

2．CAD 软件在建筑设计各阶段的应用情况

建筑设计用到的 CAD 软件较多，主要包括二维矢量图形绘制软件、设计推敲软件、建模及渲染软件、效果图后期制作软件等。

（1）二维矢量图形绘制

二维图形绘制包括总图、平面图、立面图、剖面图、大样图、节点详图等。AutoCAD 因其优越的矢量绘图功能，被广泛用于方案设计、初步设计和施工图设计全过程的二维图形绘制。方案阶段，它生成扩展名为".dwg"的矢量图形文件，可以将它导入 Autodesk 3ds Max、Autodesk VIZ 等软件协助建模。可以输出为位图文件，导入 Photoshop 等图像处理软件进一步制作平面表现图。

（2）方案设计推敲

AutoCAD、Autodesk 3ds Max、Autodesk VIZ 的三维功能可以用来协助体块分析和空间组合分析。此外，一些能够较为方便快捷地建立三维模型，便于在方案推敲时快速处理平、立、剖及空间之间关系的

CAD 软件正逐渐被设计者熟悉和接受，如 SketchUpPro、ArchiCAD 等，它们兼具二维、三维和渲染功能。

（3）建模及渲染

这里所说的建模指为制作效果图准备的精确模型。常见的建模软件有 AutoCAD、Autodesk 3ds Max、Autodesk VIZ 等。应用 AutoCAD 可以进行准确建模，但是它的渲染效果较差，一般需要导入 Autodesk 3ds Max、Autodesk VIZ 等软件中附材质、设置灯光，而后渲染，而且需要处理好导入前后的接口问题。Autodesk 3ds Max 和 Autodesk VIZ 都是功能强大的三维建模软件，两者的界面基本相同。不同的是，Autodesk 3ds Max 面向普遍的三维动画制作，而 Autodesk VIZ 是 AutoDesk 公司专门为建筑、机械等行业定制的三维建模及渲染软件，取消了建筑、机械行业不必要的功能，增加了门窗、楼梯、栏杆、树木等造型模块和环境生成器，Autodesk VIZ 4.2 以上的版本还集成了 Lightscape 的灯光技术，弥补了 Autodesk 3ds Max 的灯光技术的欠缺。Autodesk 3ds Max、Autodesk VIZ 具有良好的渲染功能，是建筑效果图制作的首选软件。

就目前的状况来看，Autodesk 3ds Max、Autodesk VIZ 建模仍然需要借助 AutoCAD 绘制的二维平、立、剖面图为参照来完成。

（4）后期制作

效果图后期处理：模型渲染以后图像一般都不十分完美，需要进行后期处理，包括修改、调色、配景、添加文字等。在此环节上，Adobe 公司开发的 Photoshop 是一个首选的图像后期处理软件。

此外，方案阶段用 AutoCAD 绘制的总图和平面图、立面图、剖面图及各种分析图也常在 Photoshop 中作套色处理。

方案文档排版：为了满足设计深度要求，满足建设方或标书的要求，同时也希望突出自己方案的特点，使自己的方案能够脱颖而出，方案文档排版工作是相当重要的。它包括封面、目录、设计说明制作以及方案设计图所在各页的制作。在此环节上可以用 Adobe PageMaker，也可以直接用 Photoshop 或其他平面设计软件。

演示文稿制作：若需将设计方案做成演示文稿进行汇报，比较简单的软件是 PowerPoint，也可以使用 Flash、Authorware 等软件。

（5）其他软件

在建筑设计过程中还可能用到其他软件，如文字处理软件 Word、数据统计分析软件 Excel 等。至于一些计算程序，如节能计算、日照分析等，则根据具体需要灵活采用。

7.1.4 学习应用软件的几点建议

学习应用软件需要注意以下 5 点建议。

（1）无论学习何种应用软件，都应该注意两点：一是熟悉计算机的思维方式，即大致了解计算机系统是如何运作的；二是学会跟计算机交流，即在操作软件的过程中，学会阅读屏幕上不断显示的内容，并作出相应的回应。把握这两点，有利于快速地学会一个新软件，有利于在操作中独立解决问题。

（2）在学习教材的同时，一定要多上机实践。在上机中发现问题，再结合书本解决问题，不要一个劲地埋在书本里。书本里的描述始终不可能全部涵盖软件的所有环节。

（3）同一个功能的实现，往往有多种操作途径，刚开始学习时，可以对它们作适当的了解。之后，选择适合自己、方便快捷的途径进行操作。本书后面介绍的一些绘图操作方法，不一定是最好的，但希望给读者提供一个解决问题的思路。

（4）像 AutoCAD、Autodesk 3ds Max、Autodesk VIZ 这样的复杂软件，难度比较大，但无论多复杂的软件，都是由基本操作、简单操作组合而成的。如果读者下决心学好它，那就要沉住气，循序渐进、由简到难、熟而生巧。

（5）学会用 F1 帮助功能。帮助功能中的描述往往比较生硬拗口，适应后阅读起来就会方便很多。

7.2 建筑制图基本知识

建筑设计图纸是交流设计思想、传达设计意图的技术文件。尽管 AutoCAD 功能强大，但它毕竟不是专门为建筑设计定制的软件，一方面需要在用户的正确操作下才能实现其绘图功能，另一方面需要用户遵循统一制图规范，在正确的制图理论及方法的指导下操作，才能生成合格的图纸。因此，即使在当今大量采用计算机绘图的形势下，仍然有必要掌握基本绘图知识。因此，本节中将必备的制图知识作个简单介绍，已掌握该部分内容的读者可跳过此部分。

7.2.1 建筑制图概述

1．建筑制图的概念

建筑图纸是建筑设计人员用来表达设计思想、传达设计意图的技术文件，是方案投标、技术交流和建筑施工的要件。建筑制图是根据正确的制图理论及方法，按照国家统一的建筑制图规范将设计思想和技术特征清晰、准确地表现出来。建筑图纸包括方案图、初设图、施工图等类型。国家标准《房屋建筑制图统一标准》（ GB/T 50001—2010 ）、《总图制图标准》（ GB/T 50103—2010 ）、《建筑制图标准》（ GB/T 50104—2010 ）是建筑专业手工制图和计算机制图的依据。

2．建筑制图的方式

建筑制图有手工制图和计算机制图两种方式。手工制图又分为徒手绘制和工具绘制两种。

手工制图应该是建筑师必须掌握的技能，也是学习 AutoCAD 软件或其他绘图软件的基础。手工制图体现出一种绘图素养，直接影响计算机图面的质量，而其中的徒手绘画，则往往是建筑师职场上的闪光点和敲门砖，不可偏废。采用手工绘图的方式可以绘制全部的图纸文件，但是需要花费大量的精力和时间。计算机制图是指操作计算机绘图软件画出所需图形，并形成相应的图形电子文件，可以进一步通过绘图仪或打印机将图形文件输出，形成具体的图纸过程。它快速、便捷，便于文档存储，便于图纸的重复利用，可以大大提高设计效率。因此，目前手绘主要用在方案设计的前期，而后期成品方案图以及初设图、施工图都采用计算机绘制完成。

总之，这两种技能同等重要，不可偏废。本书将重点讲解应用 AutoCAD 2016 绘制建筑图的方法和技巧，对于手绘不做具体介绍。读者若需要加强这项技能，可以参看其他有关书籍。

3．建筑制图程序

建筑制图的程序与建筑设计的程序相对应。从整个设计过程来看，遵循方案图、初设图、施工图的顺序来进行。后面阶段的图纸在前一阶段的基础上作深化、修改和完善。就每个阶段来看，一般遵循平面、立面、剖面、详图的过程来绘制。至于每种图纸的制图程序，将在后面章节结合 AutoCAD 操作来讲解。

7.2.2 建筑制图的要求及规范

1．图幅、标题栏及会签栏

图幅即图面的大小，分为横式和立式两种。根据国家标准的规定，按图面长和宽的大小确定图幅的等级。建筑常用的图幅有 A0（也称 0 号图幅，其余类推）、A1、A2、A3 及 A4，每种图幅的长宽尺寸见表 7-1，表中的尺寸代号意义如图 7-1 和图 7-2 所示。

表 7-1 图幅标准

mm

尺寸代号 \ 图幅代号	A0	A1	A2	A3	A4
$b \times l$	841×1189	594×841	420×594	297×420	210×297
c	10			5	
a	25				

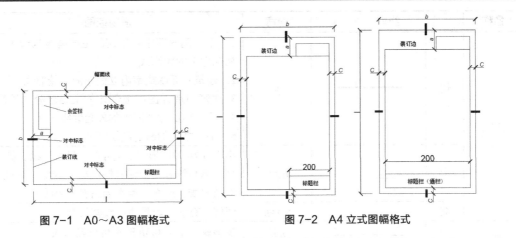

图 7-1 A0~A3 图幅格式　　　　图 7-2 A4 立式图幅格式

A0~A3 图纸可以在长边加长，但短边一般不应加长，加长尺寸见表 7-2。如有特殊需要，可采用 $b \times l$ =841mm×891mm 或 1189mm×1261mm 的幅面。

表 7-2 图纸长边加长尺寸

mm

图幅	长边尺寸	长边加长后尺寸
A0	1189	1486、1635、1783、1932、2080、2230、2378
A1	841	1051、1261、1471、1682、1892、2102
A2	594	743、891、1041、1189、1338、1486、1635、1783、1932、2080
A3	420	630、841、1051、1261、1471、1682、1892

标题栏包括设计单位名称、工程名称、签字区、图名区及图号区等内容。一般标题栏格式如图 7-3 所示，虽然现在不少设计单位采用自己个性化的标题栏格式，但是仍必须包括这几项内容。

会签栏是为各工种负责人审核后签名用的表格，它包括专业、姓名、日期等内容，如图 7-4 所示。对于不需要会签的图纸，可以不设此栏。

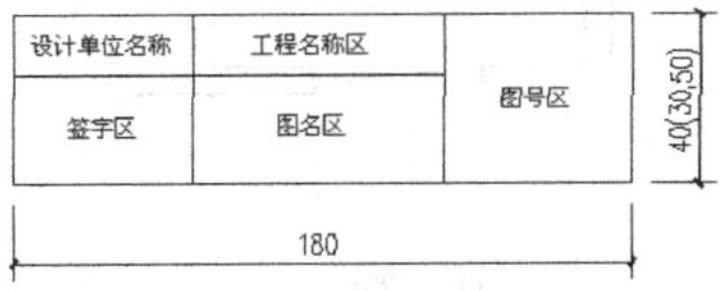

图 7-3 标题栏格式 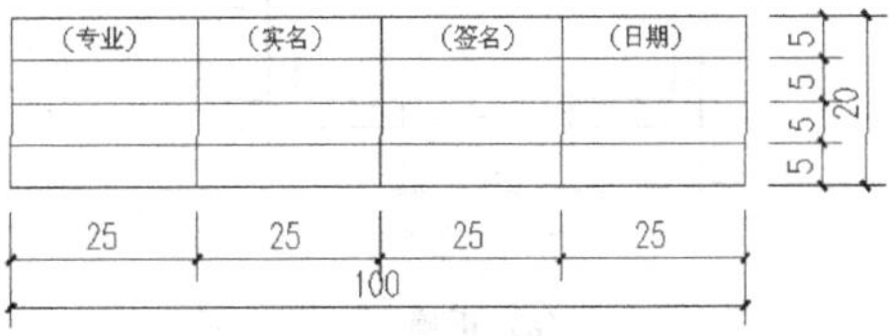　　　　图 7-4 会签栏格式

此外，需要微缩复制的图纸，其一个边上应附有一段准确米制尺度，4 个边上均附有对中标志。米制

尺度的总长应为 100mm，分格应为 10mm。对中标志应画在图纸各边长的中点处，线宽应为 0.35mm，输入框内应为 5mm。

2．线型要求

建筑图纸主要由各种线条构成，不同的线型表示不同的对象和不同的部位，代表不同的含义。为了使图面能够清晰、准确、美观地表达设计思想，工程实践中采用了一套常用的线型，并规定了它们的使用范围，常用线型见表 7-3。

表 7-3　常用线型

名称		线型	线宽	适用范围
实线	粗	————	b	1．平、剖面图中被剖切的主要建筑构造（包括构配件）的轮廓线 2．建筑立面图或室内立面图的外轮廓线 3.建筑构造详图中被剖切的主要部分的轮廓线 4．建筑构配件详图中的外轮廓线 5．平、立、剖面的剖切符号
	中	————	$0.5b$	小于 $0.7b$ 的图形线、尺寸线、尺寸界线、索引符号、标高符号、详图材料做法引出线、粉刷线、保温层线、地面、墙面的高差分界线等
	细	————	$0.25b$	图例填充线、家具线、纹样线等
虚线	中	- - - - - -	$0.5b$	投影线、小于 $0.5b$ 的不可见轮廓线
	细	- - - - - -	$0.25b$	图例填充线、家具线等
点画线	细	— · — · —	$0.25b$	轴线、构配件的中心线、对称线等
折断线	细	—\/\——	$0.25b$	省画图纸时的断开界线
波浪线	细	～～～～	$0.25b$	构造层次的断开界线，有时也表示省略画出时的断开界线

图线宽度 b 宜从 2.0mm、1.4mm、1.0mm、0.7mm、0.5mm、0.35mm 线宽中选取。不同的 b 值产生不同的线宽组。在同一张图纸内，各不同线宽组中的细线，可以统一采用较细的线宽组中的细线。对于需要微缩的图纸，线宽不宜小于 0.18mm。

3．尺寸标注

尺寸标注的一般原则如下。

（1）尺寸标注应力求准确、清晰、美观大方。同一张图纸中，标注风格应保持一致。

（2）尺寸线应尽量标注在图纸轮廓线以外，从内到外依次标注从小到大的尺寸，不能将大尺寸标在内，而小尺寸标在外，如图 7-5 所示。

(a) 正确　　　　　　　　　　　　　　　　　(b) 错误

图 7-5　尺寸标注正误对比

（3）最内一道尺寸线与图纸轮廓线之间的距离不应小于 10mm，两道尺寸线之间的距离一般为 7～

10mm。

（4）尺寸界线朝向图纸的端头距图纸轮廓的距离应大于等于2mm，不宜直接与之相连。

（5）在图线拥挤的地方，应合理安排尺寸线的位置，但不宜与图线、文字及符号相交；可以考虑将轮廓线用作尺寸界线，但不能作为尺寸线。

（6）室内设计图中连续重复的构配件等，当不宜标明定位尺寸时，可在总尺寸的控制下，定位尺寸不用数值而用"均分"或"EQ"字样表示，如图7-6所示。

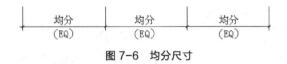

图7-6 均分尺寸

4．文字说明

在一幅完整的图纸中用图线方式表现得不充分和无法用图线表示的地方，就需要进行文字说明，如设计说明、材料名称、构配件名称、构造做法、统计表及图名等。文字说明是图纸内容的重要组成部分，制图规范对文字标注中的字体、字的大小、字体字号搭配等方面作了一些具体规定。

（1）一般原则。字体端正，排列整齐，清晰准确，美观大方，避免过于个性化的文字标注。

（2）字体。一般标注推荐采用仿宋字，大标题、图册封面、地形图等的汉字也可书写成其他字体，但应易于辨认。字型示例如下：

仿宋：建筑（小四）建筑（四号）建筑（二号）

黑体：建筑（四号）建筑（小二）

楷体：建筑 建筑（二号）

字母、数字及符号：0123456789abcdefghijk% @ 或 *0123456789abcdefghijk%@*

（3）字的大小。标注的文字高度要适中。同一类型的文字采用同一大小的字。较大的字用于概括性的说明内容，较小的字用于细致的说明内容。文字的字高，应从3.5mm、5mm、7mm、10mm、14mm、20mm系列中选用。如需书写更大的字，其高度应按$\sqrt{2}$：1的比值递增。注意字体及大小搭配的层次感。

5．常用图示标志

（1）详图索引符号及详图符号

平面图、立面图、剖面图中，在需要另设详图表示的部位标注一个索引符号，以表明该详图的位置，这个索引符号即是详图索引符号。详图索引符号采用细实线绘制，圆圈直径为10mm。图7-7（d）～（g）用于索引剖面详图，当详图就在本张图纸时，采用图7-7（a），详图不在本张图纸时，采用图7-7（b）～（g）所示的形式。

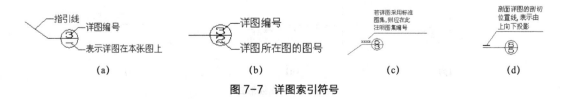

图7-7 详图索引符号

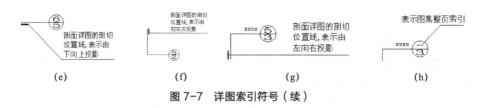

图 7-7　详图索引符号（续）

详图符号即详图的编号，用粗实线绘制，圆圈直径为 14mm，如图 7-8 所示。

图 7-8　详图符号

（2）引出线

由图纸引出一条或多条线段指向文字说明，该线段就是引出线。引出线与水平方向的夹角一般采用 0°、30°、45°、60°、90°，常见的引出线形式如图 7-9 所示。图 7-9（a）～（d）为普通引出线，图 7-9（e）～（h）为多层构造引出线。使用多层构造引出线时，注意构造分层的顺序应与文字说明的分层顺序一致。文字说明可以放在引出线的端头，如图 7-9（a）～（h）所示；也可放在引出线水平段之上，如图 7-9（i）所示。

（3）内视符号

内视符号标注在平面图中，用于表示室内立面图的位置及编号，建立平面图和室内立面图之间的联系。内视符号的形式如图 7-10 所示。其中立面图编号可用英文字母或阿拉伯数字表示，黑色的箭头指向表示立面方向；图 7-10（a）为单向内视符号，图 7-10（b）为双向内视符号，图 7-10（c）为四向内视符号，A、B、C、D 顺时针标注。

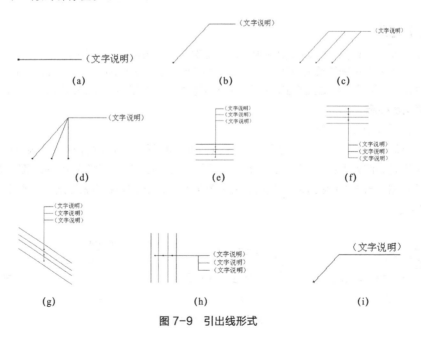

图 7-9　引出线形式

(a)

(b)

(c)

图 7-10　内视符号

建筑常用符号见表 7-4，总图常用图例见表 7-5，常用材料图例见表 7-6。

表 7-4　建筑常用符号

符号	说明	符号	说明
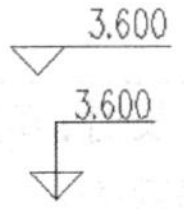 3.600 / 3.600	标高符号，线上数字为标高值，单位为 m 下面一个是在标注位置比较拥挤时采用	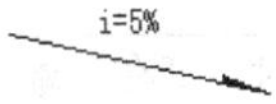 i=5%	表示坡度
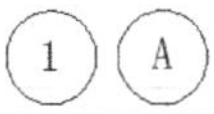 ①　Ⓐ	轴线号	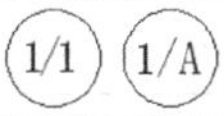 1/1　1/A	附加轴线号
 1　1	标注剖切位置的符号，标数字的方向为投影方向，"1"与剖面图的编号"5-1"对应	2　2	标注绘制断面图的位置，标数字的方向为投影方向，"2"与断面图的编号"5-2"对应
	对称符号。在对称图形的中轴位置画此符号，可以省画另一半图形		指北针
	方形坑槽		圆形坑槽
	方形孔洞		圆形孔洞
@	表示重复出现的固定间隔，如"双向木格栅@500"	ϕ	表示直径，如 ϕ30
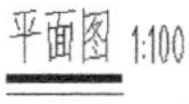 平面图 1:100	图名及比例	 ①　1:5	索引详图名及比例
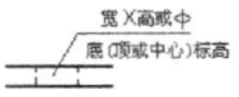 宽×高或中 底(顶或中心)标高	墙体预留洞	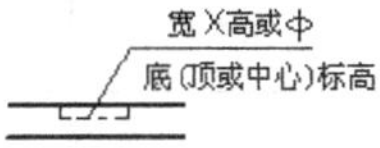 宽×高或中 底(顶或中心)标高	墙体预留槽
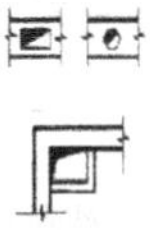	烟道	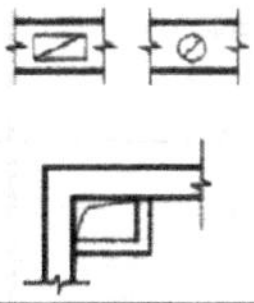	通风道

表 7-5　总图常用图例

符号	说明	符号	说明
 X ▲	新建建筑物。粗线绘制 需要时，表示出入口位置▲及层数 X 轮廓线 以±0.00 处外墙定位轴线或外墙皮线为准 需要时，地上建筑用中实线绘制，地下建筑用细虚线绘制		原有建筑物。细线绘制

续表

符号	说明	符号	说明
	拟扩建的预留地或建筑物。中虚线绘制		＝新建地下建筑或构筑物。粗虚线绘制
	拆除的建筑物。用细实线表示		建筑物下面的通道
	广场铺地		台阶，箭头指向表示向上
	烟囱。实线为下部直径，虚线为基础。必要时，可注写烟囱高度和上下口直径		实体性围墙
	通透性围墙		挡土墙。被挡土在"突出"的一侧
	填挖边坡。边坡较长时，可在一端或两端局部表示		护坡。边坡较长时，可在一端或两端局部表示
※323.38 Ŧ586.32	测量坐标	A123.21 B789.32	建筑坐标
32.36(±0.00)	室内标高	32.36	室外标高

表 7-6　常用材料图例

材料图例	说明	材料图例	说明
	自然土壤		夯实土壤
	毛石砌体		普通转
	石材		砂、灰土
	空心砖		松散材料
	混凝土		钢筋混凝土
	多孔材料		金属
	矿渣、炉渣		玻璃
	纤维材料		防水材料上下两种根据绘图比例大小选用
	木材		液体，须注明液体名称

6. 常用绘图比例

下面列出常用绘图比例，读者根据实际情况灵活使用。

（1）总图：1∶500，1∶1000，1∶2000。

（2）平面图：1∶50，1∶100，1∶150，1∶200，1∶300。

（3）立面图：1∶50，1∶100，1∶150，1∶200，1∶300。

（4）剖面图：1∶50，1∶100，1∶150，1∶200，1∶300。

（5）局部放大图：1：10，1：20，1：25，1：30，1：50。

（6）配件及构造详图：1：1，1：2，1：5，1：10，1：15，1：20，1：25，1：30，1：50。

7.2.3 建筑制图的内容及编排顺序

1．建筑制图内容

建筑制图的内容包括总图、平面图、立面图、剖面图、构造详图和透视图、设计说明、图纸封面、图纸目录等方面。

2．图纸编排顺序

图纸编排顺序一般应为图纸目录、总图、建筑图、结构图、给水排水图、暖通空调图、电气图等。对于建筑专业，一般顺序为目录、施工图设计说明、附表（装修做法表、门窗表等）、平面图、立面图、剖面图、详图等。

7.3 室内建筑设计基本知识

室内设计属于建筑设计的一个分支，一般建筑设计同时又包含室内设计。为了让初学者对室内设计有个初步的了解，本节介绍室内设计的基本知识。由于它不是本书的主要内容，所以这里只做简单介绍。对于室内设计的知识，初学者仅学习本节内容是远远不够的，还应参看其他相关书籍，在此特别说明。

7.3.1 室内建筑设计概述

室内设计（Interior Design），也称作室内环境设计。

随着社会的不断发展，建筑功能逐渐多样化，室内设计已作为一个相对独立的行业从建筑设计中分离出来，"它既包括视觉环境和工程技术方面的问题，也包括声、光、热等物理环境以及气氛、意境等心理环境和文化内涵等内容"（来增祥，陆震纬. 室内设计原理（上）. 北京：中国建筑工业出版社，1996.）。室内设计与一般建筑设计、景观设计相区别又相联系，其重点在于建筑室内环境的综合设计，目的是创造良好的室内环境。

室内设计根据对象的不同可分为居住建筑室内设计、公共建筑室内设计、工业建筑室内设计和农业建筑室内设计。室内设计与一般建筑设计一样需经过 3 个阶段，即设计准备阶段、方案设计阶段、施工图设计阶段及实施阶段。

一般来说，室内设计工作可能出现在整个工程建设过程的以下 3 个时期。

（1）与建筑设计、景观设计同期进行。这种方式有利于室内设计师与建筑师、景观设计师配合，从而使建筑的室内环境和室外环境风格协调统一，为生产出良好的建筑作品提供条件。

（2）在建筑设计完成后、建筑施工未结束之前进行。室内设计师在参照建筑、结构及水暖电等设计图纸资料的同时，需要和各部门、各工种交流设计思想，同时注意施工中难以避免的更改部位，并作出相应的调整。

（3）在主体工程施工结束后进行。这种情况下，室内设计师对建筑空间的规划设计参与性最小，基本上是在建筑师设计成果的基础上完成室内环境设计。当然，在一些大跨度、大空间结构体系中，设计师的自由度还是比较大的。

以上说法是针对普遍意义的室内设计而言，对于个别小型工程，即使工作没有这么复杂，但设计师认真的态度是必须要有的。由于室内设计工作涉及艺术修养、工程技术、政治、经济、文化等诸多方面，所以室内设计师在掌握专业知识和技能的基础上，还应具有良好的综合素质。

7.3.2　室内建筑设计中的几个要素

1．设计前的准备工作

设计前的准备工作一般涉及以下 5 个方面。

（1）明确设计任务及要求。包括功能要求、工程规模、装修等级标准、总造价、设计期限及进度、室内风格特征及室内氛围趋向、文化内涵等。

（2）现场踏勘收集第一手实际资料，收集必要的相关工程图纸，查阅同类工程的设计资料或现场参观学习同类工程，获取设计素材。

（3）熟悉相关标准、规范和法规的要求，熟悉定额标准，熟悉市场的设计取费惯例。

（4）与业主签订设计合同，明确双方责任、权利及义务。

（5）考虑与各工种协调配合的问题。

2．两个出发点和一个归宿

室内设计力图满足使用者物质上的需求和精神上的各种需求。在进行室内设计时，应注意两个出发点、一个归宿：第一个出发点是室内环境的使用者；第二个出发点是现有的建筑条件，包括建筑空间情况、配套的设备条件（水、暖、电、通信等）及建筑周边环境特征。一个归宿是创造良好的室内环境。

第一个出发点是基于以人为本的设计理念提出的。对于装修工程，小到个人、家庭，大到一个集团的全体职员，都是设计师服务的对象。有的设计师倾向于表现个人艺术风格，而忽略了这一点。从使用者的角度考察，应注意以下几个方面。

（1）人体尺度。考察人体尺度，可以获得人在室内空间里完成各种活动时所需的动作范围，作为确定构成室内空间的各部分尺度的依据。在很多设计手册中都有各种人体尺度的参数，读者在需要时可以查阅。然而，仅仅满足人体活动的空间是不够的，确定空间尺度时还需考虑人的心理需求空间，它的范围比活动空间大。此外，在特意塑造某种空间意象时（如高大、空旷、肃穆等），空间尺度还要作相应的调整。

（2）室内功能要求、装修等级标准、室内风格特征及室内氛围趋向、文化内涵要求等。一方面，设计师可以直接从业主那里获得这些信息；另一方面，设计师也可以就这些问题给业主提出建议或者与业主协商解决。

（3）造价控制及设计进度。室内设计要考虑客户的经济承受能力，否则无法实施。如今人们的生活、工作节奏比较快，把握设计期限和进度，有利于按时完成设计任务、保证设计质量。

第二个出发点的目的在于仔细把握现有的建筑客观条件，充分利用它的有利因素，局部纠正或回避不利因素。

提出"两个出发点和一个归宿"是为了引起读者的重视，如何设计出好的室内作品，这中间还有一个设计过程，需要考虑空间布局、室内色彩、装饰材料、室内物理环境、室内家具陈设、室内绿化因素、设计方法和表现技能等。

3．空间布局

人们在室内空间里进行生活、学习、工作等各种活动时，每一种相对独立的活动都需要一个相对独立的空间，如会议室、商店、卧室等；一个相对独立的活动过渡到另一个相对独立的活动，这中间就需要一个交通空间，如走道。人的室内行为模式和规范影响着空间的布置，反过来，空间的布置又有利于引导和规范人的行为模式。此外，人在室内活动时，对空间除了物质上的需求，还有精神上的需求。物质需求包括空间大小及形状、家具陈设、人流交通、消防安全、声光热物理环境等；精神需求是指空间形式和特征能否反映业主的情趣和美的享受、能否对人的心理情绪进行良性的诱导。从这个角度来看，不难理解各种室内空间的形成、功能及布置特点。

在进行空间布局时，一般要注意动静分区、洁污分区、公私分区等问题。动静分区就是指相对安静的空间和相对嘈杂的空间应有一定程度的分离，以免互相干扰。例如在住宅里，餐厅、厨房、客厅与卧室相互分离；在宾馆里，客房部与餐饮部相互分离等。洁污分区，也叫干湿分区，指的是诸如卫生间、厨房这种潮湿环境应该跟其他清洁、干燥的空间分离。公私分区是针对空间的私密性问题提出来的，空间要体现私密、半私密、公开的层次特征。另外，还有主要空间和辅助空间之分。主要空间应争取布置在具有多个有利因素的位置上，辅助空间布置在次要位置上。这些是对空间布置上的普遍要求，在实际操作中则应具体问题具体分析，做到有理有据、灵活处理。

室内设计师直接参与建筑空间的布局和划分的机会较小。多数情况下，室内设计师面对的是已经布局好的空间。例如在一套住宅里，起居室、卧室、厨房等空间和它们之间的连接方式基本上已经确定；再如写字楼里办公区、卫生间、电梯间等空间及相对位置也已确定了。于是室内设计师在把握建筑师空间布局特征的基础上，需要亲自处理的是更微观的空间布局。例如住宅里，应如何布置沙发、茶几、家庭影视设备，如何处理地面、墙面、顶棚等构成要素以完善室内空间；再如将一个建筑空间布置成快餐店，应考虑哪个区域布置就餐区、哪个区域布置服务台、哪个区域布置厨房、流线如何引导等。

4. 室内色彩和材料

人们视觉感受到的颜色来源于可见光波。可见光的波长范围为 380～780nm，依波长由大到小呈现出红、橙、黄、绿、青、蓝、紫等颜色及中间颜色。当可见光照射到物体上时，一部分波长的光线被吸收，而另一部分波长的光线被反射，反射光线在人的视网膜上呈现的颜色就被认为是物体的颜色。颜色具有 3 个要素，即色相、明度和彩度。色相，指一种颜色与其他颜色相区别的特征，如红与绿相区别，它由光的波长决定。明度，指颜色的明暗程度，它取决于光波的振幅。彩度，指某一纯色在颜色中所占的比例，有的也将它称为纯度或饱和度。进行室内色彩设计时，应注意以下 3 个方面。

（1）室内环境的色彩主要反映为空间各部件的表面颜色，以及各种颜色相互影响后的视觉感受，它们还受光源（天然光、人工光）的照度、光色和显色性等因素的影响。

（2）结合材质、光线研究色彩的选用和搭配，使之协调统一，有情趣和特色，突出主题。

（3）考虑室内环境使用者的心理需求、文化倾向和要求等因素。

材料的选择，需注意材料的质地、性能、色彩、经济性、健康环保等问题。

5. 室内物理环境

室内物理环境是室内光环境、声环境、热工环境的总称。这 3 个方面直接影响着人们的学习和工作效率、生活质量、身心健康等方面，是提高室内环境质量不可忽视的因素。

（1）室内光环境。室内光线来源于两个方面：天然光和人工光。天然光由直射太阳光和阳光穿过地球大气层时扩散而成的天空光组成。人工光主要是指各种电光源发出的光线。

尽量争取利用自然光满足室内的照度要求，在不能满足照度要求的地方辅助人工照明。我国大部分地区处在北半球，一般情况下，一定量的直射阳光照射到室内，有利于室内杀菌和身体健康，特别是在冬天；在夏天，炙热的阳光射到室内会使室内迅速升温，长时间会使室内陈设物品退色、变质等，所以应注意遮阳、隔热问题。

现在用的照明电光源可分为两大类。一类是白炽灯，一类是气体放电灯。白炽灯是靠灯丝通电加热到高温而放出热辐射光，如普通白炽灯、卤钨灯等；气体放电灯是靠气体激发而发光，属冷光源，如荧光灯、高压钠灯、低压钠灯、高压汞灯等。

照明设计应注意以下几个因素：合适的照度；适当的亮度对比；宜人的光色；良好的显色性；避免眩光；正确的投光方向。

除此之外，在选择灯具时，应注意其发光效率、寿命及是否便于安装等因素。目前国家出台的相关照明设计标准中规定有各种室内空间的平均照度标准值，许多设计手册中也提供了各种灯具的性能参数，读者可以参阅。

（2）室内声环境。室内声环境的处理主要包括两个方面。一方面是室内音质的设计，如音乐厅、电影院、录音室等，目的是提高室内音质，满足应有的听觉效果；另一方面是隔声与降噪，旨在隔绝和降低各种噪声对室内环境的干扰。

（3）室内热工环境。室内热工环境受室内热辐射、温度、湿度、空气流速等因素综合影响。为了满足人们舒适、健康的要求，在进行室内设计时，应结合空间布局、材料构造、家具陈设、色彩、绿化等方面综合考虑。

6．室内家具陈设

家具是室内环境受重要组成部分，也是室内设计需要处理的重点之一。就目前我国的实际情况来看，室内家具多半是到市场、工厂购买或定做，也有少部分家具由室内设计师直接进行设计。在选购和设计家具时，应注意以下4个方面。

（1）家具的功能、尺度、材料及做工等。

（2）形式美的要求，宜与室内风格、主题协调。

（3）业主的经济承受能力。

（4）充分利用室内空间。

室内陈设一般包括各种家用电器、运动器材、器皿、书籍、化妆品、艺术品及其他个人收藏等。处理这些陈设物品，宜适度、得体，避免庸俗化。

此外，室内各种织物的功能、色彩、材质的选择和搭配也是不容忽视的。

7．室内绿化

绿色植物常常是生意盎然的象征，把绿化引进室内，帮助塑造室内环境，一直受到人们的青睐。常见的室内绿化有盆栽、盆景、插花等形式，一些公共室内空间和一些居住空间也综合运用花木、山石、水景等园林手法来达到绿化目的，如宾馆的中庭设计等。

绿化能够改善和美化室内环境，可以在一定程度上改善空气质量、改善人的心情，也可以利用它来分隔空间、引导空间、突出或遮掩局部位置，它的功能灵活多样。

进行室内绿化时，应注意以下因素。

（1）植物是否对人体有害。注意植物散发的气味是否有害健康，或者使用者对植物的气味是否过敏，有刺的植物不应让儿童接近等。

（2）植物的生长习性。注意植物喜阴还是喜阳、喜潮湿还是喜干燥、常绿还是落叶等习性，以及土壤需求、花期、生长速度等。

（3）植物的形状、大小和叶子的形状、大小、颜色等。注意选择合适的植物和合适的搭配。

（4）与环境协调，突出主题。

（5）精心设计、精心施工。

8．室内设计制图

不管多么优秀的设计思想都要通过图纸来传达。准确、清晰、美观的制图是室内设计不可缺少的部分，对赢得标的和指导施工起着重要的作用，是设计师必备的技能。

7.3.3 室内建筑设计制图概述

1．室内设计制图的概念

室内设计图是室内设计人员用来表达设计思想、传达设计意图的技术文件，是室内装饰施工的依据。室内设计制图就是根据正确的制图理论及方法，按照国家统一的室内制图规范将室内空间 6 个面上的设计情况在二维图面上表现出来，它包括室内平面图、室内顶棚平面图、室内立面图、室内细部节点详图等。国家标准《房屋建筑制图统一标准》（GB/T 50001—2010）和《建筑制图标准》（GB/T 50104—2010）是室内设计中手工制图和计算机制图的依据。

2. 室内设计制图的方式

室内设计制图有手工制图和计算机制图两种方式。手工制图又分为徒手绘制和工具绘制两种。

手工制图应该是设计师必须掌握的技能，也是学习 AutoCAD 2016 软件或其他计算机绘图软件的基础。尤其是徒手绘画，往往是体现设计师素养和职场上的闪光点。采用手工绘图的方式可以绘制全部的图纸文件，但是需要花费大量的精力和时间。计算机制图是指操作绘图软件在计算机上画出所需图形，并形成相应的图形文件，通过绘图仪或打印机将图形文件输出，形成具体的图纸。一般情况下，手绘方式多用于设计的方案构思、设计阶段，计算机制图多用于施工图设计阶段。这两种方式同等重要，不可偏废。本书重点讲解应用 AutoCAD 2016 绘制室内设计图，对于手绘不做具体介绍，读者若需要加强这项技能，可以参看其他相关书籍。

3. 室内设计制图程序

室内设计制图的程序是与室内设计的程序相对应的。室内设计一般分为方案设计阶段和施工图设计阶段。方案设计阶段形成方案图（有的书籍将该阶段细分为构思分析阶段和方案图阶段），施工图设计阶段形成施工图。方案图包括平面图、顶棚图、立面图、剖面图及透视图等，一般要进行色彩表现，它主要用于向业主或招标单位进行方案展示和汇报，所以其重点在于形象地表现设计构思。施工图包括平面图、顶棚图、立面图、剖面图、节点构造详图及透视图，它是施工的主要依据，因此它需要详细、准确地表示出室内布置、各部分形状、大小、材料、构造做法及相互关系等各项内容。

7.3.4 室内建筑设计制图的内容

如上所述，一套完整的室内设计图一般包括平面图、顶棚图、立面图、构造详图和透视图。下面简述各种图纸的概念及内容。

1. 室内平面图

室内平面图是以平行于地面的切面在距地面 1.5mm 左右的位置将上部切去而形成的正投影图。室内平面图中应表达的内容如下。

（1）墙体、隔断及门窗、各空间大小及布局、家具陈设、人流交通路线、室内绿化等；若不单独绘制地面材料平面图，则应在平面图中表示地面材料。

（2）标注各房间尺寸、家具陈设尺寸及布局尺寸，对于复杂的公共建筑，则应标注轴线编号。

（3）注明地面材料名称及规格。

（4）注明房间名称、家具名称。

（5）注明室内地坪标高。

（6）注明详图索引符号、图例及立面内视符号。

（7）注明图名和比例。

（8）若需要辅助文字说明的平面图，还要注明文字说明、统计表格等。

2. 室内顶棚图

室内设计顶棚图是根据顶棚在其下方假想的水平镜面上的正投影绘制而成的镜像投影图。顶棚图中应表达的内容如下。

（1）顶棚的造型及材料说明。

（2）顶棚灯具和电器的图例、名称规格等说明。

（3）顶棚造型尺寸标注、灯具、电器的安装位置标注。

（4）顶棚标高标注。

（5）顶棚细部做法的说明。

（6）详图索引符号、图名、比例等。

3．室内立面图

以平行于室内墙面的切面将前面部分切去后，剩余部分的正投影图即为室内立面图。立面图的主要内容如下。

（1）墙面造型、材质及家具陈设在立面上的正投影图。

（2）门窗立面及其他装饰元素立面。

（3）立面各组成部分尺寸、地坪吊顶标高。

（4）材料名称及细部做法说明。

（5）详图索引符号、图名、比例等。

4．构造详图

为了放大个别反映设计内容和细部做法，多以剖面图的方式表达局部剖开后的情况，这就是构造详图。表达的内容如下。

（1）以剖面图的绘制方法绘制出各材料断面、构配件断面及其相互关系。

（2）用细线表示出剖视方向上的部分轮廓及相互关系。

（3）标出材料断面图例。

（4）用指引线标出构造层次的材料名称及做法。

（5）标出其他构造做法。

（6）标注各部分尺寸。

（7）标注详图编号和比例。

5．透视图

透视图是根据透视原理在平面上绘制出能够反映三维空间效果的图形，它与人的视觉空间感受相似。室内设计常用绘制方法有一点透视、两点透视（成角透视）和鸟瞰图 3 种。

透视图可以通过人工绘制，也可以应用计算机绘制，它能直观地表达设计思想和效果，也称作效果图或表现图，是一个完整的设计方案不可缺少的部分。

7.4 思考与练习

1．建筑设计有什么特点？

2．手工绘制建筑图和计算机绘制建筑图有什么区别？

3．在建筑制图中对图幅、标题栏以及会签栏有什么要求？

第8章

绘制总平面图

■ 无论是方案图、初设图还是施工图，总平面图都是必不可少的要件。由于总平面图设计涉及的专业知识较多，内容繁杂，因而常被初学者忽视或回避。本章将重点介绍应用AutoCAD 2016制作建筑总平面图的一些常用操作方法。至于相关的设计知识，特别是场地设计的知识，读者可以参看有关书籍。

8.1 总平面图绘制概述

在正式讲解总平面图的绘制方法之前，本节将简要介绍总平面图表达的内容和绘制总平面图的一般步骤。

8.1.1 总平面图内容概括

总平面图用来表达整个建筑基地的总体布局，表达新建建筑物及构筑物位置、朝向及周边环境关系。这也是总平面图的基本功能。在不同设计阶段，总平面图除了具备其基本功能外，表达设计意图的深度和倾向也有所不同。

在方案设计阶段，总平面图重在体现新建建筑物的体量大小、形状及与周边道路、房屋、绿地、广场和红线之间的空间关系，同时传达室外空间设计效果。因此，这一时期的总平面图属于方案图，在具有必要的技术性的基础上，还强调艺术性的体现。就目前的情况来看，方案图除了绘制 CAD 线条图，还需对线条图进行套色、渲染处理或制作鸟瞰图、模型等。总之，设计者总在不遗余力地展现自己设计方案的优点及魅力，以在竞争中胜出。

在初步设计阶段，需进一步推敲总平面设计中涉及的各种因素和环节（如道路红线、建筑红线或用地界线、建筑控制高度、容积率、建筑密度、绿地率、停车位数以及总平面布局、周围环境、空间处理、交通组织、环境保护、文物保护、分期建设等），推敲方案的合理性、科学性和可实施性，进一步准确落实各种技术指标，深化竖向设计，为施工图设计做准备。

在施工图设计阶段，总平面专业成果包括图纸目录、设计说明、设计图纸、计算书以及根据合同规定的鸟瞰图、模型。其中设计图纸包括总平面图、竖向布置图、土方图、管道综合图、景观布置图及详图等。总平面图只是其中设计图纸部分。总平面图是新建房屋定位、放线的以及布置施工现场的依据。因此必须要详细、准确、清楚地表达。

8.1.2 总平面图绘制步骤

一般情况下，在 AutoCAD 中总平面图绘制步骤如下。

1. 地形图的处理

包括地形图的插入、描绘、整理、应用等。

2. 总平面布置

包括建筑物、道路、广场、停车场、绿地、场地出入口布置等内容。

3. 各种文字及标注

包括文字、尺寸、标高、坐标、图表、图例等内容。

4. 布图

包括插入图框、调整图面等。

8.2 别墅总平面布置图

就绘图工作而言，整理完地形图后，接下来就可以进行总平面图的布置。总平面布置包括建筑物、道路、广场、绿地、停车场等内容，要着重处理好它们之间的空间关系，及其与四邻、树木、文物古迹、水体、地形之间的关系。本节介绍在 AutoCAD 2016 中布置这些内容的操作方法和注意事项。在讲解中，主要以图 8-1 所示的别墅总平面图为例。

总平面图1：500

图 8-1　绘制总平面布置图

绘制步骤如下（光盘\动画演示\第 8 章\总平面布置图.avi）。

总平面布置图

8.2.1　设置绘图参数

参数设置是绘制任何一幅建筑图形都要进行的预备工作，这里主要设置单位、图形界限、图层等。有些具体参数可以在绘制过程中根据需要进行设置。操作步骤如下。

1. 设置单位

选择菜单栏中的"格式"→"单位"命令，AutoCAD 打开"图形单位"对话框，如图 8-2 所示。设置"长度"的"类型"为"小数"，"精度"为 0；"角度"的"类型"为"十进制度数"，"精度"为 0；系统默认逆时针方向为正，拖放比例设置为"无单位"。

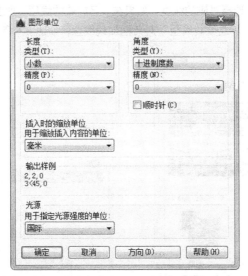

图 8-2　"图形单位"对话框

2. 设置图形边界

在命令行中输入 LIMITS 命令，设置图形边界。命令行提示与操作如下。

命令：LIMITS
重新设置模型空间界限：
指定左下角点或[开(ON)/关(OFF)] <0.0000,0.0000>：输入"0,0"。

指定右上角点<12.0000,9.0000>：输入"420000,297000"。

3．设置图层

（1）设置图层名。单击"默认"选项卡"图层"面板中的"图层特性"按钮 ，打开"图层特性管理器"对话框，单击"新建图层"按钮 ，将生成一个名叫"图层 1"的图层，修改图层名称为"轴线"，如图 8-3 所示。

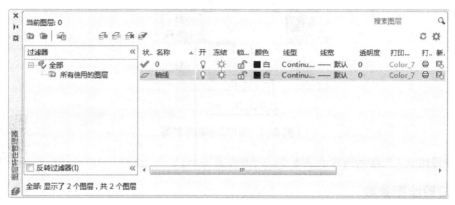

图 8-3　新建图层

（2）设置图层颜色。为了区分不同图层上的图线，增加图形不同部分的对比性，可以在上述"图层特性管理器"对话框中单击对应图层"颜色"标签下的颜色色块，将打开"选择颜色"对话框，如图 8-4 所示，在该对话框中选择需要的颜色。

（3）设置线型。在常用的工程图纸中，通常要用到不同的线型，这是因为不同的线型表示不同的含义。在上述"图层特性管理器"对话框中单击"线型"栏下的线型选项，将打开"选择线型"对话框，如图 8-5 所示，在该对话框中选择对应的线型。如果在"已加载的线型"列表框中没有需要的线型，可以单击"加载"按钮，打开"加载或重载线型"对话框加载线型，如图 8-6 所示。

图 8-4　"选择颜色"对话框

图 8-5　"选择线型"对话框

（4）设置线宽。在工程图纸中，不同的线宽表示不同的含义，因此要对不同图层的线宽进行设置。单击上述"图层特性管理器"对话框中"线宽"栏下的选项，将打开"线宽"对话框，如图 8-7 所示。在该对话框中选择适当的线宽，完成轴线的设置，结果如图 8-8 所示。

图 8-6 "加载或重载线型"对话框

图 8-7 "线宽"对话框

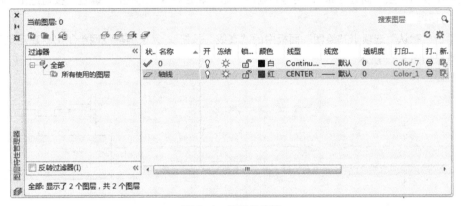

图 8-8 轴线的设置

（5）按照上述步骤，完成图层的设置，绘制结果如图 8-9 所示。

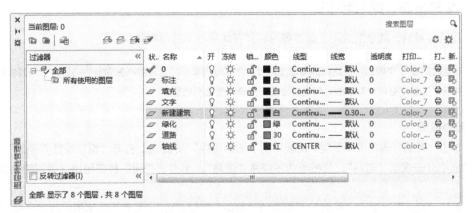

图 8-9 图层的设置

8.2.2 建筑物布置

这里只需要勾勒出建筑物的大体外形和相对位置即可。首先绘制定位轴线网，然后根据轴线绘制建筑物的外形轮廓。

1. 绘制轴线网

（1）单击"默认"选项卡"图层"面板中的"图层特性"按钮🖺，打开"图层特性管理器"对话框，在该对话框中双击图层"轴线"，使得当前图层是"轴线"。单击"关闭"按钮退出"图层特性管理器"对话框。

（2）单击"默认"选项卡"绘图"面板中的"构造线"按钮✓，在正交模式下绘制一根竖直构造线和水平构造线，组成"十"字辅助线网，如图 8-10 所示。

（3）单击"默认"选项卡"修改"面板中的"偏移"按钮⚎，将竖直构造线向右边连续偏移 3700mm、1300mm、4200mm、4500mm、1500mm、2400mm、3900mm 和 2700mm。将水平构造线连续往上偏移 2100mm、4200mm、3900mm、4500mm、1600mm 和 1200mm，得到主要轴线网，绘制结果如图 8-11 所示。

2. 绘制新建建筑

（1）单击"默认"选项卡"图层"面板中的"图层特性"按钮🖺，打开"图层特性管理器"对话框，在该对话框中双击图层"新建建筑"，使得当前图层是"新建建筑"。单击"确定"按钮退出"图层特性管理器"对话框。

（2）单击"默认"选项卡"绘图"面板中的"直线"按钮✓，根据轴线网绘制出新建建筑的主要轮廓，绘制结果如图 8-12 所示。

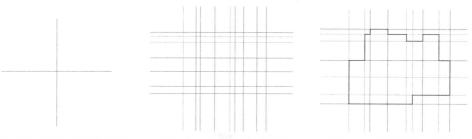

图 8-10　绘制十字辅助线网　　　　图 8-11　绘制主要轴线网　　　　图 8-12　绘制建筑主要轮廓

8.2.3　场地道路、绿地等布置

完成建筑布置后，其余的道路、绿地等内容都在此基础上进行布置。

> **要点提示** 布置时抓住 3 个要点：一是找准场地及其控制作用的因素；二是注意布置对象的必要尺寸及其相对距离关系；三是注意布置对象的几何构成特征，充分利用绘图功能。

1. 绘制道路

（1）单击"默认"选项卡"图层"面板中的"图层特性"按钮🖺，打开"图层特性管理器"对话框，在该对话框中双击图层"道路"，使得当前图层是"道路"。单击"关闭"按钮退出"图层特性管理器"对话框。

（2）单击"默认"选项卡"修改"面板中的"偏移"按钮⚎，让所有最外围轴线都向外偏移 10000，然后将偏移后的轴线分别向两侧偏移 2000，选择所有的道路，然后右击，在弹出的快捷菜单中选择"特性"命令，在弹出的"特性"对话框中选择"图层"，把所选对象的图层改为"道路"，得到主要的道路。单击"默认"选项卡"修改"面板中的"修剪"按钮 ╱╌，修剪掉道路多余的线条，使得道路整体连贯。绘制结果如图 8-13 所示。

2. 布置绿化

（1）首先将"绿化"图层置为当前层，然后单击"视图"选项卡"选项板"面板中的"工具选项板"

按钮▦，则系统弹出图 8-14 所示的工具选项板，选择"建筑"中的"树"图例，把"树"图例✳放在一个空白处，然后单击"默认"选项卡"修改"面板中的"缩放"按钮🔲，把"树"图例✳放大到合适尺寸，绘制结果如图 8-15 所示。

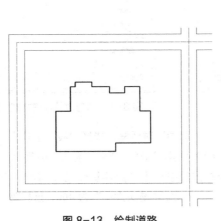

图 8-13　绘制道路

图 8-14　工具选项板

（2）单击"默认"选项卡"修改"面板中的"复制"按钮⛊，把"树"图例✳复制到各个位置。完成植物的绘制和布置，结果如图 8-16 所示。

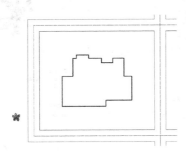

图 8-15　放大前后的植物图例

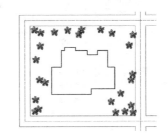

图 8-16　布置绿化植物结果

8.2.4　尺寸及文字标注

总平面图的标注内容包括尺寸、标高、文字标注、指北针、文字说明等内容，它们是总图中不可或缺的部分。完成总平面图的图线绘制后，最后的工作就是进行各种标注，对图形进行完善。

1. 尺寸标注

总平面图上的尺寸应标注新建建筑房屋的总长、总宽及与周围建筑物、构筑物、道路、红线之间的距离。

（1）尺寸样式设置

① 单击"默认"选项卡"注释"面板中的"标注样式"按钮🖊，系统弹出"标注样式管理器"对话框，如图 8-17 所示。

② 单击"新建"按钮，进入"创建新标注样式"对话框，在"新样式名"文本框中输入"总平面图"，如图 8-18 所示。

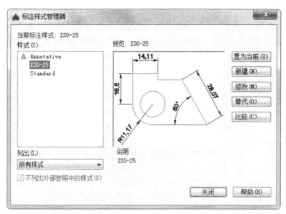

图 8-17 "标注样式管理器"对话框

图 8-18 "创建新标注样式"对话框

③ 单击"继续"按钮，进入"新建标注样式：总平面图"对话框，选择"线"选项卡，设定"尺寸界限"选项组中的"超出尺寸线"为 100mm，如图 8-19 所示。选择"符号和箭头"选项卡，单击"箭头"选项组中的"第一项"按钮右边的▼，在弹出的下拉列表中选择"✓建筑标记"，单击"第二个"按钮右边的▼，在弹出的下拉列表中选择"✓建筑标记"，并设定"箭头大小"为 400，这样就完成了"符号和箭头"选项卡的设置，设置结果如图 8-20 所示。

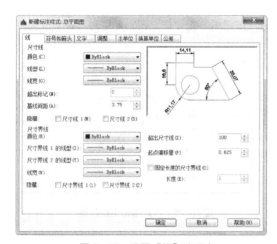

图 8-19 设置"线"选项卡

图 8-20 设置"符号和箭头"选项卡

④ 选择"文字"选项卡，单击"文字样式"后面的按钮[...]，则弹出"文字样式"对话框，单击"新建"按钮，建立新的文字样式"米单位"，取消选中"使用大字体"复选框，然后再单击"字体名"下面的下拉按钮▼，从弹出的下拉列表框中选择"黑体"，设定文字"高度"为 2000mm，如图 8-21 所示。最后单击"关闭"按钮关闭"文字样式"对话框。

⑤ 在"文字外观"选项组中的"文字高度"文本框中输入"2000"，在"文字位置"选项组中的"从尺寸线偏移"文本框中输入"200"。这样就完成了"文字"选项卡的设置，结果如图 8-22 所示。

⑥ 选择"主单位"选项卡，在"测量单位比例"选项组中的"比例因子"文本框中输入"0.01"，将以"米"为单位对图形进行尺寸标注。这样就完成了"主单位"选项卡的设置，结果如图 8-23 所示。单击"确定"按钮返回"标注样式管理器"对话框，选择"总平面图"样式，单击右边的"置为当前"按钮，最后单击"关闭"按钮返回绘图区。

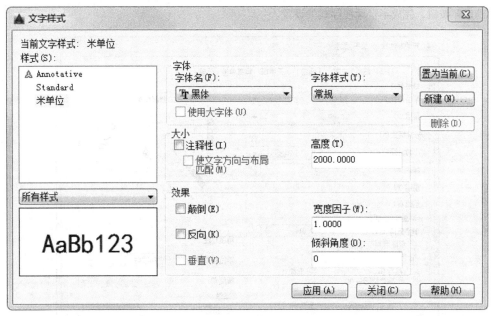

图 8-21 "文字样式"对话框

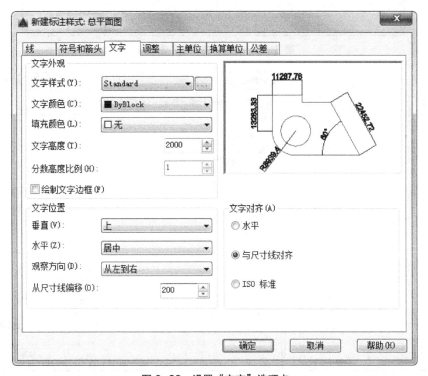

图 8-22 设置"文字"选项卡

⑦ 单击"默认"选项卡"注释"面板中的"标注样式"按钮，则系统弹出"标注样式管理器"对话框，单击"新建"按钮，以"总平面图"为基础样式，将"用于"下拉列表框设置为"半径标注"，建立"总平面图：半径"样式，如图 8-24 所示。然后单击"继续"按钮，进入"新建标注样式：总平面图：半径"对话框，在"符号和箭头"选项卡中，将"第二个"箭头选为实心闭合箭头，如图 8-25 所示，

单击"确定"按钮，完成半径标注样式的设置。

图 8-23 设置"主单位"选项卡

图 8-24 "创建新标注样式"对话框　　　　　　　　图 8-25 半径样式设置

⑧ 采用与半径样式设置相同的操作方法，分别建立角度和引线样式，如图 8-26 和图 8-27 所示，最终完成尺寸样式设置。

图 8-26　角度样式设置

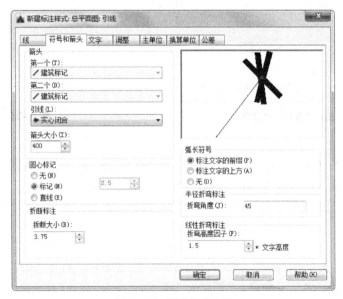

图 8-27　引线样式设置

（2）标注尺寸

首先将"标注"图层置为当前层，单击"注释"选项卡"标注"面板中的"线性"按钮，为图形标注尺寸。命令行提示与操作如下。

命令：_dimlinear
指定第一条尺寸界线原点或<选择对象>：利用"对象捕捉"选取左侧道路的中心线上一点。
指定第二条尺寸界线原点：选取总平面图最左侧竖直线上的一点。
指定尺寸线位置或[多行文字(M)/文字(T)/角度(A)/水平(H)/垂直(V)/旋转(R)]：在图中选取合适的位置。

标注结果如图 8-28 所示。

重复上述命令，在总平面图中，标注新建建筑到道路中心线的相对距离，标注结果如图 8-29 所示。

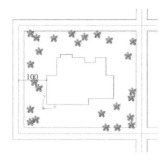

图 8-28　线性标注

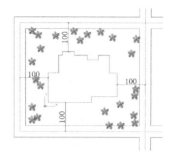

图 8-29　标注尺寸

2. 标高标注

单击"插入"选项卡"块"面板中的"插入块"按钮![button]，弹出"插入"对话框，如图 8-30 所示。在"名称"下拉列表框中选择"标高"选项，单击"确定"按钮，插入到总平面图中。再单击"默认"选项卡"注释"面板中的"多行文字"按钮 **A**，输入相应的标高值，结果如图 8-31 所示。

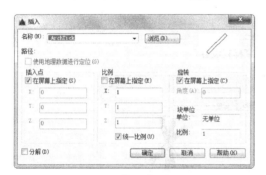

图 8-30　"插入"对话框

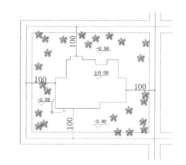

图 8-31　标高标注

3. 文字标注

（1）单击"默认"选项卡"图层"面板中的"图层特性"按钮![button]，则系统弹出"图层特性管理器"对话框。在该对话框中双击图层"文字"，使得当前图层是"文字"。

（2）单击"默认"选项卡"注释"面板中的"多行文字"按钮 **A**，标注入口、道路等，标注结果如图 8-32 所示。

4. 图案填充

（1）单击"默认"选项卡"图层"面板中的"图层特性"按钮![button]，打开"图层特性管理器"对话框。在该对话框中双击图层"填充"，使得当前图层是"填充"。

（2）单击"默认"选项卡"绘图"面板中的"直线"按钮![button]，绘制出铺地砖的主要范围轮廓，绘制结果如图 8-33 所示。

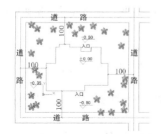

图 8-32　文字标注

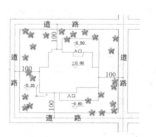

图 8-33　绘制铺地砖范围

（3）单击"默认"选项卡"绘图"面板中的"图案填充"按钮▨，打开"图案填充创建"选项卡，选择填充"图案"为"ANGLE"，设置"比例"为 100，如图 8-34 所示，选择填充区域后按 Enter 键，完成图案的填充，则填充结果如图 8-35 所示。

（4）重复"图案填充"命令▨，进行草地图案填充，结果如图 8-36 所示。

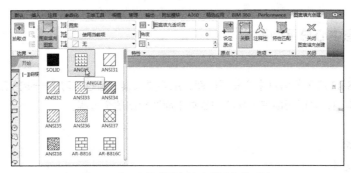

图 8-34　设置"图案填充创建"选项卡

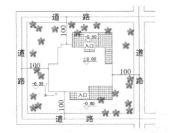

图 8-35　方块图案填充操作结果

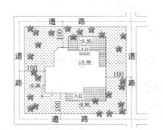

图 8-36　草地图案填充操作结果

5. 图名标注

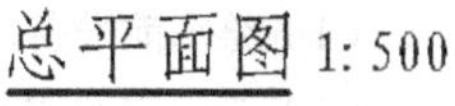

单击"默认"选项卡"注释"面板中的"多行文字"按钮 A 和"绘图"面板中的"多段线"按钮╭⌐，标注图名，标注结果如图 8-37 所示。

<u>总平面图</u> 1∶500

图 8-37　图名

6. 绘制指北针

（1）单击"默认"选项卡"绘图"面板中的"圆"按钮⊙，绘制一个圆，然后单击"默认"选项卡"绘图"面板中的"直线"按钮╱，绘制圆的竖直直径和另外两条弦，结果如图 8-38 所示。

（2）单击"默认"选项卡"绘图"面板中的"图案填充"按钮▨，把指针填充为 SOLID，得到指北针的图例，结果如图 8-39 所示。

（3）单击"默认"选项卡"注释"面板中的"多行文字"按钮 A，在指北针上部标上"北"字，字高为 1000mm，字体为仿宋-GB2312，结果如图 8-40 所示。最终完成总平面图的绘制，结果如图 8-41 所示。

图 8-38　绘制圆和直线

图 8-39　图案填充

图 8-40　绘制指北针

图 8-41　总平面图

8.3 操作与实践

通过前面的学习，读者对本章知识也有了大体的了解，本节通过几个操作练习使读者进一步掌握本章知识要点。

8.3.1 绘制信息中心总平面图

1. 目的要求

本实例绘制图 8-42 所示的信息中心总平面图，主要要求读者通过练习进一步熟悉和掌握总平面图的绘制方法。通过本实例，可以帮助读者学会完成总平面图绘制的全过程。

2. 操作提示

（1）绘图前准备。

（2）绘制辅助线网。

（3）绘制建筑与辅助设施。

（4）填充图案与文字说明。

（5）标注尺寸。

8.3.2 绘制幼儿园总平面图

1. 目的要求

本实例绘制图 8-43 所示的幼儿园总平面图，主要要求读者通过练习进一步熟悉和掌握总平面图的绘制方法。通过本实例，可以帮助读者学会完成总平面图绘制的全过程。

2. 操作提示

（1）绘图前准备。

（2）绘制辅助线网。

（3）绘制建筑与辅助设施。

（4）填充图案与文字说明。

（5）标注尺寸。

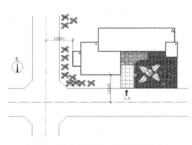

图 8-42 信息中心总平面图

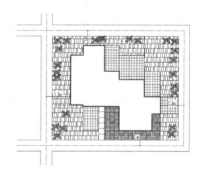

图 8-43 幼儿园总平面图

8.4 思考与练习

1. 总平面图包括那些内容？

2. 简述总平面图的绘制步骤。

第9章

绘制建筑平面图

建筑平面图是建筑制图中的重要组成部分，许多初学者都是从学习绘制平面图开始的。在前面基本图元绘制的讲解中，涉及了一些建筑平面图绘制操作的内容，但是没有展开介绍。本章将结合一栋二层小别墅建筑实例，详细介绍建筑平面图的绘制方法。本别墅总建筑面积约为 250m²，拥有客厅、卧室、卫生间、车库、厨房等各种不同功能的房间及空间。别墅首层主要安排客厅、餐厅、厨房、工人房、车库等房间，大部分属于公共空间，用来满足业主会客和聚会等方面的需求；二层主要安排主卧室、客房、书房等房间，属于较私密的空间，给业主提供一个安静而又温馨的居住环境。

9.1 建筑平面图绘制概述

本节主要向读者介绍建筑平面图一般包含的内容、类型及绘制平面图的一般方法，为下面 AutoCAD 的操作做准备。

9.1.1 建筑平面图内容

建筑平面图是假想在门窗洞口之间用一水平剖切面将建筑物剖成两半，下半部分在水平面上（H 面）的正投影图。在平面图中主要图形包括剖切到墙、柱、门窗、楼梯，以及看到的地面、台阶、楼梯等剖切面以下的构件轮廓。因此，从平面图中，可以看到建筑的平面大小、形状、空间平面布局、内外交通及联系、建筑构配件大小及材料等内容。为了清晰准确地表达这些内容，除了按制图知识和规范绘制建筑构配件平面图形外，还需要标注尺寸及文字说明、设置图面比例等。

9.1.2 建筑平面图类型

1. 根据剖切位置不同划分

根据剖切位置不同，建筑平面图可分为地下层平面图、底层平面图、x 层平面图、标准层平面图、屋顶平面图、夹层平面图等。

2. 按不同的设计阶段划分

按不同的设计阶段分为方案平面图、初设平面图和施工平面图。不同阶段图纸表达深度不一样。

9.1.3 建筑平面图绘制的一般步骤

建筑平面图绘制的一般步骤如下。

（1）绘图环境设置。

（2）轴线绘制。

（3）墙线绘制。

（4）柱绘制。

（5）门窗绘制。

（6）阳台绘制。

（7）楼梯、台阶绘制。

（8）室内布置。

（9）室外周边景观（底层平面图）。

（10）尺寸、文字标注。

根据工程的复杂程度，上述绘图顺序有可能小范围调整，但总体顺序基本保持不变。

9.2 别墅首层平面图

首先绘制这栋别墅的定位轴线，接着在已有轴线的基础上绘出别墅的墙线，然后借助已有图库或图形模块绘制别墅的门窗和室内的家具、洁具，最后进行尺寸和文字标注。以下按照这个思路绘制别墅的首层平面图，如图 9-1 所示。

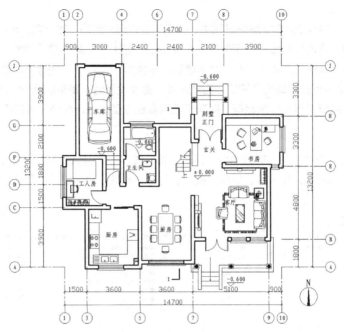

图 9-1　别墅的首层平面图

绘制步骤如下（光盘\动画演示\第 9 章\别墅首层平面图.avi）。

9.2.1　设置绘图环境

别墅首层平面图

参数设置是绘制任何一幅建筑图形都要进行的预备工作，这里主要设置单位、图形界限、图层等。有些具体内容可以在绘制过程中根据需要进行设置。

1. 创建图形文件

启动 AutoCAD 2016 中文版软件，选择菜单栏中的"格式"→"单位"命令，在弹出的"图形单位"对话框中设置角度"类型"为"十进制度数"，角度"精度"为"0"。

2. 命名图形

单击"快速访问"工具栏中的"保存"按钮 ，弹出"图形另存为"对话框。在"文件名"下拉列表框中输入图形名称"别墅首层平面图.dwg"，如图 9-2 所示。单击"保存"按钮，建立图形文件。

图 9-2　命名图形

在使用 AutoCAD 2016 绘图的过程中，如果无法弹出"启动"对话框，可以通过改变默认设置的方法使"启动"对话框显示出来。步骤如下：选择"工具/选项"命令，弹出"选项"对话框；选择"系统"选项卡，在"基本选项"中找到"启动"下拉列表，选择"显示'启动'对话框"，然后单击"确定"按钮，完成设置。更改设置后，重新启动 AutoCAD 2016，系统就会自动弹出"启动"对话框，以利于使用者更方便地进行绘图环境的设置。

3. 设置图层

单击"默认"选项卡"图层"面板中的"图层特性"按钮，打开"图层特性管理器"对话框，依次创建平面图中的基本图层，如轴线、墙体、楼梯、门窗、家具、地坪、标注和文字等，如图 9-3 所示。

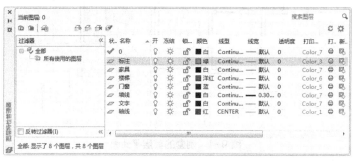

图 9-3 "图层特性管理器"对话框

在使用 AutoCAD 2016 绘图过程中，应经常性地保存已绘制的图形文件，以避免因软件系统的不稳定导致软件的瞬间关闭而无法及时保存文件，丢失大量已绘制的信息。AutoCAD 2016 软件有自动保存图形文件的功能，使用者只需在绘图时，将该功能激活即可。设置步骤如下：选择"工具"→"选项"命令，弹出"选项"对话框。选择"打开和保存"选项卡，在"文件安全措施"选项组中选中"自动保存"复选框，根据个人需要输入"保存间隔分钟数"，然后单击"确定"按钮，完成设置，如图 9-4 所示。

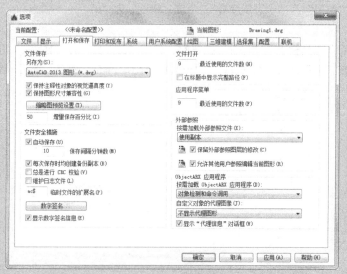

图 9-4 "自动保存"设置

9.2.2　绘制建筑轴线

建筑轴线是在绘制建筑平面图时布置墙体和门窗的依据，同样也是建筑施工定位的重要依据。在轴线的绘制过程中，主要使用的绘图命令是"直线"╱和"偏移"⊕。

图 9-5 所示为绘制完成的别墅平面轴线。

1. 设置"轴线"特性

（1）在"图层"下拉列表框中选择"轴线"图层，将其设置为当前图层，将线型设置为 CENTER。

（2）设置线型比例。选择菜单栏中的"格式"→"线型"命令，弹出"线型管理器"对话框；选择线型"CENTER"，单击"显示细节"按钮，将"全局比例因子"设置为"20"；然后单击"确定"按钮，完成对轴线线型的设置，如图 9-6 所示。

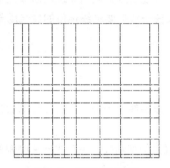

图 9-5　绘制平面轴线

图 9-6　设置线型比例

2. 绘制横向轴线

（1）绘制横向轴线基准线。单击"默认"选项卡"绘图"面板中的"直线"按钮╱，绘制一条横向基准轴线，长度为 14700mm，如图 9-7 所示。

（2）绘制其余横向轴线。单击"默认"选项卡"修改"面板中的"偏移"按钮⊕，将横向基准轴线依次向下偏移，偏移量分别为 3300mm、3900mm、6000mm、6600mm、7800mm、9300mm、11400mm 和 13200mm，依次完成横向轴线的绘制，如图 9-8 所示。

图 9-7　绘制横向基准轴线

图 9-8　绘制横向轴线

3. 绘制纵向轴线

（1）绘制纵向轴线基准线。单击"默认"选项卡"绘图"面板中的"直线"按钮╱，以前面绘制的横向基准轴线的左端点为起点，垂直向下绘制一条纵向基准轴线，长度为 13200mm，如图 9-9 所示。

（2）绘制其余纵向轴线。单击"默认"选项卡"修改"面板中的"偏移"按钮⊕，将纵向基准轴线依次向右偏移，偏移量分别为 900mm、1500mm、2700mm、3900mm、5100mm、6300mm、8700mm、

10800mm、13800mm、14700mm，依次完成纵向轴线的绘制。然后单击"默认"选项卡"修改"面板中的"修剪"按钮-/--，修剪轴线，如图 9-10 所示。

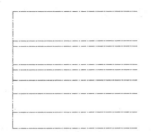

图 9-9　绘制纵向基准轴线

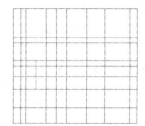

图 9-10　利用"偏移"命令绘制纵向轴线

> **要点提示**
>
> 在绘制建筑轴线时，一般选择建筑横向、纵向的最大长度为轴线长度，但当建筑物形体过于复杂时，太长的轴线往往会影响图形效果，因此，也可以仅在一些需要轴线定位的建筑局部绘制轴线。

9.2.3　绘制墙体

在建筑平面图中，墙体用双线表示，一般采用轴线定位的方式，以轴线为中心，具有很强的对称关系，因此绘制墙线通常有以下 3 种方法。

（1）单击"默认"选项卡"修改"面板中的"偏移"按钮 ⚬，直接偏移轴线，将轴线向两侧偏移一定距离，得到双线，然后将所得双线转移至墙线图层。

（2）选择菜单栏中的"绘图/多线"命令，直接绘制墙线。

（3）当墙体要求填充成实体颜色时，也可以单击"默认"选项卡"绘图"面板中的"多段线"按钮 ⟲，直接绘制，将线宽设置为墙厚即可。

在本例中，推荐选用第二种方法，即选择菜单栏中的"绘图"→"多线"命令，绘制墙线，图 9-11 所示为绘制完成的别墅首层墙体平面。

1. 定义多线样式

在使用"多线"命令绘制墙线前，应首先对多线样式进行设置。

（1）选择菜单栏中的"格式"→"多线样式"命令，弹出"多线样式"对话框，如图 9-12 所示；单击"新建"按钮，在弹出的对话框中输入新样式名"240 墙"，如图 9-13 所示。

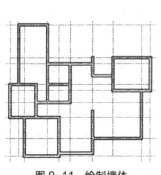

图 9-11　绘制墙体

图 9-12　"多线样式"对话框

（2）单击"继续"按钮，弹出"新建多线样式"对话框，如图9-14所示。在该对话框中进行以下设置：元素偏移量首行设为"120"，第二行设为"-120"。

图 9-13　命名多线样式　　　　　　　　　图 9-14　设置多线样式

（3）单击"确定"按钮，返回"多线样式"对话框，在"样式"列表栏中选择多线样式"240 墙"，将其置为当前，如图9-15所示。

2．绘制墙线

（1）在"图层"下拉列表框中选择"墙线"图层，将其设置为当前图层。

（2）选择菜单栏中的"绘图"→"多线"命令（或者在命令行中输入"ML"，执行多线命令）绘制墙线，命令行提示与操作如下。

命令：MLINE
当前设置：对正 = 上，比例 = 20.00，样式 = STANDARD
指定起点或[对正(J)/比例(S)/样式(ST)]：输入"J"
输入对正类型[上(T)/无(Z)/下(B)] <上>：输入"Z"
指定起点或[对正(J)/比例(S)/样式(ST)]：输入"S"
输入多线比例<20.00>：输入"1"
指定起点或[对正(J)/比例(S)/样式(ST)]：捕捉左上部墙体轴线交点作为起点
指定下一点：依次捕捉墙体轴线交点，绘制墙线
指定下一点或[放弃(U)]：绘制完成，按Enter键结束命令

绘制结果如图9-16所示。

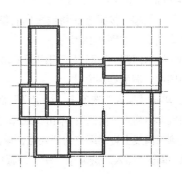

图 9-15　将多线样式"240 墙"置为当前　　　　图 9-16　用"多线"工具绘制墙线

3. 编辑和修整墙线

（1）选择菜单栏中的"修改"→"对象"→"多线"命令，弹出"多线编辑工具"对话框，如图 9-17 所示。该对话框中提供了 12 种多线编辑工具，可根据不同的多线交叉方式选择相应的工具进行编辑。

图 9-17　"多线编辑工具"对话框

（2）少数较复杂的墙线结合处无法找到相应的多线编辑工具进行编辑，因此可以单击"默认"选项卡"修改"面板中的"分解"按钮，将多线分解，然后单击"默认"选项卡"修改"面板中的"修剪"按钮，对该结合处的线条进行修整。

（3）一些内部墙体并不在主要轴线上，可以通过添加辅助轴线，并单击"默认"选项卡"修改"面板中的"修剪"按钮或"延伸"按钮，进行绘制和修整。

经过编辑和修整后的墙线如图 9-11 所示。

9.2.4　绘制门窗

建筑平面图中门窗的绘制过程基本如下：首先在墙体的相应位置绘制门窗洞口；接着使用直线、矩形和圆弧等工具绘制门窗基本图形，并根据所绘门窗的基本图形创建门窗图块；然后在相应的门窗洞口处插入门窗图块，并根据需要进行适当调整，进而完成平面图中所有门和窗的绘制。

1. 绘制门、窗洞口

在平面图中，门洞口与窗洞口基本形状相同，因此，在绘制过程中可以将它们一并绘制。

（1）在"图层"下拉列表框中选择"门窗"图层，将其设置为当前图层。

（2）绘制门窗洞口基本图形。单击"默认"选项卡"绘图"面板中的"直线"按钮，绘制一条长度为 240mm 的垂直方向的线段；然后单击"默认"选项卡"修改"面板中的"偏移"按钮，将线段向右偏移 1000mm，即得到门窗洞口基本图形，如图 9-18 所示。

图 9-18　门窗洞口基本图形

（3）绘制门洞。下面以正门门洞（1000mm×240mm）为例，介绍平面图中门洞的绘制方法。

① 单击"插入"选项卡"块定义"面板中的"创建块"按钮，弹出"块定义"对话框，在"名称"下拉列表框中输入"门洞"；单击"选择对象"按钮，选中图 9-18 所示的图形；单击"拾取点"按钮，选择左侧门洞线上端的端点为插入点；单击"确定"按钮，如图 9-19 所示，完成图块"门洞"的创建。

② 单击"插入"选项卡"块"面板中的"插入块"按钮，弹出"插入"对话框，在"名称"下拉列表框中选择"门洞"，在"比例"选项组中将 x 方向的比例设置为"1.5"，如图 9-20 所示。

图 9-19 "块定义"对话框

图 9-20 "插入"对话框

③ 单击"确定"按钮,在图中点选正门入口处左侧墙线交点作为基点,插入"门洞"图块,如图 9-21 所示。

④ 单击"默认"选项卡"修改"面板中的"移动"按钮✛,在图中点选已插入的正门门洞图块,将其水平向右移动,距离为 300mm,如图 9-22 所示。

⑤ 单击"默认"选项卡"修改"面板中的"修剪"按钮⼢,修剪洞口处多余的墙线,完成正门门洞的绘制,如图 9-23 所示。

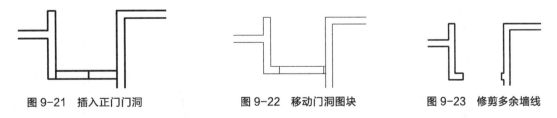

| 图 9-21 插入正门门洞 | 图 9-22 移动门洞图块 | 图 9-23 修剪多余墙线 |

(4)绘制窗洞。下面以卫生间窗户洞口(1500mm×240mm)为例,介绍如何绘制窗洞。

① 单击"插入"选项卡"块"面板中的"插入块"按钮🖶,打开"插入"对话框,在"名称"下拉列表框中选择"门洞",将 x 方向的比例设置为"1.5",如图 9-24 所示。(由于门窗洞口基本形状一致,因此没有必要创建新的窗洞图块,可以直接利用已有门洞图块进行绘制。)

② 单击"确定"按钮,在图中点选左侧墙线交点作为基点,插入"门洞"图块(在本处实为窗洞)。

③ 单击"默认"选项卡"修改"面板中的"移动"按钮✛,在图中点选已插入的窗洞图块,将其向右移动,距离为 330mm,如图 9-25 所示。

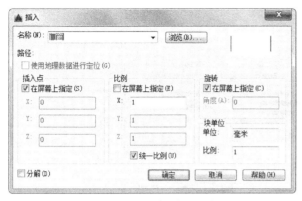

图 9-24 "插入"对话框

图 9-25 插入窗洞图块

④ 单击"默认"选项卡"修改"面板中的"修剪"按钮 ，修剪窗洞口处多余的墙线，完成卫生间窗洞的绘制，如图 9-26 所示。

2．绘制平面门

从开启方式上看，门的常见形式主要有平开门、弹簧门、推拉门、折叠门、旋转门、升降门和卷帘门等。门的尺寸要满足人流通行、交通疏散、家具搬运的要求，而且应符合建筑模数的有关规定。在平面图中，单扇门的宽度一般在 800～1000mm，双扇门则为 1200～1800mm。

图 9-26 修剪多余墙线

门的绘制步骤为：先画出门的基本图形，然后将其创建成图块，最后将门图块插入到已绘制好的相应门洞口位置，在插入门图块的同时，还应调整图块的比例大小和旋转角度，以适应平面图中不同宽度和角度的门洞口。

下面通过两个有代表性的实例来介绍别墅平面图中不同种类的门的绘制。

（1）单扇平开门。单扇平开门主要应用于卧室、书房和卫生间等这一类私密性较强、来往人流较少的房间。下面以别墅首层书房的单扇门（宽 900mm）为例，介绍单扇平开门的绘制方法。

① 单击"默认"选项卡"绘图"面板中的"矩形"按钮 ，绘制一个尺寸为 40mm×900mm 的矩形门扇，如图 9-27 所示。

② 单击"默认"选项卡"绘图"面板中的"圆弧"按钮 ，以矩形门扇右上角顶点为起点、右下角顶点为圆心，绘制一条圆心角为 90°、半径为 900mm 的圆弧，得到图 9-28 所示的单扇平开门图形。

图 9-27 矩形门扇

图 9-28 900mm 宽单扇平开门

③ 单击"插入"选项卡"块定义"面板中的"创建块"按钮 ，打开"块定义"对话框，如图 9-29 所示，在"名称"下拉列表框中输入"900 宽单扇平开门"；单击"选择对象"按钮 ，选取图 9-29 所示的单扇平开门的基本图形为块定义对象；单击"拾取点"按钮 ，选择矩形门扇右下角顶点为基点；最后，单击"确定"按钮，完成"单扇平开门"图块的创建。

图 9-29 "块定义"对话框

④ 单击"插入"选项卡"块"面板中的"插入块"按钮，打开"插入"对话框，如图 9-30 所示，在"名称"下拉列表框中选择"900 宽单扇平开门"，输入旋转"角度"为"-90"，然后单击"确定"按钮，在平面图中点选书房门洞右侧墙线的中点作为插入点，插入门图块，如图 9-31 所示，完成书房门的绘制。

图 9-30 "插入"对话框

（2）双扇平开门。在别墅平面图中，别墅正门以及客厅的阳台门均设计为双扇平开门。下面以别墅正门（宽 1500mm）为例，介绍双扇平开门的绘制方法。

① 参照上面所述单扇平开门画法，绘制宽度为 750mm 的单扇平开门。

② 单击"默认"选项卡"修改"面板中的"镜像"按钮，将已绘得的"750 宽单扇平开门"进行水平方向的"镜像"操作，得到宽 1500mm 的双扇平开门，如图 9-32 所示。

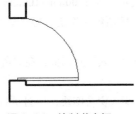

图 9-31 绘制书房门

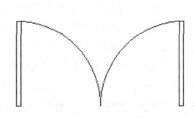

图 9-32 1500mm 宽双扇平开门

③ 单击"插入"选项卡"块定义"面板中的"创建块"按钮，打开"块定义"对话框，在"名称"下拉列表框中输入"1500 宽双扇平开门"；单击"选择对象"按钮，选取图 9-32 所示的双扇平开门的基本图形为块定义对象；单击"拾取点"按钮，选择右侧矩形门扇右下角顶点为基点；然后单击"确定"按钮，完成"1500 宽双扇平开门"图块的创建。

④ 单击"插入"选项卡"块"面板中的"插入块"按钮，打开"插入"对话框，在"名称"下拉列表框中选择"1500 宽双扇平开门"，然后单击"确定"按钮，在图中点选正门门洞右侧墙线的中点作为插入点，插入门图块，如图 9-33 所示，完成别墅正门的绘制。

3．绘制平面窗

从开启方式上看，常见窗的形式主要有固定窗、平开窗、横式旋窗、立式转窗和推拉窗等。窗洞口的宽度和高度尺寸均为 300mm 的扩大模数；在平面图中，一般平开的窗扇宽度为 400～600mm，固定窗和推拉窗的尺寸可更大一些。

窗的绘制步骤与门的绘制步骤基本相同，即先画出窗体的基本形状，然后将其创建成图块，最后将图块插入到已绘制好的相应窗洞位置，在插入窗图块的同时，可以调整图块的比例大小和旋转角度，以适应不同宽度和角度的窗洞口。

下面以餐厅外窗（宽 2400mm）为例，介绍平面窗的绘制方法。

（1）单击"默认"选项卡"绘图"面板中的"直线"按钮，绘制第一条窗线，长度为 1000mm，如图 9-34 所示。

（2）单击"默认"选项卡"修改"面板中的"矩形阵列"按钮，选择第（2）步绘制的窗线为阵列对象，设置行数为 4、列数为 1、行间距为 80mm，阵列窗线，完成窗的基本图形的绘制，如图 9-35 所示。

图 9-33　绘制别墅正门　　　　图 9-34　绘制第一条窗线　　　　图 9-35　窗的基本图形

（3）单击"插入"选项卡"块定义"面板中的"创建块"按钮，打开"块定义"对话框，在"名称"下拉列表框中输入"窗"；单击"选择对象"按钮，选取图 9-35 所示的窗的基本图形为"块定义对象"；单击"拾取点"按钮，选择第一条窗线左端点为基点；然后单击"确定"按钮，完成"窗"图块的创建。

（4）单击"插入"选项卡"块"面板中的"插入块"按钮，打开"插入"对话框，在"名称"下拉列表框中选择"窗"，将 x 方向的比例设置为"2.4"；然后单击"确定"按钮，在图中点选餐厅窗洞左侧墙线的上端点作为插入点，插入窗图块，如图 9-36 所示。

（5）绘制窗台。具体绘制方法如下。

① 单击"默认"选项卡"绘图"面板中的"矩形"按钮，绘制尺寸为 1000mm×100mm 的矩形。

② 单击"插入"选项卡"块定义"面板中的"创建块"按钮，将所绘矩形定义为"窗台"图块，将矩形上侧长边的中点设置为图块基点。

③ 单击"插入"选项卡"块"面板中的"插入块"按钮，打开"插入"对话框，在"名称"下拉列表框中选择"窗台"，并将 x 方向的比例设置为"2.6"。

④ 单击"确定"按钮，点选餐厅窗最外侧窗线中点作为插入点，插入窗台图块，如图 9-37 所示。

图 9-36 绘制餐厅外窗　　　　　　　　　　图 9-37 绘制窗台

4. 绘制其余门和窗

根据以上介绍的平面门窗的绘制方法，利用已经创建的门窗图块，完成别墅首层平面所有门和窗的绘制，如图 9-38 所示。

图 9-38 绘制平面门窗

以上所讲的是 AutoCAD 中最基本的门、窗绘制方法，下面介绍另外两种绘制门窗的方法。

一种是借助图库绘制。在建筑设计中，门和窗的样式、尺寸随着房间功能和开间的变化而不同。逐个绘制每一扇门和每一扇窗既费时又费力。因此，绘图者常常选择借助图库来绘制门窗。通常来说，在图库中有多种不同样式和大小的门、窗可供选择和调用，这给设计者和绘图者提供了很大的方便。本例推荐使用门窗图库。在本例别墅的首层平面图中，共有 8 扇门，其中 4 扇为 900mm 宽的单扇平开门，2 扇为 1500mm 宽的双扇平开门，1 扇为推拉门，还有 1 扇为车库升降门。在图库中，很容易就可以找到以上这几种样式的门的图形模块（参见光盘）。

AutoCAD 图库的使用方法很简单，主要步骤如下。

① 打开图库文件，在图库中选择所需的图形模块，并将选中对象进行复制。

② 将复制的图形模块粘贴到所要绘制的图纸中。

③ 根据实际情况的需要，单击"默认"选项卡"修改"面板中的"旋转"按钮○、"镜像"按钮△或"缩放"按钮□等工具对图形模块进行适当的修改和调整。

另一种是借助"工具选项板"窗口中"建筑"选项卡提供的"公制样例"来绘制。利用这种方法添加门窗时，可以根据需要直接对门窗的尺度和角度进行设置和调整，使用起来比较方便。然而，需要注意的是，"工具选项板"中仅提供普通平开门的绘制，而且利用其所绘制的平面窗中玻璃为单线形式，而非建筑平面图中常用的双线形式，因此，不推荐初学者使用这种方法绘制门窗。

9.2.5　绘制楼梯和台阶

楼梯和台阶都是建筑的重要组成部分，是人们在室内和室外进行垂直交通的必要建筑构件。在本例别墅的首层平面中，共有 1 处楼梯和 3 处台阶，如图 9-39 所示。

1. 绘制楼梯

楼梯是上下楼层之间的交通通道，通常由楼梯段、休息平台和栏杆（或栏板）组成。在本例别墅中，楼梯为常见的双跑式。楼梯宽度为 900mm，踏步宽为 260mm，高为 175mm；楼梯平台净宽 960mm。本节只介绍首层楼梯平面画法，至于二层楼梯画法，将在后面的章节中进行介绍。

首层楼梯平面的绘制过程分为 3 个阶段：首先绘制楼梯踏步线；然后在踏步线两侧（或一侧）绘制楼梯扶手；最后绘制楼梯剖断线以及用来标识方向的带箭头引线和文字，进而完成楼梯平面的绘制。图 9-40 所示为首层楼梯平面图。

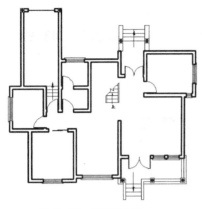

图 9-39　楼梯和台阶

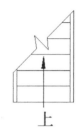

图 9-40　首层楼梯平面图

（1）在"图层"下拉列表框中选择"楼梯"图层，将其设置为当前图层。

（2）绘制楼梯踏步线。具体绘制方法如下。

① 单击"默认"选项卡"绘图"面板中的"直线"按钮╱，以平面图上相应位置点作为起点（通过计算得到的第一级踏步的位置），绘制长度为 1020mm 的水平踏步线。

② 单击"默认"选项卡"修改"面板中的"矩形阵列"按钮▦，选择已绘制的第一条踏步线为阵列对象，设置行数为 6、列数为 1、行间距为 260mm，完成踏步线的绘制，如图 9-41 所示。

（3）绘制楼梯扶手。具体绘制方法如下。

① 单击"默认"选项卡"绘图"面板中的"直线"按钮╱，以楼梯第一条踏步线两侧端点作为起点，分别向上绘制垂直方向线段，长度为 1500mm。

② 单击"默认"选项卡"修改"面板中的"偏移"按钮⊿，将所绘两线段向梯段中央偏移，偏移量为 60mm（即扶手宽度），如图 9-42 所示。

（4）绘制剖断线。具体绘制方法如下。

① 单击"默认"选项卡"绘图"面板中的"构造线"按钮✓，设置角度为 45°，绘制剖断线并使其通过楼梯右侧栏杆线的上端点。

② 单击"默认"选项卡"绘图"面板中的"直线"按钮╱，绘制"Z"字形折断线。

③ 单击"默认"选项卡"修改"面板中的"修剪"按钮-/--，修剪楼梯踏步线和栏杆线，如图 9-43 所示。

图 9-41　绘制楼梯踏步线

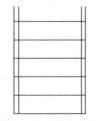

图 9-42　绘制楼梯踏步边线

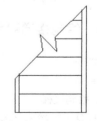

图 9-43　绘制楼梯剖断线

（5）绘制带箭头引线。具体绘制方法如下。

① 在命令行中输入"Qleader"命令，然后继续在命令行中输入"S"，设置引线样式。在弹出的"引线设置"对话框中进行如下设置：在"引线和箭头"选项卡中，设置"引线"为"直线"，"箭头"为"实心闭合"，如图 9-44 所示；在"注释"选项卡中，设置"注释类型"为"无"，如图 9-45 所示。

图 9-44 "引线和箭头"选项卡

图 9-45 "注释"选项卡

② 以第一条楼梯踏步线中点为起点，垂直向上绘制长度为 750mm 的带箭头引线；最后单击"默认"选项卡"修改"面板中的"移动"按钮，将引线垂直向下移动 60mm，如图 9-46 所示。

（6）标注文字。单击"默认"选项卡"注释"面板中的"多行文字"按钮 A，设置文字高度为 300mm，在引线下端输入文字为"上"，如图 9-46 所示。

图 9-46 添加箭头和文字

要点提示

楼梯平面图是距地面 1m 以上位置，用一个假想的剖切平面，沿水平方向剖开（尽量剖到楼梯间的门窗），然后向下投影得到的投影图。楼梯平面一般来说是分层绘制的，在绘制时，楼梯平面按照特点可分为底层平面、标准层平面和顶层平面。

在楼梯平面图中，各层被剖切到的楼梯，按国标规定，均在平面图中以一根 45° 的折断线表示。在每一梯段处画有一个长箭头，并注写"上"或"下"字标明方向。

楼梯的底层平面图中，只有一个被剖切的梯段及栏板和一个注有"上"字的长箭头。

2. 绘制台阶

本例中有 3 处台阶，其中室内台阶 1 处，室外台阶 2 处。下面以正门处台阶为例，介绍台阶的绘制方法。

台阶的绘制思路与前面介绍的楼梯平面绘制思路基本相似，因此，可以参考楼梯画法进行绘制。图 9-47 所示为别墅正门处台阶平面图。

（1）单击"默认"选项卡"图层"面板中的"图层特性"按钮，打开"图层特性管理器"对话框，创建新图层，将新图层命名为"台阶"，并将其设置为当前图层。

（2）单击"默认"选项卡"绘图"面板中的"直线"按钮，以别墅正门中点为起点，垂直向上绘制一条长度为 3600mm 的辅助线段；然后以辅助线段的上端点为中点，绘制一条长度为 1770mm 的水平线段，此线段则为台阶第一条踏步线。

（3）单击"默认"选项卡"修改"面板中的"矩形阵列"按钮，选择第一条踏步线为阵列对象，设置行数为 4、列数为 1、行间距为-300，完成第二、三、四条踏步线的绘制，如图 9-48 所示。

（4）单击"默认"选项卡"绘图"面板中的"矩形"按钮，在踏步线的左右两侧分别绘制两个尺寸为 340mm×1980mm 的矩形，为两侧条石平面。

（5）绘制方向箭头。单击"默认"选项卡"注释"面板中的"多重引线"按钮 ，在台阶踏步的中间位置绘制带箭头的引线，标示踏步方向，如图 9-49 所示。

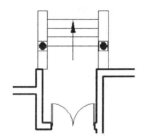
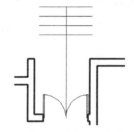
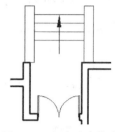

图 9-47　正门处台阶平面图　　　　图 9-48　绘制台阶踏步线　　　　图 9-49　添加方向箭头

（6）绘制立柱。在本例中，两个室外台阶处均有立柱，其平面形状为圆形，内部填充为实心，下面为方形基座。由于立柱的形状、大小基本相同，可以将其做成图块，再把图块插入各相应点即可。具体绘制方法如下。

① 单击"默认"选项卡"图层"面板中的"图层特性"按钮 ，打开"图层特性管理器"对话框，创建新图层，将新图层命名为"立柱"，并将其设置为当前图层。

② 单击"默认"选项卡"绘图"面板中的"矩形"按钮 ，绘制边长为 320mm 的正方形基座。

③ 单击"默认"选项卡"绘图"面板中的"圆"按钮 ，绘制直径为 240mm 的圆形柱身平面。

④ 单击"默认"选项卡"绘图"面板中的"图案填充"按钮 ，弹出"图案填充创建"选项卡，如图 9-50 所示的设置，在绘图区域选择已绘制的圆形柱身为填充对象，如图 9-51 所示。

图 9-50　"图案填充创建"选项卡　　　　　　图 9-51　绘制立柱平面

⑤ 单击"插入"选项卡"块定义"面板中的"创建块"按钮 ，将图 9-51 所示的图形定义为"立柱"图块。

⑥ 单击"插入"选项卡"块"面板中的"插入块"按钮 ，将定义好的"立柱"图块插入平面图中的相应位置，如图 9-47 所示，完成正门处台阶平面的绘制。

9.2.6　绘制家具

在建筑平面图中，通常要绘制室内家具，以增强平面方案的视觉效果。在本例别墅的首层平面中，共有 7 种不同功能的房间，分别是客厅、工人休息室、厨房、餐厅、书房、卫生间和车库。不同功能种类的房间内所布置的家具也有所不同，对于这些种类和尺寸都不尽相同的室内家具，如果利用直线、偏移等简单的二维线条编辑工具一一绘制，不仅绘制过程繁琐，容易出错，而且浪费绘图者的时间和精力。因此，推荐借助 AutoCAD 图库来完成平面家具的绘制。

AutoCAD 图库的使用方法在前面介绍门窗画法时曾有所提及。下面将结合首层客厅家具和卫生间洁具的绘制实例，详细讲述 AutoCAD 图库的用法。

1. 绘制客厅家具

客厅是主人会客和休闲的空间，因此，在客厅里通常会布置沙发、茶几、电视柜等家具，如图 9-52 所示。

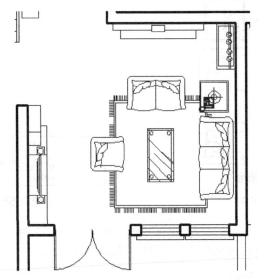

图 9-52　客厅平面家具

（1）在"图层"下拉列表中选择"家具"图层，将其设置为当前图层。

（2）单击"快速访问"工具栏中的"打开"按钮 📂，在弹出的"选择文件"对话框中，通过"光盘：源文件\AutoCAD\图库"路径，找到"CAD 图库.dwg"文件并将其打开，如图 9-53 所示。

图 9-53　打开图库文件

（3）在名称为"沙发和茶几"的一栏中，选择名称为"组合沙发—002P"的图形模块，如图 9-54 所示，选中该图形模块，然后单击鼠标右键，在弹出的快捷菜单中选择"剪贴板"中的"复制"命令 📋。

（4）返回"别墅首层平面图"的绘图界面，打开"编辑"下拉菜单，选择"粘贴为块"命令，将复制的组合沙发图形插入客厅平面相应位置。

（5）在图库中，在名称为"灯具和电器"的一栏中，选择"电视柜 P"图块，如图 9-55 所示，将其复制并粘贴到首层平面图中；单击"默认"选项卡"修改"面板中的"旋转"按钮，使该图形模块以自身中心点为基点旋转 90°，然后将其插入到客厅的相应位置。

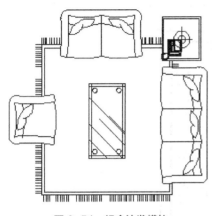

图 9-54　组合沙发模块

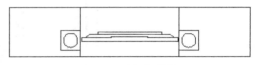

图 9-55　电视柜模块

（6）按照同样的方法，在图库中选择"电视墙 P""柜子—01P"和"射灯组 P"图形模块分别进行复制，并在客厅平面内依次插入这些家具模块，绘制结果如图 9-52 所示。

2．绘制卫生间洁具

卫生间主要是供主人盥洗和沐浴的房间，因此，卫生间内应设置浴盆、马桶、洗手池和洗衣机等设施，图 9-56 所示的卫生间由两部分组成。在家具安排上，外间设置洗手盆和洗衣机；内间则设置浴盆和马桶。卫生间洁具的绘制步骤为：

打开 CAD 图库，在"洁具和厨具"一栏中，选择适合的洁具模块，进行复制后，依次粘贴到平面图中的相应位置，绘制结果如图 9-57 所示。

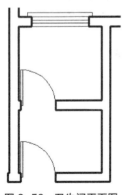

图 9-56　卫生间平面图

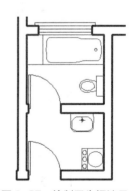

图 9-57　绘制卫生间洁具

要点提示

在图库中，图形模块的名称要简要，除汉字外还经常包含英文字母或数字，通常来说，这些名称都是用来表明该家具的特性或尺寸的。例如，前面使用过的图形模块"组合沙发—002P"，其名称中"组合沙发"表示家具的性质；"004"表示该家具模块是同类型家具中的第四个；字母"P"则表示这是该家具的平面图形。例如，一个床模块名称为"单人床 9×20"，就是表

示该单人床宽度为 900mm、长度为 2000mm。有了这些简单又明了的名称，绘图者就可以
依据自己的实际需要快捷地选择有用的图形模块，而无需费神地辨认、测量了。

9.2.7 平面标注

在别墅的首层平面图中，标注主要包括 4 部分，即轴线编号、平面标高、尺寸标注和文字标注。完
成标注后的首层平面图如图 9-58 所示。

下面将依次介绍这 4 种标注方式的绘制方法。

1. 轴线编号

在平面形状较简单或对称的房屋中，平面图的轴线编号一般标注在图形的下方及左侧。对于较复杂
或不对称的房屋，图形上方和右侧也可以标注。在本例中，由于平面形状不对称，因此需要在上、下、
左、右 4 个方向均标注轴线编号。

（1）单击"默认"选项卡"图层"面板中的"图层特性"按钮，打开"图层特性管理器"对话
框，打开"轴线"图层，使其保持可见，创建新图层，将新图层命名为"轴线编号"，并将其设置为
当前图层。

（2）单击平面图上左侧第一根纵轴线，将十字光标移动至轴线下端点处单击，将夹持点激活（此时
夹持点呈红色），然后鼠标指针向下移动，在命令行中输入"3000"后，按 Enter 键，完成第一条轴线延
长线的绘制。

（3）单击"默认"选项卡"绘图"面板中的"圆"按钮，以已绘制的轴线延长线端点作为圆心，
绘制半径为 350mm 的圆。

（4）单击"默认"选项卡"修改"面板中的"移动"按钮，向下移动所绘圆，移动距离为 350mm，
如图 9-59 所示。

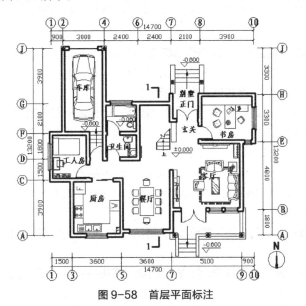

图 9-58 首层平面标注　　　　　　　　　　图 9-59 绘制第一条轴线的延长线及编号圆

（5）重复上述步骤，完成其他轴线延长线及编号圆的绘制。

（6）单击"默认"选项卡"注释"面板中的"多行文字"按钮 A，设置文字"样式"为"仿宋 GB2312"，
文字高度为"300"；在每个轴线端点处的圆内输入相应的轴线编号，如图 9-60 所示。

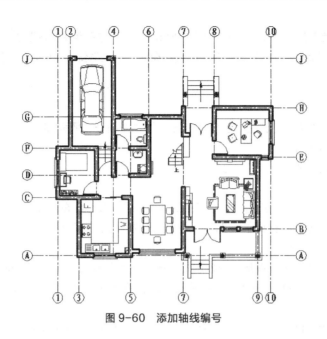

图 9-60　添加轴线编号

平面图上水平方向的轴线编号用阿拉伯数字，从左向右依次编写；垂直方向的编号，用大写英文字母自下而上顺次编写。I、O 及 Z 3 个字母不得作轴线编号，以免与数字 1、0 及 2 混淆。

如果两条相邻轴线间距较小而导致它们的编号有重叠时，可以通过"移动"命令✛将这两条轴线的编号分别向两侧移动少许距离。

2．平面标高

建筑物中的某一部分与所确定的标准基点的高度差称为该部位的标高，在图纸中通常用标高符号结合数字来表示。建筑制图标准规定，标高符号应以直角等腰三角形表示，如图 9-61 所示。

（1）在"图层"下拉列表框中选择"标注"图层，将其设置为当前图层。

（2）单击"默认"选项卡"绘图"面板中的"多边形"按钮⬠，绘制边长为 350mm 的正三角形。

（3）单击"默认"选项卡"修改"面板中的"旋转"按钮↻，将正方形旋转 45°；然后选择"单击"默认"选项卡"绘图"面板中的"直线"按钮╱，连接正三角形左右两个端点，绘制水平对角线。

（4）单击水平对角线，将十字光标移动至右端点处单击，将夹持点激活（此时夹持点呈红色），然后鼠标指针向右移动，在命令行中输入"600"后，按 Enter 键，完成绘制。单击"默认"选项卡"修改"面板中的"修剪"按钮-/…，对多余线段进行修剪。

（5）单击"插入"选项卡"块定义"面板中的"创建块"按钮🗔，将图 9-61 所示的标高符号定义为图块。

（6）单击"插入"选项卡"块"面板中的"插入块"按钮🗔，将已创建的图块插入到平面图中需要标高的位置。

（7）单击"默认"选项卡"注释"面板中的"多行文字"按钮**A**，设置字体为"宋体"，文字高度为"300"，在标高符号的长直线上方添加具体的标注数值。

图 9-62 所示为台阶处室外地面标高。

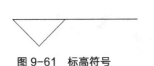

图 9-61　标高符号

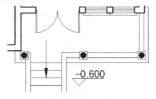

图 9-62　台阶处室外标高

零点提示　一般来说，在平面图上绘制的标高反映的是相对标高，而不是绝对标高。绝对标高指的是以我国青岛市附近的黄海海平面作为零点面测定的高度尺寸。

通常情况下，室内标高要高于室外标高，主要使用房间标高要高于卫生间、阳台标高。在绘图中，常见的是将建筑首层室内地面的高度设为零点，标作"±0.000"；低于此高度的建筑部位标高值为负值，在标高数字前加"−"号；高于此高度的部位标高值为正值，标高数字前不加任何符号。

3．尺寸标注

本例中采用的尺寸标注分为两道：一道为各轴线之间的距离，另一道为平面总长度或总宽度。

（1）设置标注样式。具体设置方法如下。

① 单击"默认"选项卡"注释"面板中的"标注样式"按钮，打开"标注样式管理器"对话框，如图 9-63 所示；单击"新建"按钮，打开"创建新标注样式"对话框，在"新样式名"文本框中输入"平面标注"，如图 9-64 所示。

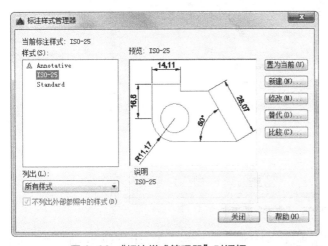

图 9-63　"标注样式管理器"对话框

图 9-64　"创建新标注样式"对话框

② 单击"继续"按钮，打开"新建标注样式：平面标注"对话框。

③ 选择"符号和箭头"选项卡，在"箭头"选项组的"第一个"和"第二个"下拉列表框中均选择"建筑标记"，在"引线"下拉列表框中选择"实心闭合"，在"箭头大小"微调框中输入"100"，如图 9-65 所示。

④ 选择"文字"选项卡，在"文字外观"选项组的"文字高度"微调框中输入"300"，如图 9-66 所示。

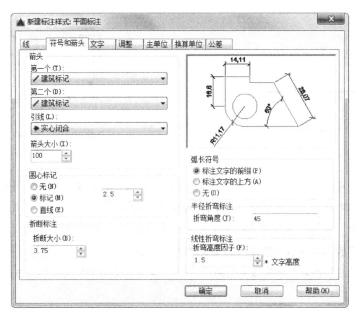

图 9-65 "符号和箭头"选项卡

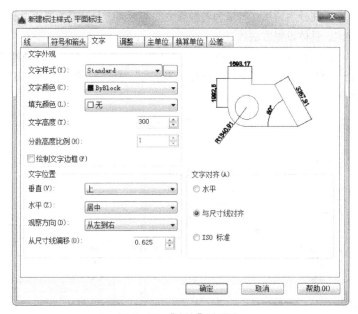

图 9-66 "文字"选项卡

⑤ 单击"确定"按钮，回到"标注样式管理器"对话框。在"样式"列表中激活"平面标注"标注样式，单击"置为当前"按钮，如图 9-67 所示。单击"关闭"按钮，完成标注样式的设置。

（2）单击"默认"选项卡"注释"面板中的"线性"按钮┝┥和"连续"按钮┝┝┥，标注相邻两轴线之间的距离。

（3）再次单击"默认"选项卡"注释"面板中的"线性"按钮┝┥，在已绘制的尺寸标注的外侧，对建筑平面横向和纵向的总长度进行尺寸标注。

（4）完成尺寸标注后，单击"默认"选项卡"图层"面板中的"图层特性"按钮，打开"图层特性管理器"对话框，关闭"轴线"图层，如图 9-68 所示。

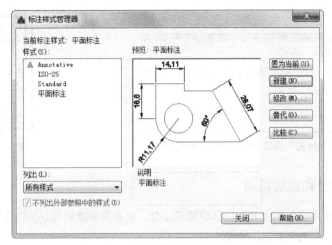

图 9-67 "标注样式管理器"对话框

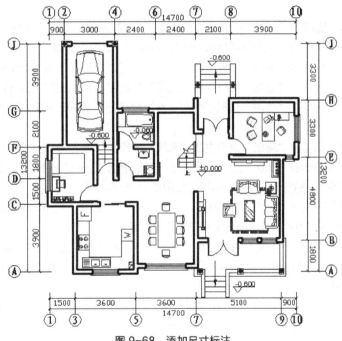

图 9-68 添加尺寸标注

4．文字标注

在平面图中，各房间的功能用途可以用文字进行标识。下面以首层平面图中的厨房为例，介绍文字标注的具体方法。

（1）在"图层"下拉列表框中选择"文字"图层，将其设置为当前图层。

（2）单击"默认"选项卡"注释"面板中的"多行文字"按钮 **A**，在平面图中指定文字插入位置后，弹出"文字编辑器"选项卡和"多行文字编辑器"，如图 9-69 所示。在该编辑器中设置文字样式为"Standard"、字体为"仿宋 GB2312"、文字高度为"300"。

（3）在文字编辑框中输入文字"厨房"，并拖动"宽度控制"滑块来调整文本框的宽度，然后单击"确定"按钮，完成该处的文字标注。

文字标注结果如图 9-70 所示。

图 9-69 "文字编辑器"选项卡和"多行文字编辑器"

图 9-70 标注厨房文字

9.2.8 绘制指北针和剖切符号

在建筑首层平面图中应绘制指北针以标明建筑方位。如果需要绘制建筑的剖面图，则还应在首层平面图中画出剖切符号以标明剖面剖切位置。

下面将分别介绍平面图中指北针和剖切符号的绘制方法。

1. 绘制指北针

（1）单击"默认"选项卡"图层"面板中的"图层特性"按钮，打开"图层特性管理器"对话框，创建新图层，将新图层命名为"指北针与剖切符号"，并将其设置为当前图层。

（2）单击"默认"选项卡"绘图"面板中的"圆"按钮，绘制直径为 1200mm 的圆。

（3）单击"默认"选项卡"绘图"面板中的"直线"按钮，绘制圆的垂直方向直径作为辅助线。

（4）单击"默认"选项卡"修改"面板中的"偏移"按钮，将辅助线分别向左右两侧偏移，偏移量均为 75mm。

（5）单击"默认"选项卡"绘图"面板中的"直线"按钮，将两条偏移线与圆的下方交点同辅助线上端点连接起来。然后单击"默认"选项卡"修改"面板中的"删除"按钮，删除 3 条辅助线（原有辅助线及两条偏移线），得到一个等腰三角形，如图 9-71 所示。

（6）单击"默认"选项卡"绘图"面板中的"图案填充"按钮，弹出"图案填充创建"选项卡，设置"填充图案"为"SOLID"，对所绘的等腰三角形进行填充。

（7）单击"默认"选项卡"注释"面板中的"多行文字"按钮，设置文字高度为 500mm，在等腰三角形上端顶点的正上方书写大写的英文字母"N"，标示平面图的正北方向，如图 9-72 所示。

2. 绘制剖切符号

（1）单击"默认"选项卡"绘图"面板中的"直线"按钮，在平面图中绘制剖切面的定位线，并使得该定位线两端伸出被剖切外墙面的距离均为 1000mm，如图 9-73 所示。

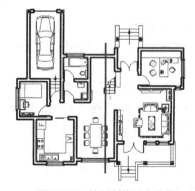

图 9-71 圆与三角形

图 9-72 指北针

图 9-73 绘制剖切面定位线

（2）单击"默认"选项卡"绘图"面板中的"直线"按钮 ╱，
分别以剖切面定位线的两端点为起点，向剖面图投影方向绘制剖视方
向线，长度为 500mm。

（3）单击"默认"选项卡"绘图"面板中的"圆"按钮 ⊘，分
别以定位线两端点为圆心，绘制两个半径为 700mm 的圆。

（4）单击"默认"选项卡"修改"面板中的"修剪"按钮 ⚊，
修剪两圆之间的投影线条；然后删除两圆，得到两条剖切位置线。

（5）将剖切位置线和剖视方向线的线宽都设置为 0.30mm。

（6）单击"默认"选项卡"注释"面板中的"多行文字"按钮 **A**，
设置文字高度为 300mm，在平面图两侧剖视方向线的端部书写剖面
剖切符号的编号为"1"，如图 9-74 所示，完成首层平面图中剖切符
号的绘制。

图 9-74　绘制剖切符号

> **零点提示**
>
> 剖面的剖切符号，应由剖切位置线及剖视方向线组成，均应以粗实线绘制。剖视方向线应
> 垂直于剖切位置线，长度应短于剖切位置线，绘图时，剖面剖切符号不宜与图面上的图线
> 相接触。
>
> 剖面剖切符号的编号，宜采用阿拉伯数字，按顺序由左至右、由下至上连续编排，并应注写
> 在剖视方向线的端部。

9.3　别墅二层平面图

在本例别墅中，二层平面图与首层平面图在设计中有很多相同之处，两层平面的基本轴线关系是一
致的，只有部分墙体形状和内部房间的设置存在一些差别。因此，可以在首层平面图的基础上对已有图
形元素进行修改和添加，进而完成别墅二层平面图的绘制，如图 9-75 所示。

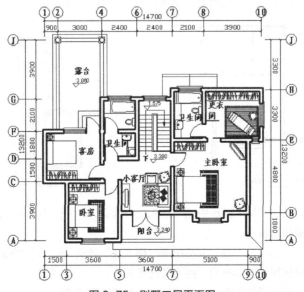

图 9-75　别墅二层平面图

绘制步骤如下（光盘\动画演示\第 9 章\别墅二层平面图的绘制.avi）。

9.3.1 设置绘图环境

绘制二层平面图时是在首层平面图的基础上绘制的，参数已经设置好，在这里只需打开"别墅首层平面图"，将其另存为"别墅二层平面图"，在此基础上将不需要的图形删除。

别墅二层平面图的
绘制

1. 建立图形文件

打开已绘制的"别墅首层平面图.dwg"文件，在"文件"菜单中选择"另存为"命令，打开"图形另存为"对话框，在"文件名"下拉列表框中输入新的图形文件的名称为"别墅二层平面图.dwg"，然后单击"保存"按钮，建立图形文件。

2. 清理图形元素

首先单击"默认"选项卡"修改"面板中的"删除"按钮 ✐，删除首层平面图中所有家具、文字和室内外台阶等图形元素；然后单击"默认"选项卡"图层"面板中的"图层特性"按钮 ⬚，打开"图层特性管理器"对话框，关闭"轴线""家具""轴线编号"和"标注"图层。

9.3.2 修整墙体和门窗

在 9.3.1 节整理后的"别墅二层平面图"上，利用"多线"和"插入块"命令绘制墙体和门窗。

1. 修补墙体

（1）在"图层"下拉列表框中选择"墙线"图层，将其设置为当前图层。

（2）单击"默认"选项卡"修改"面板中的"删除"按钮 ✐，删除多余的墙体和门窗（与首层平面中位置和大小相同的门窗可保留）。

（3）选择菜单栏中的"绘图"→"多线"命令，补充绘制二层平面墙体，绘制结果如图 9-76 所示。

2. 绘制门窗

将当前图层设置到"门窗"图层，二层平面中门窗的绘制主要借助已有的门窗图块来完成，即单击"插入"选项卡"块"面板中的"插入块"按钮 ⬚，选择在首层平面绘制过程中创建的门窗图块，进行适当的比例和角度调整后，插入二层平面图中。绘制结果如图 9-77 所示。

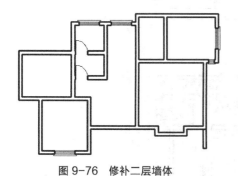

图 9-76　修补二层墙体　　　　　　　　　　图 9-77　绘制二层平面门窗

（1）单击"插入"选项卡"块"面板中的"插入块"按钮 ⬚，在二层平面相应的门窗位置插入门窗洞图块，并修剪洞口处多余的墙线。

（2）再次单击"插入"选项卡"块"面板中的"插入块"按钮 ⬚，在新绘制的门窗洞口位置，根据需要插入门窗图块，并对该图块做适当的比例或角度调整。

（3）在新插入的窗平面外侧绘制窗台，具体做法可参考前面章节。

9.3.3　绘制阳台和露台

在二层平面中，有一处阳台和一处露台，两者的绘制方法较相似，主要利用"矩形"命令和"修剪"命令进行绘制。

1. 绘制阳台

阳台平面为两个矩形的组合，外部较大矩形长3600mm、宽1800mm；较小矩形长3400mm、宽1600mm。

（1）单击"默认"选项卡"图层"面板中的"图层特性"按钮，打开"图层特性管理器"对话框，创建新图层，将新图层命名为"阳台"，并将其设置为当前图层。

（2）单击"默认"选项卡"绘图"面板中的"矩形"按钮，指定阳台左侧纵墙与横向外墙的交点为第一角点，分别绘制尺寸为3600mm×1800mm和3400mm×1600mm的两个矩形，如图9-78所示。

（3）单击"默认"选项卡"修改"面板中的"修剪"按钮，修剪多余线条，完成阳台平面的绘制，绘制结果如图9-79所示。

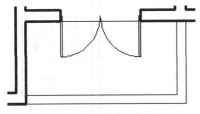

图9-78　绘制矩形阳台

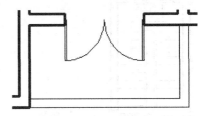

图9-79　修剪阳台线条

2. 绘制露台

（1）单击"默认"选项卡"图层"面板中的"图层特性"按钮，打开"图层特性管理器"对话框，创建新图层，将新图层命名为"露台"，并将其设置为当前图层。

（2）单击"默认"选项卡"绘图"面板中的"矩形"按钮，绘制露台矩形外轮廓线，矩形尺寸为3720mm×6240mm；然后单击"默认"选项卡"修改"面板中的"修剪"按钮，修剪多余线条。

（3）露台周围结合立柱设计有花式栏杆，可利用"多线"命令绘制扶手平面，多线间距为200mm。

（4）绘制门口处台阶。该处台阶由两个矩形踏步组成，上层踏步尺寸为1500mm×1100mm；下层踏步尺寸为1200mm×800mm。

①单击"默认"选项卡"绘图"面板中的"矩形"按钮，以门洞右侧的墙线交点为第一角点，分别绘制这两个矩形踏步平面，如图9-80所示。

②单击"默认"选项卡"修改"面板中的"修剪"按钮，修剪多余线条，完成台阶的绘制。

露台绘制结果如图9-81所示。

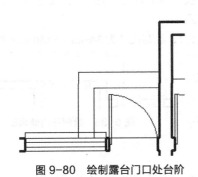

图9-80　绘制露台门口处台阶

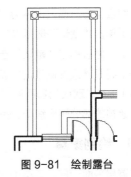

图9-81　绘制露台

9.3.4 绘制楼梯

别墅中的楼梯共有两跑梯段，首跑 9 个踏步，次跑 10 个踏步，中间楼梯井宽 240mm（楼梯井较通常情况宽一些，做室内装饰用）。本层为别墅的顶层，因此本层楼梯应根据顶层楼梯平面的特点进行绘制，绘制结果如图 9-82 所示。

（1）在"图层"下拉列表框中选择"楼梯"图层，将其设置为当前图层。

（2）单击"默认"选项卡"修改"面板中的"偏移"按钮 ，补全楼梯踏步和扶手线条，如图 9-83 所示。

（3）在命令行中输入"QLEADER"命令，在梯段的中央位置绘制带箭头引线并标注方向文字，如图 9-84 所示。

（4）在楼梯平台处添加平面标高。

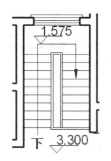

图 9-82　绘制二层平面楼梯

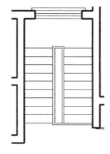

图 9-83　修补楼梯线

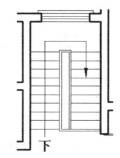

图 9-84　添加剖断线和方向文字

要点提示

在顶层平面图中，由于剖切平面在安全栏板之上，该层楼梯的平面图形中应包括：两段完整的梯段、楼梯平台以及安全栏板。
在顶层楼梯口处有一个注有"下"字的长箭头，表示方向。

9.3.5 绘制雨篷

在别墅中有两处雨篷，其中一处位于别墅北面的正门上方，另一处则位于别墅南面和东面的转角部分。

下面以正门处雨篷为例介绍雨篷平面的绘制方法。

正门处雨篷宽度为 3660mm，其出挑长度为 1500mm。

（1）单击"默认"选项卡"图层"面板中的"图层特性"按钮 ，打开"图层特性管理器"对话框，创建新图层，将新图层命名为"雨篷"，并将其设置为当前图层。

（2）单击"默认"选项卡"绘图"面板中的"矩形"按钮 ，绘制尺寸为 3660mm×1500mm 的矩形雨篷平面，然后单击"默认"选项卡"修改"面板中的"偏移"按钮 ，将雨篷最外侧边向内偏移 150mm，得到雨篷外侧线脚。

（3）单击"默认"选项卡"修改"面板中的"修剪"按钮 ，修剪被遮挡的部分矩形线条，完成雨篷的绘制，如图 9-85 所示。

图 9-85　绘制正门处雨篷

9.3.6 绘制家具

同首层平面一样，二层平面中家具的绘制要借助图库来进行，绘制结果如图 9-86 所示。

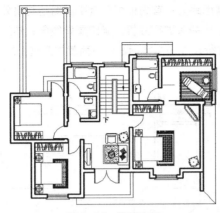

图 9-86　绘制家具

（1）在"图层"下拉列表框中选择"家具"图层，将其设置为当前图层。

（2）单击"快速访问"工具栏中的"打开"按钮📂，在弹出的"选择文件"对话框中，通过"光盘：源文件\AutoCAD\图库"路径，找到"CAD 图库.dwg"文件并将其打开。

（3）在图库中选择所需家具图形模块进行复制，依次粘贴到二层平面图中的相应位置。

9.3.7　平面标注

在别墅的平面图中，标注主要包括 4 部分，即轴线编号、平面标高、尺寸标注和文字标注。由于在"别墅首层平面图"中已经标注了"轴线编号、尺寸标注"，因此需要利用"插入块"命令和"多行文字"命令，完成图形的平面标注。

1．尺寸标注与定位轴线编号

二层平面的定位轴线和尺寸标注与首层平面基本一致，无需另做改动，直接沿用首层平面的轴线和尺寸标注结果即可。具体做法如下。

单击"默认"选项卡"图层"面板中的"图层特性"按钮🖾，打开"图层特性管理器"对话框，选择"轴线""轴线编号"和"标注"图层，使它们均保持可见状态。

2．平面标高

（1）在"图层"下拉列表框中选择"标注"图层，将其设置为当前图层。

（2）单击"插入"选项卡"块"面板中的"插入块"按钮🗔，将已创建的图块插入到平面图中需要标高的位置。

（3）单击"默认"选项卡"注释"面板中的"多行文字"按钮**A**，设置字体为"宋体"，文字高度为"300"，在标高符号的长直线上方添加具体的标注数值。

3．文字标注

（1）在"图层"下拉列表框中选择"文字"图层，将其设置为当前图层。

（2）单击"默认"选项卡"注释"面板中的"多行文字"按钮**A**，设置字体为"宋体"，文字高度为"300"，标注二层平面中各房间的名称。

9.4　屋顶平面图的绘制

在本例中，别墅的屋顶设计为复合式坡顶，由几个不同大小、不同朝向的坡屋顶组合而成。因此在绘制过程中，应该认真分析它们之间的结合关系，并将这种结合关系准确地表现出来。

别墅屋顶平面图的主要绘制思路为：首先根据已有平面图绘制出外墙轮廓线，接着偏移外墙轮廓线得到屋顶檐线，并对屋顶的组成关系进行分析，确定屋脊线条；然后绘制烟囱平面和其他可见部分的平面投影，最后对屋顶平面进行尺寸和文字标注。下面就按照这个思路绘制图 9-87 所示的别墅屋顶平面图。

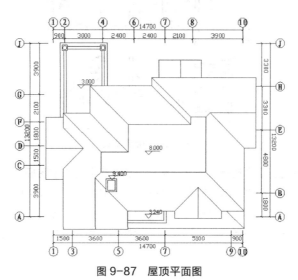

图 9-87　屋顶平面图

绘制步骤如下（光盘\动画演示\第 9 章\屋顶平面图的绘制.avi）。

9.4.1　设置绘图环境

前面已经绘制二层平面图，在此基础上做相应的修改，为绘制屋顶平面图做准备。

1. 创建图形文件

由于屋顶平面图以二层平面图为生成基础，因此不必新建图形文件，可借助已经绘制的二层平面图进行创建。

打开已绘制的"别墅二层平面图.dwg"图形文件，选择菜单栏中的"文件"→"另存为"命令，打开"图形另存为"对话框，在"文件名"下拉列表框中输入新的图形名称为"别墅屋顶平面图.dwg"；然后单击"保存"按钮，建立图形文件。

2. 清理图形元素

（1）单击"默认"选项卡"修改"面板中的"删除"按钮，删除二层平面图中"家具""楼梯"和"门窗"图层中的所有图形元素。

（2）选择菜单栏中的"文件"→"图形实用工具"→"清理"命令，弹出"清理"对话框，如图 9-88 所示。在该对话框中选择无用的数据内容，然后单击"全部清理"按钮，删除"家具""楼梯"和"门窗"图层。

（3）单击"默认"选项卡"图层"面板中的"图层特性"按钮，打开"图层特性管理器"对话框，关闭除"墙线"图层以外的所有可见图层。

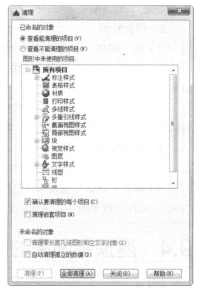

图 9-88　"清理"对话框

9.4.2 绘制屋顶平面

在 9.4.1 节修改后的二层平面图基础上，利用多段线、直线、偏移和修剪等命令绘制屋顶平面图。

1. 绘制外墙轮廓线

屋顶平面轮廓由建筑的平面轮廓决定，因此，首先要根据二层平面图中的墙体线条，生成外墙轮廓线。

（1）单击"默认"选项卡"图层"面板中的"图层特性"按钮，打开"图层特性管理器"对话框，创建新图层，将新图层命名为"外墙轮廓线"，并将其设置为当前图层。

（2）单击"默认"选项卡"绘图"面板中的"多段线"按钮，在二层平面图中捕捉外墙端点，绘制闭合的外墙轮廓线，如图 9-89 所示。

2. 分析屋顶组成

本例别墅的屋顶是由几个坡屋顶组合而成的。在绘制过程中，可以先将屋顶分解成几部分，将每部分单独绘制后，再重新组合。这里推荐将该屋顶划分为 5 部分，如图 9-90 所示。

3. 绘制檐线

坡屋顶出檐宽度一般根据平面的尺寸和屋面坡度确定。在本别墅中，双坡顶出檐 500mm 或 600mm，四坡顶出檐 900mm，坡屋顶结合处的出檐尺度视结合方式而定。

下面以"分屋顶 4"为例，介绍屋顶檐线的绘制方法。

（1）单击"默认"选项卡"图层"面板中的"图层特性"按钮，打开"图层特性管理器"对话框，创建新图层，将新图层命名为"檐线"，并将其设置为当前图层。

（2）单击"默认"选项卡"修改"面板中的"偏移"按钮，将"平面 4"的两侧短边分别向外偏移 600mm，前侧长边向外偏移 500mm。

（3）单击"默认"选项卡"修改"面板中的"延伸"按钮，将偏移后的 3 条线段延伸，使其相交，生成一组檐线，如图 9-91 所示。

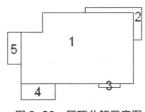
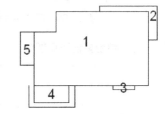

图 9-89　外墙轮廓线图　　　　图 9-90　屋顶分解示意图　　　　图 9-91　生成"分屋顶 4"檐线

（4）按照上述画法依次生成其他分组屋顶的檐线，然后单击"默认"选项卡"修改"面板中的"修剪"按钮，对檐线结合处进行修整，绘制结果如图 9-92 所示。

4. 绘制屋脊

（1）单击"默认"选项卡"图层"面板中的"图层特性"按钮，打开"图层特性管理器"对话框，创建新图层，将新图层命名为"屋脊"，并将其设置为当前图层。

（2）单击"默认"选项卡"绘图"面板中的"直线"按钮，在每个檐线交点处绘制倾斜角度为 45° 或 315° 的直线，生成"垂脊"定位线，如图 9-93 所示。

（3）单击"默认"选项卡"绘图"面板中的"直线"按钮，绘制屋顶"平脊"，绘制结果如图 9-94 所示。

图 9-92　生成屋顶檐线

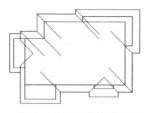

图 9-93　绘制屋顶垂脊

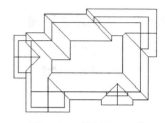

图 9-94　绘制屋顶平脊

（4）单击"默认"选项卡"修改"面板中的"删除"按钮，删除外墙轮廓线和其他辅助线，完成屋脊线条的绘制，如图 9-95 所示。

5. 绘制烟囱

（1）单击"默认"选项卡"图层"面板中的"图层特性"按钮，打开"图层特性管理器"对话框，创建新图层，将新图层命名为"烟囱"，并将其设置为当前图层。

（2）单击"默认"选项卡"绘图"面板中的"矩形"按钮，绘制烟囱平面，尺寸为 750mm×900mm。

（3）单击"默认"选项卡"修改"面板中的"偏移"按钮，将得到的矩形向内偏移，偏移量为 120mm（120mm 为烟囱材料厚度）。

（4）将绘制的烟囱平面插入屋顶平面相应位置，并修剪多余线条，绘制结果如图 9-96 所示。

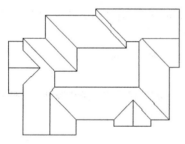

图 9-95　屋顶平面轮廓

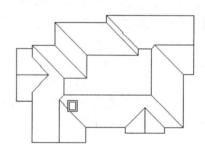

图 9-96　绘制烟囱

6. 绘制其他可见部分

（1）单击"默认"选项卡"图层"面板中的"图层特性"按钮，打开"图层特性管理器"对话框，打开"阳台""露台""立柱"和"雨篷"图层。

（2）单击"默认"选项卡"修改"面板中的"删除"按钮，删除平面图中被屋顶遮住的部分。绘制结果如图 9-97 所示。

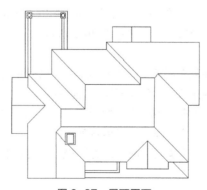

图 9-97　屋顶平面

9.4.3　尺寸标注与标高

与 9.4.2 节相同，用"线性""多行文字"以及"插入块"命令，对屋顶平面图进行平面标注。

1. 尺寸标注

（1）在"图层"下拉列表框中选择"标注"图层，将其设置为当前图层。

（2）单击"默认"选项卡"注释"面板中的"线性"按钮┣┥，在屋顶平面图中添加尺寸标注。

2. 屋顶平面标高

（1）单击"插入"选项卡"块"面板中的"插入块"按钮，在坡屋顶和烟囱处添加标高符号。

（2）单击"默认"选项卡"注释"面板中的"多行文字"按钮 **A**，在标高符号上方添加相应的标高数值，如图 9-98 所示。

3. 绘制轴线编号

由于屋顶平面图中的定位轴线及编号都与二层平面相同，因此可以继续沿用原有轴线编号图形。具体操作如下。

单击"默认"选项卡"图层"面板中的"图层特性"按钮，打开"图层特性管理器"对话框，打开"轴线编号"图层，使其保持可见状态，对图层中的内容无需做任何改动。

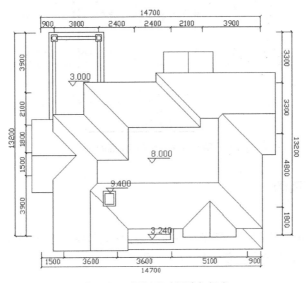

图 9-98　添加尺寸标注与标高

9.5　操作与实践

通过前面的学习，读者对本章知识有了大体的了解，本节通过几个操作练习使读者进一步掌握本章知识要点。

9.5.1　绘制地下层平面图

1. 目的要求

本实例绘制图 9-99 所示的地下层平面图，主要要求读者通过练习进一步熟悉和掌握平面图的绘制方法。通过本实例，可以帮助读者学会完成整个平面图绘制的全过程。

2．操作提示

（1）绘图前准备。

（2）绘制定位辅助线。

（3）绘制墙线、柱子。

（4）绘制门窗及楼梯。

（5）绘制家具。

（6）标注尺寸、文字、轴号及标高。

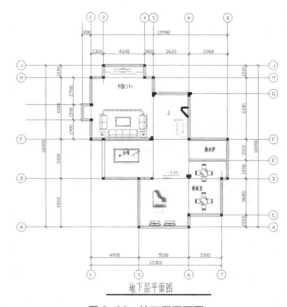

图 9-99　地下层平面图

9.5.2　绘制底层平面图

1．目的要求

本实例绘制图 9-100 所示的底层平面图，主要要求读者通过练习进一步熟悉和掌握平面图的绘制方法。通过本实例，可以帮助读者学会完成整个平面图绘制的全过程。

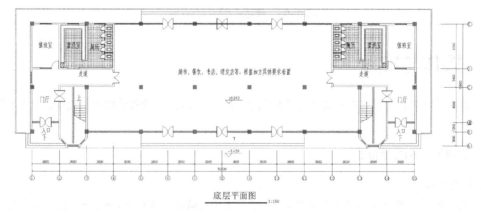

图 9-100　底层平面图

2. 操作提示

（1）绘图前准备。

（2）绘制定位辅助线。

（3）绘制墙线、柱子、门窗。

（4）绘制楼梯及台阶。

（5）布置家具。

（6）标注尺寸、文字、轴号及标高。

（7）绘制指北针及剖切符号。

9.6 思考与练习

1. 建筑平面图包括哪些内容?

2. 建筑平面图分为哪几类?

3. 简述建筑平面图的绘制步骤。

第10章

绘制建筑立面图

■ 本章结合第 8 章中所引用的二层别墅建筑实例，对建筑立面图的绘制方法进行介绍。该二层别墅的台基为毛石基座，上面设花岗岩铺面；外墙面采用浅色涂料饰面；屋顶采用常见的彩瓦饰面屋顶；在阳台、露台和外廊处均设有花瓶栏杆，各种颜色的材料与建筑主体相结合，创造了优美的景观。通过学习本章内容，读者应该掌握绘制建筑立面图的基本方法，并能够独立完成一栋建筑的立面图的绘制。

10.1 建筑立面图绘制概述

本节简要归纳建筑立面图的概念及图示内容、命名方式及一般绘制步骤，为下一步结合实例讲解 AutoCAD 操作做准备。

10.1.1 建筑立面图概念及图示内容

立面图是用直接正投影法将建筑各个墙面进行投影所得到的正投影图。一般地，立面图上的图示内容有墙体外轮廓及内部凹凸轮廓、门窗（幕墙）、入口台阶及坡道、雨篷、窗台、窗楣、壁柱、檐口、栏杆、外露楼梯、各种线脚等。从理论上讲，立面图上所有建筑构配件的正投影图均要反映在立面图上。实际上，一些比例较小的细部可以简化或用图例来代替。如门窗的立面，可以在具有代表性的位置仔细绘制出窗扇、门扇等细节，而同类门窗则用其轮廓表示即可。在施工图中，如果门窗不是引用有关门窗图集，则其细部构造需要绘制大样图来表示，这样就可以弥补立面上的不足。

此外，当立面转折、曲折较复杂时，可以绘制展开立面图。圆形或多边形平面的建筑物，可分段展开绘制立面图。为了图示明确，在图名上均应注明"展开"二字，在转角处应准确标明轴线号。

10.1.2 建筑立面图的命名方式

建筑立面图命名目的在于能够一目了然地识别其立面的位置。因此，各种命名方式都是围绕"明确位置"这一主题来实施的。至于采取哪种方式，则因具体情况而定。

1. 以相对主入口的位置特征命名

以相对主入口的位置特征命名，则建筑立面图称为正立面图、背立面图、侧立面图。这种方式一般适应于建筑平面图方正、简单，入口位置明确的情况。

2. 以相对地理方位的特征命名

以相对地理方位的特征命名，建筑立面图常称为南立面图、北立面图、东立面图、西立面图。这种方式一般适应于建筑平面图规整、简单，而且朝向相对正南正北偏转不大的情况。

3. 以轴线编号来命名

以轴线编号来命名是指用立面起止定位轴线来命名，如①～⑥立面图、ⓔ～Ⓐ立面图等。这种方式命名准确，便于查对，特别适应于平面较复杂的情况。

根据国家标准 GB/T 50104—2001，有定位轴线的建筑物，宜根据两端定位轴线号编注立面图名称。无定位轴线的建筑物可按平面图各面的朝向确定名称。

10.1.3 建筑立面图绘制的一般步骤

从总体上来说，立面图是在平面图的基础上引出定位辅助线确定立面图纸的水平位置及大小。然后，根据高度方向的设计尺寸确定立面图纸的竖向位置及尺寸，从而绘制出一个个图纸。因此，立面图绘制的一般步骤如下。

（1）绘图环境设置。

（2）确定定位辅助线：包括墙、柱定位轴线、楼层水平定位辅助线及其他立面图纸的辅助线。

（3）立面图纸绘制：包括墙体外轮廓及内部凹凸轮廓、门窗（幕墙）、入口台阶及坡道、雨棚、窗台、窗楣、壁柱、檐口、栏杆、外露楼梯、各种线脚等内容。

（4）配景：包括植物、车辆、人物等。

（5）尺寸、文字标注。

（6）线型、线宽设置。

对上述绘制步骤，需要说明的是，并不是将所有的辅助线绘制好后才绘制图纸，而一般是由总体到局部、由粗到细，一项一项地完成。如果将所有的辅助线一次绘出，则会密密麻麻，无法分清。

10.2　别墅南立面图

首先，根据已有平面图中提供的信息绘制该立面中各主要构件的定位辅助线，确定各主要构件的位置关系；接着在已有辅助线的基础上，结合具体的标高数值绘制别墅的外墙及屋顶轮廓线；然后依次绘制台基、门窗、阳台等建筑构件的立面轮廓以及其他建筑细部；最后，添加立面标注，并对建筑表面的装饰材料和做法进行必要的文字说明。下面按照这个思路绘制别墅的南立面图，如图 10-1 所示。

图 10-1　别墅南立面图

绘制步骤如下（光盘\动画演示\第 10 章\别墅南立面图.avi）。

10.2.1　设置绘图环境

设置绘图环境是绘制任何一幅建筑图形都要进行的预备工作，这里主要创建图形文件、清理图形元素、创建图层。有些具体设置可以在绘制过程中根据需要进行设置。

别墅南立面图

1. 创建图形文件

由于建筑立面图是以已有的平面图为生成基础的，因此，在这里，不必新建图形文件，其立面图可直接借助已有的建筑平面图进行创建。具体做法如下。

打开已绘制的"别墅首层平面图.dwg"文件，选择菜单栏中的"文件"→"另存为"命令，打开"图形另存为"对话框，在"文件名"下拉列表框中输入新的图形文件名称为"别墅南立面图.dwg"，然后单击"保存"按钮，建立图形文件。

2. 清理图形元素

在平面图中，可作为立面图生成基础的图形元素只有外墙、台阶、立柱和外墙上的门窗等，而平面图中的其他元素对于立面图的绘制帮助很小，因此，有必要对平面图形进行选择性的清理。

（1）单击"默认"选项卡"修改"面板中的"删除"按钮，删除平面图中的所有室内家具、楼梯以及部分门窗图形。

（2）选择菜单栏中的"文件"→"图形实用工具"→"清理"命令，弹出"清理"对话框，如图 10-2 所示，清理图形文件中多余的图形元素。

> **要点提示** 使用"清理"命令对图形和数据内容进行清理时，要确认该元素在当前图纸中确实毫无作用，避免丢失一些有用的数据和图形元素。
>
> 对于一些暂时无法确定是否该清理的图层，可以先将其保留，仅删去该图层中无用的图形元素；或者将该图层关闭，使其保持不可见状态，待整个图形文件绘制完成后再进行选择性的清理。

经过清理后的平面图形如图 10-3 所示。

图 10-2 "清理"对话框

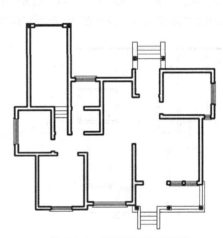

图 10-3 清理后的平面图形

3. 添加新图层

在立面图中，有一些基本图层是平面图中所没有的。因此，有必要在绘图的开始阶段对这些图层进行创建和设置。

（1）单击"默认"选项卡"图层"面板中的"图层特性"按钮，打开"图层特性管理器"对话框，创建 5 个新图层，图层名称分别为"辅助线""地坪""屋顶轮廓线""外墙轮廓线"和"烟囱"，并分别对每个新图层的属性进行设置，如图 10-4 所示。

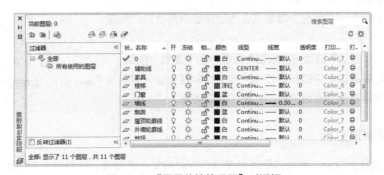

图 10-4 "图层特性管理器"对话框

（2）将清理后的平面图形转移到"辅助线"图层。

10.2.2 绘制室外地坪线与外墙定位线

绘制建筑立面图必须要绘制地坪线和外墙定位线，主要利用"直线"命令完成其绘制。

1. 绘制室外地坪线

绘制建筑的立面图时，首先要绘制一条室外地坪线。

（1）在"图层"下拉列表框中选择"地坪"图层，将其设置为当前图层。

（2）单击"默认"选项卡"绘图"面板中的"直线"按钮／，在图 10-3 所示的平面图形上方绘制一条长度为 20000mm 的水平线段，将该线段作为别墅的室外地坪线，并设置其线宽为 0.30mm，如图 10-5 所示。

2. 绘制外墙定位线

（1）在"图层"下拉列表框中选择"外墙轮廓线"图层，将其设置为当前图层。

（2）单击"默认"选项卡"绘图"面板中的"直线"按钮／，捕捉平面图形中的各外墙交点，垂直向上绘制墙线的延长线，得到立面的外墙定位线，如图 10-6 所示。

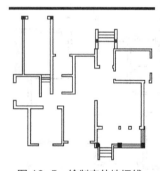

图 10-5　绘制室外地坪线

图 10-6　绘制外墙定位线

在立面图的绘制中，利用已有图形信息绘制建筑定位线是很重要的。有了水平方向和垂直方向上的双重定位，建筑外部形态就呼之欲出了。这里主要介绍如何利用平面图的信息来添加定位纵线，这种定位纵线所确定的是构件的水平位置；而该构件的垂直位置，则可结合其标高，用偏移基线的方法确定。

下面介绍如何绘制建筑立面的定位纵线。

（1）在"图层"下拉列表框中，选择定位对象所属图层，将其设置为当前图层（例如，当定位门窗位置时，应先将"门窗"图层设为当前图层，然后在该图层中绘制具体的门窗定位线）。

（2）单击"默认"选项卡"绘图"面板中的"直线"按钮／，捕捉平面基础图形中的各定位点，向上绘制延长线，得到与水平方向垂直的立面定位线，如图 10-7 所示。

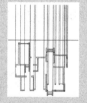

图 10-7　由平面图生成立面定位线

10.2.3 绘制屋顶立面

别墅屋顶形式较为复杂，是由多个坡屋顶组合而成的复合式屋顶。在绘制屋顶立面时，要引入屋顶平面图，作为分析和定位的基准。

操作步骤如下。

1. 引入屋顶平面

（1）单击"快速访问"工具栏中的"打开"按钮 🗁，在弹出的"选择文件"对话框中选择已经绘制的"别墅屋顶平面图.dwg"文件并将其打开。

（2）在打开的图形文件中选取屋顶平面图形，并将其复制；然后返回立面图绘制区域，将已复制的屋顶平面图形粘贴到首层平面图的对应位置。

（3）在"图层"下拉列表框中选择"辅助线"图层，将其关闭，如图 10-8 所示。

2. 绘制屋顶轮廓线

（1）在"图层"下拉列表框中选择"屋顶轮廓线"图层，将其设置为当前图层，然后将屋顶平面图形转移到当前图层。

（2）单击"默认"选项卡"修改"面板中的"偏移"按钮 ⊆，将室外地坪线向上偏移，偏移量为 8600mm，得到屋顶最高处平脊的位置，如图 10-9 所示。

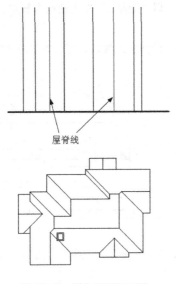

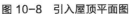

图 10-8 引入屋顶平面图

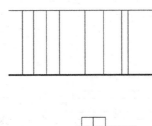

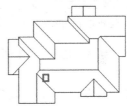

图 10-9 绘制屋顶平脊定位线

（3）单击"默认"选项卡"绘图"面板中的"直线"按钮 ／，由屋顶平面图形向立面图中引绘屋顶定位辅助线，然后单击"默认"选项卡"修改"面板中的"修剪"按钮 -/--，结合定位辅助线修剪图 10-10 所示的平脊定位线，得到屋顶平脊线条。

（4）单击"默认"选项卡"绘图"面板中的"直线"按钮 ／，以屋顶最高处平脊线的两侧端点为起点，分别向两侧斜下方绘制垂脊，使每条垂脊与水平方向的夹角均为 30°。

（5）分析屋顶关系，并结合得到的屋脊交点，确定屋顶立面轮廓，如图 10-10 所示。

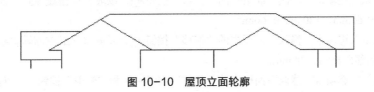

图 10-10 屋顶立面轮廓

3．绘制屋顶细部

（1）双坡顶的平脊与立面垂直时

此种情况下双坡屋顶细部绘制方法如下（以左边数第二个屋顶为例）。

① 单击"默认"选项卡"修改"面板中的"偏移"按钮 ，以坡屋顶左侧垂脊为基准线，连续向右连续偏移，偏移量依次为 35mm、165mm、25mm 和 125mm。

② 绘制檐口线脚。具体绘制方法如下。

a．单击"默认"选项卡"绘图"面板中的"矩形"按钮 ，自上而下依次绘制"矩形 1""矩形 2""矩形 3"和"矩形 4"，4 个矩形的尺寸分别为 810mm×120mm、1050mm×60mm、930mm×120mm 和 810mm×60mm。

b．单击"默认"选项卡"修改"面板中的"移动"按钮 ，调整 4 个矩形的位置关系，如图 10-11 所示。

c．选择"矩形 1"图形，单击其右上角点，将该点激活（此时，该点呈红色），将鼠标水平向左移动，在命令行中输入"80"后，按 Enter 键，完成拉伸操作；按照同样方法，将"矩形 3"的左上角点激活，并将其水平向左拉伸120mm，如图 10-12 所示。

d．单击"默认"选项卡"修改"面板中的"移动"按钮 ，以"矩形 2"左上角点为基点，将拉伸后所得图形移动到屋顶左侧垂脊下端。

e．单击"默认"选项卡"修改"面板中的"修剪"按钮 ，修剪多余线条，完成檐口线脚的绘制，如图 10-13 所示。

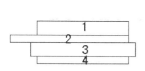

图 10-11 绘制 4 个矩形

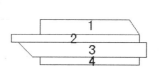

图 10-12 将矩形拉伸得到梯形

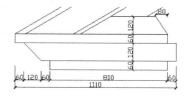

图 10-13 檐口线脚

③ 单击"默认"选项卡"绘图"面板中的"直线"按钮 ，以该双坡屋顶的最高点为起点，绘制一条垂直辅助线。

④ 单击"默认"选项卡"修改"面板中的"镜像"按钮 ，将绘制的屋顶左半部分选中，作为镜像对象，以绘制的垂直辅助线为对称轴，通过镜像操作（不删除源对象）绘制屋顶的右半部分。

⑤ 单击"默认"选项卡"修改"面板中的"修剪"按钮 ，修整多余线条，得到该坡屋顶立面图形，如图 10-14 所示。

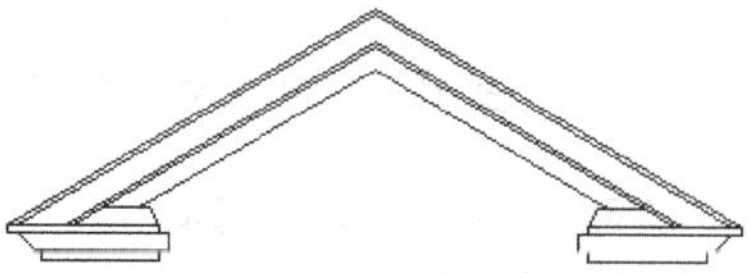

（2）双坡顶的平脊与立面垂直时

此种情况下坡屋顶细部绘制方法如下（以左边第一个屋顶为例）。

① 单击"默认"选项卡"修改"面板中的"偏移"按钮 ，将坡屋顶最左侧垂脊线向右偏移，偏移量为 100mm，向上偏移该坡屋顶平脊线，偏移距离为 60mm。

② 单击"默认"选项卡"修改"面板中的"偏移"按钮 ，以坡屋顶檐线为基准线，向下方连续偏移，偏移量依次为 60mm、120mm 和 60mm。

③ 单击"默认"选项卡"修改"面板中的"偏移"按钮 ，以坡屋顶最左侧垂脊线为基准线，向右连续偏移，每次偏移距离均为 80mm。

④ 单击"默认"选项卡"修改"面板中的"延伸"按钮 和"修剪"按钮 ，对已有线条进行修

图 10-14 坡屋顶立面 A

整，得到该坡屋顶的立面图形，如图 10-15 所示。

按照上面介绍的两种坡屋顶立面的画法，绘制其余的屋顶立面，绘制结果如图 10-16 所示。

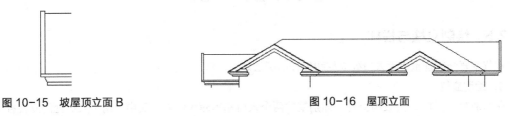

图 10-15 坡屋顶立面 B   图 10-16 屋顶立面

10.2.4 绘制台基与台阶

台基和台阶的绘制方法很简单，都是通过偏移基线来完成的。下面分别介绍这两种构件的绘制方法。

1. 绘制台基与勒脚

（1）在"图层"下拉列表框中将"屋顶轮廓线"图层暂时关闭，并将"辅助线"图层重新打开，然后选择"台阶"图层，将其设置为当前图层。

（2）单击"默认"选项卡"修改"面板中的"偏移"按钮 ，将室外地坪线向上偏移，偏移量为 600mm，得到台基线；然后将台基线继续向上偏移，偏移量为 120mm，得到"勒脚线 1"。

（3）再次单击"默认"选项卡"修改"面板中的"偏移"按钮 ，将前面所绘的各条外墙定位线分别向墙体外侧偏移，偏移量为 60mm，然后单击"默认"选项卡"修改"面板中的"修剪"按钮 ，修剪过长的墙线和台基线，如图 10-17 所示。

图 10-17 绘制台基

（4）按上述方法，绘制台基上方"勒脚线 2"，勒脚高度为 80mm，与外墙面之间的距离为 30mm，如图 10-18 所示。

图 10-18 绘制勒脚

2. 绘制台阶

（1）在"图层"下拉列表框中选择"台阶"图层，将其设置为当前图层。

（2）单击"默认"选项卡"修改"面板中的"矩形阵列"按钮 ，输入行数为 5，列数为 1，行间距为 150mm，选择室外地坪线为阵列对象，完成阵列操作。

（3）单击"默认"选项卡"修改"面板中的"修剪"按钮 ，结合台阶两侧的定位辅助线，对台阶线条进行修剪，得到台阶图形，如图 10-19 所示。

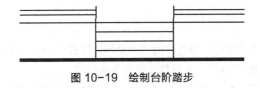

图 10-19 绘制台阶踏步

图 10-20 所示为绘制完成的台基和台阶立面。

图 10-20　别墅台基与台阶

10.2.5　绘制立柱与栏杆

本节主要介绍别墅南面入口处立柱和栏杆的画法。

1. 绘制立柱

在本别墅中，有 3 处设有立柱，即别墅的两个入口和车库大门处。其中，两个入口处的立柱样式和尺寸都是完全相同的；而车库柱尺寸较大，在外观样式上也略有不同。

（1）在"图层"下拉列表框中选择"立柱"图层，将其设置为当前图层。

（2）绘制柱基。立柱的柱基由一个矩形和一个梯形组成，设置矩形宽 320mm，高 840mm；梯形上端宽 240mm，下端宽 320mm，高 60mm。

① 单击"默认"选项卡"绘图"面板中的"矩形"按钮▢，绘制一个 320mm×840mm 的矩形。

② 单击"默认"选项卡"绘图"面板中的"直线"按钮╱，绘制直线。

③ 单击"默认"选项卡"修改"面板中的"镜像"按钮⚊，镜像部分梯形，绘制结果如图 10-21 所示。

（3）绘制柱身。立柱柱身立面为矩形，宽 240mm，高 1350mm。单击"默认"选项卡"绘图"面板中的"矩形"按钮▢，绘制矩形柱身。

（4）绘制柱头。立柱柱头由 4 个矩形和一个梯形组成，如图 10-22 所示。其绘制方法可参考柱基画法。

将柱基、柱身和柱头组合，得到完整的立柱立面，如图 10-23 所示。

　图 10-21　柱基　　　　　　　图 10-22　柱头　　　　　　图 10-23　立柱立面

① 单击"插入"选项卡"块定义"面板中的"创建块"按钮▱，将所绘立柱图形定义为图块，命名为"立柱立面 1"，并选择立柱基底中点作为插入点。

② 单击"插入"选项卡"块"面板中的"插入块"按钮▱，结合立柱定位辅助线，将立柱图块插入立面图中相应位置，然后单击"默认"选项卡"修改"面板中的"修剪"按钮╱⋯，修剪多余线条，如图 10-24 所示。

2. 绘制栏杆

（1）单击"默认"选项卡"图层"面板中的"图层特性"按钮▤，打开"图层特性管理器"窗口，创建新图层，将新图层命名为"栏杆"，并将其设置为当前图层。

（2）绘制水平扶手。扶手高度为 100mm，其上表面距室外地坪线高度差为 1470mm。

① 单击"默认"选项卡"修改"面板中的"偏移"按钮▱，向上连续 3 次偏移室外地坪线，偏移量

依次为 1350mm、20mm 和 100mm，得到水平扶手定位线。

② 单击"默认"选项卡"修改"面板中的"修剪"按钮-/---，修剪水平扶手线条，如图 10-24 所示。

（3）按上述方法和数据，结合栏杆定位纵线，绘制台阶两侧栏杆扶手，如图 10-25 所示。

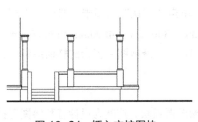

图 10-24　插入立柱图块

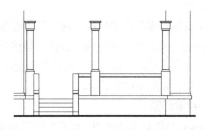

图 10-25　绘制栏杆扶手

（4）单击"快速访问"工具栏中的"打开"按钮👜，在弹出的"选择文件"对话框中选择"光盘：源文件\AutoCAD\图库"路径，找到"CAD 图库.dwg"文件并将其打开。

（5）在名称为"装饰"的一栏中，选择名称为"花瓶栏杆"的图形模块，如图 10-26 所示；选择菜单栏中的"编辑"→"带基点复制"命令，将花瓶栏杆复制，然后返回立面图绘图区域，在水平扶手右端的下方位置插入第一根栏杆图形。

（6）单击"默认"选项卡"修改"面板中"矩形阵列"按钮🔡，选取已插入的第一根花瓶栏杆作为"阵列对象"，并设置行数为 1，列数为 8，列间距为 250，完成阵列操作。

（7）单击"插入"选项卡"块"面板中的"插入块"按钮🔩，绘制其余位置的花瓶栏杆，如图 10-27 所示。

图 10-26　花瓶栏杆

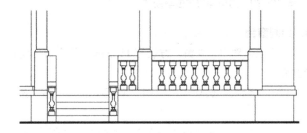

图 10-27　立柱与栏杆

10.2.6　绘制立面门窗

门和窗是建筑立面中的重要构件，在建筑立面的设计和绘制中，选用适合的门窗样式，可以使建筑的外观形象更加生动、更富于表现力。

在本别墅中，建筑门窗大多为平开式，还有少量百叶窗，主要起透气通风的作用，如图 10-28 所示。

图 10-28　立面门窗

1. 绘制门窗洞口

（1）在"图层"下拉列表框中选择"门窗"图层，将其设置为当前图层。

（2）单击"默认"选项卡"绘图"面板中的"直线"按钮／，绘制立面门窗洞口的定位辅助线，如图 10-29 所示。

（3）根据门窗洞口的标高，确定洞口垂直位置和高度。单击"默认"选项卡"修改"面板中的"偏移"按钮　，将室外地坪线向上偏移，偏移量依次为 1500mm、3000mm、4800mm 和 6300mm。

（4）单击"默认"选项卡"修改"面板中的"修剪"按钮－/－，修剪图中多余的辅助线条，完成门窗洞口的绘制，如图 10-30 所示。

2. 绘制门窗

在 AutoCAD 建筑图库中，通常会有许多类型的立面门窗图形模块，这就为设计者和绘图者提供了更多的选择空间，也大量地节省了绘图的时间。

绘图者可以在图库中根据自己的需要找到合适的门窗图形模块，然后运用"复制""粘贴"等命令，将其添加到立面图中相应的门窗洞口位置。

具体绘制步骤可参考前面章节中介绍的图库使用方法。

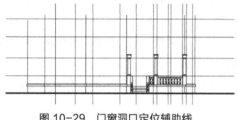

图 10-29　门窗洞口定位辅助线

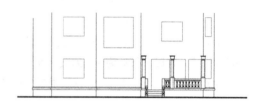

图 10-30　立面门窗洞口

3. 绘制窗台

在本别墅立面图中，外窗下方设有 150mm 高的窗台。因此，外窗立面的绘制完成后，还要在窗下添加窗台立面。

（1）单击"默认"选项卡"绘图"面板中的"矩形"按钮□，绘制尺寸为 1000mm×150mm 的矩形。

（2）单击"插入"选项卡"块定义"面板中的"创建块"按钮　，将该矩形定义为"窗台立面"图块，将矩形上侧长边中点设置为基点。

（3）单击"插入"选项卡"块"面板中的"插入块"按钮　，打开"插入"对话框，在"名称"下拉列表框中选择"窗台立面"，根据实际需要设置 x 方向的比例数值，然后单击"确定"按钮，点选窗洞下端中点作为插入点，插入窗台图块。

绘制结果如图 10-31 所示。

4. 绘制百叶窗

（1）单击"默认"选项卡"绘图"面板中的"直线"按钮／，以别墅二层外窗的窗台下端中点为起点，向上绘制一条长度为 2410mm 的垂直线段。

（2）单击"默认"选项卡"绘图"面板中的"圆"按钮　，以线段上端点为圆心，绘制半径为 240mm 的圆。

（3）单击"默认"选项卡"修改"面板中的"偏移"按钮　，将所得的圆形向外偏移 50mm，得到宽度为 50mm 的环形窗框。

（4）单击"默认"选项卡"绘图"面板中的"图案填充"按钮　，弹出"图案填充创建"选项卡，在图案列表中选择"LINE"作为填充图案，输入填充比例为"500"，选择内部较小的圆为填充对象，完成图案填充操作。

（5）单击"默认"选项卡"修改"面板中的"删除"按钮✐，删除垂直辅助线。

绘制的百叶窗图形如图 10-32 所示。

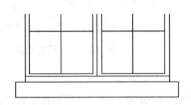

图 10-31　绘制窗台

图 10-32　绘制百叶窗

10.2.7　绘制其他建筑构件

在本图中其他建筑构件的绘制主要包括阳台、烟囱、雨篷、外墙面贴石的绘制。

1. 绘制阳台

（1）在"图层"下拉列表框中选择"阳台"图层，将其设置为当前图层。

（2）单击"默认"选项卡"绘图"面板中的"直线"按钮╱，由阳台平面向立面图引定位纵线。

（3）阳台底面标高为 3140mm。单击"默认"选项卡"修改"面板中的"偏移"按钮⇄，将室外地坪线向上偏移，偏移量为 3740mm，然后单击"默认"选项卡"修改"面板中的"修剪"按钮⊱，参照定位纵线修剪偏移线，得到阳台底面基线。

（4）绘制栏杆。具体绘制方法如下。

① 在"图层"下拉列表框中选择"栏杆"图层，将其设置为当前图层。

② 单击"默认"选项卡"修改"面板中的"偏移"按钮⇄，将阳台底面基线向上连续偏移两次，偏移量分别为 150mm 和 120mm，得到栏杆基座。

③ 单击"插入"选项卡"块"面板中的"插入块"按钮🗔，在基座上方插入第一根栏杆图形，且栏杆中轴线与阳台右侧边线的水平距离为 180mm。

④ 单击"默认"选项卡"修改"面板中的"矩形阵列"按钮▦，得到一组栏杆，相邻栏杆中心间距为 250mm，如图 10-33 所示。

（5）在栏杆上添加扶手，扶手高度为 100mm，扶手与栏杆之间垫层厚度为 20mm，绘制的阳台立面如图 10-33 所示。

2. 绘制烟囱

烟囱的立面形状很简单，它是由 4 个大小不一但垂直中轴线都在同一直线上的矩形组成的。

（1）在"图层"下拉列表框中选择"屋顶轮廓线"图层，将其打开，使其保持为可见状态，然后选择"烟囱"图层，将其设置为当前图层。

（2）单击"默认"选项卡"绘图"面板中的"矩形"按钮▭，由上至下依次绘制 4 个矩形，矩形尺寸分别为 750mm×450mm、860mm×150mm、780mm×40mm 和 750mm×1965mm。

（3）将绘得的 4 个矩形组合在一起，并将组合后的图形插入到立面图中相应的位置（该位置可由定位纵线结合烟囱的标高确定）。

（4）单击"默认"选项卡"修改"面板中的"修剪"按钮⊱，修剪多余的线条，得到图 10-34 所示的烟囱立面。

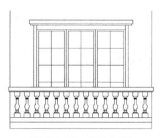

图 10-33　阳台立面

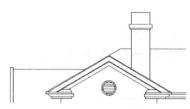

图 10-34　烟囱立面

3．绘制雨篷

（1）单击"默认"选项卡"图层"面板中的"图层特性"按钮，打开"图层特性管理器"对话框，创建新图层，将新图层命名为"雨篷"，并将其设置为当前图层。

（2）单击"默认"选项卡"绘图"面板中的"直线"按钮，以阳台底面基线的左端点为起点，向左下方绘制一条与水平方向夹角为 30°的线段。

（3）结合标高，绘出雨篷檐口定位线以及雨篷与外墙水平交线位置。

（4）参考四坡屋顶檐口样式绘制雨篷檐口线脚。

（5）单击"默认"选项卡"修改"面板中的"镜像"按钮，生成雨篷右侧垂脊与檐口（参见坡屋顶画法）。

（6）雨篷上部有一段短纵墙，其立面形状由两个矩形组成，上面的矩形尺寸为 340mm×810mm，下面的矩形尺寸为 240mm×100mm。单击"默认"选项卡"绘图"面板中的"矩形"按钮，依次绘制这两个矩形。

绘制的雨篷立面如图 10-35 所示。

4．绘制外墙面贴石

别墅外墙转角处均贴有石材装饰，由两种大小不同的矩形石上下交替排列。

（1）单击"默认"选项卡"图层"面板中的"图层特性"按钮，打开"图层特性管理器"对话框，创建新图层，将新图层命名为"墙贴石"，并将其设置为当前图层。

（2）单击"默认"选项卡"绘图"面板中的"矩形"按钮，绘制两个矩形，其尺寸分别为 250mm×250mm 和 350mm×250mm。然后单击"默认"选项卡"修改"面板中的"移动"按钮，使两个矩形的左侧边保持上下对齐，两个矩形之间的垂直距离为 20mm，如图 10-36 所示。

（3）单击"默认"选项卡"修改"面板中的"矩形阵列"按钮，选择图 10-36 中所示的图形为阵列对象，输入行数为 10，列数为 1，行间距为-540，完成阵列操作。

图 10-35　雨篷立面

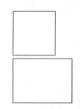

图 10-36　贴石单元

（4）单击"默认"选项卡"修改"面板中的"移动"按钮，将阵列后得到的一组贴石图形移动到图形适当位置。

（5）单击"默认"选项卡"修改"面板中的"复制"按钮，在立面图中每个外墙转角处放置"贴石组"图形，如图 10-37 所示。

图 10-37　外墙面贴石

10.2.8　立面标注

在绘制别墅的立面图时，通常要将建筑外表面基本构件的材料和做法用图形填充的方式表示出来，并配以文字说明；在建筑立面的一些重要位置应绘制立面标高。

1．立面材料做法标注

下面以台基为例，介绍如何在立面图中表示建筑构件的材料和做法。

（1）在"图层"下拉列表框中选择"台阶"图层，将其设置为当前图层。

（2）单击"默认"选项卡"绘图"面板中的"图案填充"按钮，打开"图案填充创建"选项卡，选择"AR-BRELM"作为填充图案；填充"角度"为 0，"比例"为 4；拾取填充区域内一点，按 Enter 键，完成图案的填充。填充结果如图 10-38 所示。

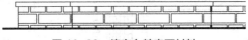

图 10-38　填充台基表面材料

（3）在"图层"下拉列表框中选择"文字"图层，将其设置为当前图层。

（4）在命令行中输入"QLEADER"命令，箭头形式为"点"；以台基立面的内部点为起点，绘制水平引线。

（5）单击"默认"选项卡"注释"面板中的"多行文字"按钮A，在引线左端添加文字，设置文字高度为 250mm，输入文字内容为"毛石基座"，如图 10-39 所示。

2．立面标高

（1）在"图层"下拉列表框中选择"标注"图层，将其设置为当前图层。

（2）单击"插入"选项卡"块"面板中的"插入块"按钮，在立面图中的相应位置插入标高符号。

（3）单击"默认"选项卡"注释"面板中的"多行文字"按钮A，在标高符号上方添加相应的标高数值。

别墅室内外地坪面标高如图 10-40 所示。

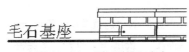

图 10-39　添加引线和文字

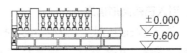

图 10-40　室内外地坪面标高

10.2.9　清理多余图形元素

在绘制整个图形的过程中，会绘制一些辅助图形和辅助线以及图块等，图形绘制完成后，需要将其清理掉。

操作步骤如下。

（1）单击"默认"选项卡"修改"面板中的"删除"按钮 ✐，将图中作为参考的平面图和其他辅助线进行删除。

（2）选择菜单栏中的"文件"→"图形实用工具"→"清理"命令，弹出"清理"对话框。在该对话框中选择无用的数据内容，单击"全部清理"按钮进行清理。

（3）单击"快速访问"工具栏中的"保存"按钮 🖫，保存图形文件，完成别墅南立面图的绘制。

10.3 别墅西立面图

首先根据已有的别墅平面图和南立面图画出别墅西立面中各主要构件的水平和垂直定位辅助线；然后通过定位辅助线绘出外墙和屋顶轮廓；接着绘制门窗以及其他建筑细部；最后，在绘制的立面图形中添加标注和文字说明，并清理多余的图形线条。下面按照这个思路绘制别墅的西立面图，如图 10-41 所示。

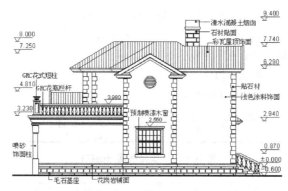

图 10-41 别墅西立面图

绘制步骤如下（光盘\动画演示\第 10 章\别墅西立面图.avi）。

10.3.1 设置绘图环境

绘图环境的设置是绘制建筑图之前必不可缺少的准备工作，在这里包括创建图形文件、引入已知图形信息、清理图形元素。

别墅西立面图

1. 创建图形文件

打开已绘制的"别墅南立面图.dwg"文件，选择菜单栏中的"文件"→"另存为"命令，打开"图形另存为"对话框，在"文件名"下拉列表框中输入新的图形文件名称为"别墅西立面图.dwg"，单击"保存"按钮，建立图形文件。

2. 引入已知图形信息

（1）单击"快速访问"工具栏中的"打开"按钮 ☞，打开已绘制的"别墅首层平面图.dwg"文件。在该图形文件中，单击"默认"选项卡"图层"面板中的"图层特性"按钮 ⛁，打开"图层特性管理器"窗口，关闭除"墙体""门窗""台阶"和"立柱"以外的其他图层；然后选择现有可见的平面图形进行复制。

（2）返回"别墅西立面图.dwg"的绘图界面，将复制的平面图形粘贴到已有的立面图形右上方区域。

（3）单击"默认"选项卡"修改"面板中的"旋转"按钮 ⟳，将平面图形旋转 90°。

引入立面和平面图形的相对位置如图 10-42 所示，虚线矩形框内为别墅西立面图的基本绘制区域。

图 10-42　引入已有的立面和平面图形

3．清理图形元素

（1）选择菜单栏中的"文件"→"图形实用工具"→"清理"命令，在弹出的"清理"对话框中，清理图形文件中多余的图形元素。

（2）单击"默认"选项卡"图层"面板中的"图层特性"按钮，打开"图层特性管理器"窗口，创建两个新图层，分别命名为"辅助线 1"和"辅助线 2"。

（3）在绘图区域中，选择已有立面图形，将其移动到"辅助线 1"图层；选择平面图形，将其移动到"辅助线 2"图层。

10.3.2　绘制地坪线和外墙、屋顶轮廓线

地坪线、外墙以及屋顶轮廓线组成了立面图的基本外轮廓形状，基本轮廓的尺寸和位置对后面细节绘制的影响很大，一定要谨慎绘制。

1．绘制室外地坪线

（1）在"图层"下拉列表框中选择"地坪"图层，将其设置为当前图层，并设置该图层线宽为 0.30mm。

（2）单击"默认"选项卡"绘图"面板中的"直线"按钮，在南立面图中的室外地坪线的右侧延长线上绘制一条长度为 20000mm 的线段，作为别墅西立面的室外地坪线。

2．绘制外墙定位线

（1）在"图层"下拉列表框中选择"外墙轮廓线"图层，将其设置为当前图层。

（2）单击"默认"选项卡"绘图"面板中的"直线"按钮，捕捉平面图形中的各外墙交点，向下绘制垂直延长线，得到墙体定位线，如图 10-43 所示。

3．绘制屋顶轮廓线

（1）在平面图形的相应位置，引入别墅的屋顶平面图（具体做法参考前面介绍的平面图引入过程）。

（2）单击"默认"选项卡"图层"面板中的"图层特性"按钮，打开"图层特性管理器"对话框，创建新图层，将其命名为"辅助线 3"；然后将屋顶平面图转移到"辅助线 3"图层，关闭"辅助线 2"图层，并将"屋顶轮廓线"图层设置为当前图层。

（3）单击"默认"选项卡"绘图"面板中的"直线"按钮，由屋顶平面图和南立面图分别向所绘的西立面图引垂直和水平方向的屋顶定位辅助线，结合这两个方向的辅助线确定立面屋顶轮廓。

（4）绘制屋顶檐口及细部。

（5）单击"默认"选项卡"修改"面板中的"修剪"按钮，根据屋顶轮廓线对外墙线进行修整，完成绘制。

绘制结果如图 10-44 所示。

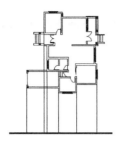

图 10-43　绘制室外地坪线与外墙定位线

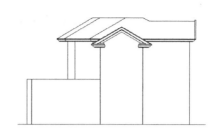

图 10-44　绘制屋顶及外墙轮廓线

10.3.3　绘制台基和立柱

台基和立柱的绘制方法和 10.2.4 节的绘制方法大致相同。

1. 绘制台基

台基的绘制可以采用以下两种方法。

- 利用偏移室外地坪线的方法绘制水平台基线。
- 根据已有的平面和立面图形，依靠定位辅助线，确定台基轮廓。

绘制结果如图 10-45 所示。

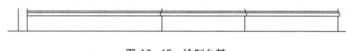

图 10-45　绘制台基

2. 绘制立柱

在本图中有 3 处立柱，其中两入口处立柱尺度较小，而车库立柱则尺度更大些。此处仅介绍车库立柱的绘制方法。

（1）在"图层"下拉列表框中选择"立柱"图层，将其设置为当前图层。

（2）绘制柱基。柱基由一个矩形和一个梯形组成，其中矩形宽 400mm、高 1050mm；梯形上端宽 320mm、下端宽 400mm、高为 50mm。单击"默认"选项卡"绘图"面板中的"矩形"按钮▢和"修改"面板中的"拉伸"按钮，绘制柱基立面。

（3）绘制柱身。柱身立面为矩形宽 320mm、高 1600mm。单击"默认"选项卡"绘图"面板中的"矩形"按钮▢，绘制矩形柱身立面。

（4）绘制柱头。立柱柱头由 4 个矩形和一个梯形组成，单击"默认"选项卡"绘图"面板中的"矩形"按钮▢和"修改"面板中的"拉伸"按钮，绘制柱头立面。

（5）将柱基、柱身和柱头组合，得到完整的立柱立面，如图 10-46 所示。

（6）单击"插入"选项卡"块定义"面板中的"创建块"按钮，将所绘立柱立面定义为图块，命名为"车库立柱"，选择柱基下端中点为图块插入点。

（7）结合绘制的立柱定位辅助线，将立柱图块插入立面图相应位置。

3. 绘制柱顶檐部

（1）单击"默认"选项卡"绘图"面板中的"直线"按钮，绘制柱顶水平延长线。

（2）单击"默认"选项卡"修改"面板中的"偏移"按钮，将绘得的延长线向上连续偏移，偏移量依次为 50mm、40mm、20mm、220mm、30mm、40mm、50mm 和 100mm。

（3）单击"默认"选项卡"绘图"面板中的"直线"按钮，绘制柱头左侧边线的延长线，单击"默认"选项卡"修改"面板中的"偏移"按钮，和"绘图"工具栏中的"样条曲线拟合"按钮，进一步绘制檐口线脚。

（4）单击"默认"选项卡"修改"面板中的"修剪"按钮 -/--，修剪多余线条。

绘制结果如图 10-47 所示。

图 10-46　车库立柱　　　　　　　　　　　　图 10-47　柱顶檐部

10.3.4　绘制雨篷、台阶与露台

在西立面图中，有可以看到的雨篷、台阶和露台，有必要将其绘制出来。

1．绘制入口雨篷

（1）在"图层"下拉列表框中选择"雨篷"图层，将其设置为当前图层。

（2）结合平面图和雨篷标高确定雨篷位置，即雨篷檐口距地坪线垂直距离为 3300mm，且雨篷可见伸出长度为 220mm。

（3）从左侧南立面图中选择雨篷右檐部分，进行复制，并选择其最右侧端点为复制的基点，将其粘贴到西立面图中已确定的雨篷位置。

（4）单击"默认"选项卡"修改"面板中的"修剪"按钮 -/--，对多余线条进行修剪，完成雨篷的绘制，如图 10-48 所示。

按照同样的方法绘制北侧雨篷，如图 10-49 所示。

2．绘制台阶侧立面

此处台阶指的是别墅南面入口处的台阶，台阶共 4 级踏步，两侧有花瓶栏杆。在西立面图中，该台阶侧面可见，如图 10-50 所示。因此，这里介绍的是台阶侧立面的绘制方法。

图 10-48　南侧雨篷　　　　　　图 10-49　北侧雨篷　　　　　　图 10-50　台阶与栏杆

（1）在"图层"下拉列表框中选择"台阶"图层，将其设置为当前图层。

（2）单击"默认"选项卡"绘图"面板中的"直线"按钮 ／ 和"修改"面板中的"偏移"按钮 ⬚，结合由平面图引入的定位辅助线，绘制台阶踏步侧面，如图 10-51 所示。

（3）单击"默认"选项卡"绘图"面板中的"直线"按钮╱，在每级踏步上方绘制宽 300mm、高 150mm 的栏杆基座，然后单击"默认"选项卡"修改"面板中的"修剪"按钮-/--，修剪基座线条，如图 10-52 所示。

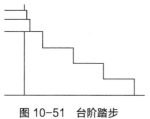

图 10-51　台阶踏步

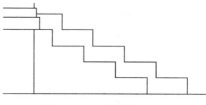

图 10-52　栏杆基座

（4）单击"插入"选项卡"块定义"面板中的"创建块"按钮，在"名称"下拉菜单中选择"花瓶栏杆"，在栏杆基座上插入花瓶栏杆。

（5）单击"默认"选项卡"绘图"面板中的"直线"按钮╱，连接每根栏杆的右上角端点，得到扶手基线。

（6）单击"默认"选项卡"修改"面板中的"偏移"按钮，将扶手基线连续向上偏移两次，偏移量分别为 20mm 和 100mm。

（7）单击"默认"选项卡"修改"面板中的"修剪"按钮-/--，对多余的线条进行整理，完成台阶和栏杆的绘制，如图 10-50 所示。

3. 绘制露台

车库上方为开敞露台，周围设有花瓶栏杆，角上立花式短柱，如图 10-53 所示。

（1）在"图层"下拉列表框中选择"露台"图层，将其设置为当前图层。

（2）绘制底座。单击"默认"选项卡"修改"面板中的"偏移"按钮，将车库檐部顶面水平线向上偏移，偏移量为 30mm，作为栏杆底座。

（3）绘制栏杆。具体绘制方法如下。

① 单击"插入"选项卡"块"面板中的"插入块"按钮，在"名称"下拉菜单中选择"花瓶栏杆"，在露台最右侧距离别墅外墙 150mm 处，插入第一根花瓶栏杆。

② 单击"默认"选项卡"修改"面板中的"矩形阵列"按钮，设置行数为"1"、列数为"22"、列间距为"-250"，并在图中选取第①步插入的花瓶栏杆作为阵列对象。然后单击"确定"按钮，完成一组花瓶栏杆的绘制。

（4）绘制扶手。单击"默认"选项卡"修改"面板中的"偏移"按钮，将栏杆底座基线向上连续偏移，偏移量分别为 630mm、20mm 和 100mm。

（5）绘制短柱。打开 CAD 图库，在图库中选择"花式短柱"图形模块，如图 10-54 所示。对该图形模块进行适当尺度调整后，将其插入露台栏杆左侧位置，完成露台立面的绘制。

图 10-53　露台立面

图 10-54　花式短柱

10.3.5 绘制门窗

在别墅西立面中,需要绘制的可见门窗有两处:一处为 1800mm×1800mm 的矩形木质旋窗,如图 10-55 所示;另一处为直径 800mm 的百叶窗,如图 10-56 所示。

图 10-55　1800mm×1800mm 的矩形木质旋窗　　　　图 10-56　直径 800mm 的百叶窗

绘制立面门窗的方法在前面已经有详尽的介绍,在这里不再详细叙述每一个绘制细节,只介绍立面门窗绘制的一般步骤。

(1)通过已有平面图形绘制门窗洞口定位辅助线,确立门窗洞口位置。

(2)打开 CAD 图库,选择合适的门窗图形模块进行复制,将其粘贴到立面图中相应的门窗洞口位置。

(3)删除门窗洞口定位辅助线。

(4)在外窗下方绘制矩形窗台,完成门窗绘制。

别墅西立面门窗绘制结果如图 10-57 所示。

图 10-57　绘制西立面门窗

10.3.6 绘制其他建筑细部

最后绘制建筑细节部分,烟囱、外墙面贴石等。

1. 绘制烟囱

在别墅西立面图中,烟囱的立面外形仍然是由 4 个大小不一但垂直中轴线都在同一直线上的矩形组成的,但由于观察方向的变化,烟囱可见面的宽度与南立面图中有所不同。

(1)在"图层"下拉列表框中选择"烟囱"图层,将其设置为当前图层。

(2)单击"默认"选项卡"绘图"面板中的"矩形"按钮▭,绘制 4 个矩形,矩形尺寸由上至下依次为 900mm×450mm、1010mm×150mm、930mm×40mm 和 900mm×1020mm。

(3)将 4 个矩形连续组合起来,使它们的垂直中轴线都在同一条直线上。

(4)绘制定位线确定烟囱位置,然后将所绘烟囱图形插入立面图,如图 10-58 所示。

2. 绘制外墙面贴石

(1)在"图层"下拉列表框中选择"墙贴石"图层,将其设置为当前图层。

（2）单击"插入"选项卡"块"面板中的"插入块"按钮，在立面图中每个外墙转角处插入"贴石组"图块，如图 10-59 所示。

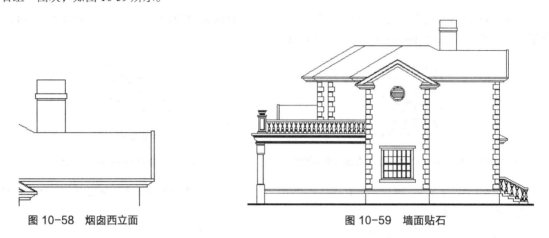

图 10-58　烟囱西立面　　　　　　　　　　图 10-59　墙面贴石

10.3.7　立面标注

在本立面图中，文字和标高的样式依然沿用南立面图中所使用的样式，标注方法也与前面介绍的基本相同。

1. 立面材料做法标注

（1）单击"默认"选项卡"绘图"面板中的"图案填充"按钮，用不同图案填充效果表示建筑立面各部分材料和做法。

（2）在命令行中输入"QLEADER"命令，绘制标注引线。

（3）单击"默认"选项卡"注释"面板中的"多行文字"按钮A，在引线一端添加文字说明。

2. 立面标高

（1）在"图层"下拉列表框中选择"标注"图层，将其设置为当前图层。

（2）单击"插入"选项卡"块"面板中的"插入块"按钮，在立面图中的相应位置插入标高符号。

（3）单击"默认"选项卡"注释"面板中的"多行文字"按钮A，在标高符号上方添加相应标高数值，如图 10-60 所示。

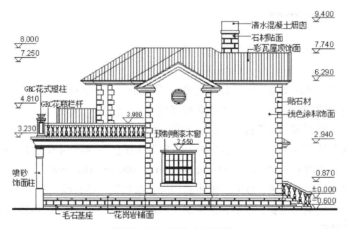

图 10-60　添加立面标注

10.3.8 清理多余图形元素

在绘制整个图形的过程中，会绘制一些辅助图形和辅助线以及图块等，图形绘制完成后，需要将其清理掉。

（1）单击"默认"选项卡"修改"面板中的"删除"按钮 ✐，将图中作为参考的平、立面图形和其他辅助线删除。

（2）选择菜单栏中的"文件"→"图形实用工具"→"清理"命令，弹出"清理"对话框。在该对话框中选择无用的数据和图形元素，单击"全部清理"按钮进行清理。

（3）单击"快速访问"工具栏中的"保存"按钮 🖫，保存图形文件，完成别墅西立面图的绘制。

10.4 别墅东立面图和北立面图

图 10-61 和图 10-62 所示分别为别墅的东、北立面图。读者可参考前面介绍的建筑立面图绘制方法，绘制这两个方向的立面图。

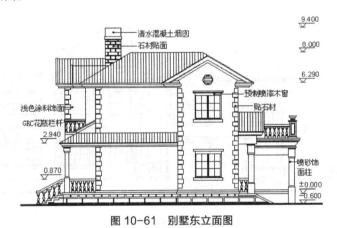

图 10-61 别墅东立面图

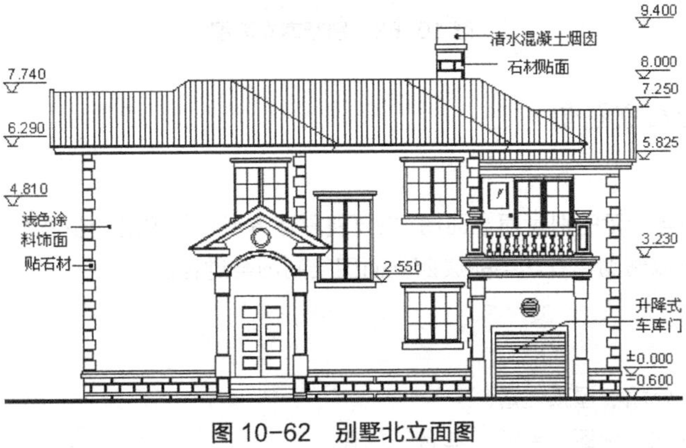

图 10-62 别墅北立面图

10.5 操作与实践

通过前面的学习，读者对本章知识已有了大体的了解，本节通过几个操作练习使读者进一步掌握本章知识要点。

10.5.1 绘制别墅南立面图

1. 目的要求

本实例绘制图 10-63 所示的别墅南立面图，主要要求读者通过练习进一步熟悉和掌握南立面图的绘制方法。通过本实例，可以帮助读者学会完成立面图绘制的全过程。

2. 操作提示

（1）绘图前准备。

（2）绘制室外地坪线、外墙定位线。

（3）绘制屋顶立面。

（4）绘制台基、台阶、立柱、栏杆、门窗。

（5）绘制其他建筑构件。

（6）标注尺寸及轴号。

（7）清理多余图形元素。

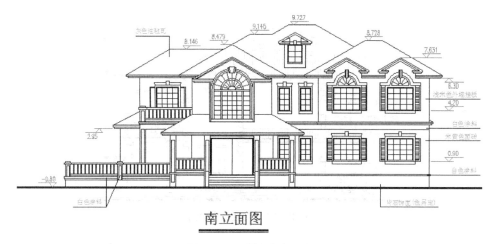

图 10-63　别墅南立面图

10.5.2 绘制别墅西立面图

1. 目的要求

本实例绘制图 10-64 所示的别墅西立面图，主要要求读者通过练习进一步熟悉和掌握西立面图的绘制方法。通过本实例，可以帮助读者学会完成西立面图绘制的全过程。

2. 操作提示

（1）绘图前准备。

（2）绘制地坪线、外墙、屋顶轮廓线。

（3）绘制台基、立柱、雨篷、台阶、露台、门窗。

（4）绘制其他建筑细部。

（5）立面标注。

（6）清理多余图形元素。

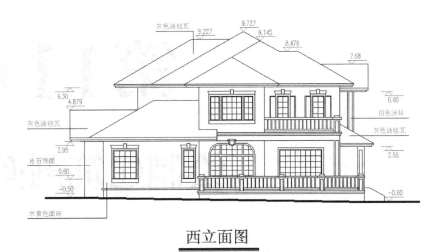

西立面图

图 10-64 别墅西立面图

10.6 思考与练习

1. 建筑立面图包括哪些内容?
2. 简述建筑立面图的命名方式。
3. 简述建筑立面图的绘制步骤。

第11章

绘制建筑剖面图

■ 剖面图是表达建筑室内空间关系的必备图纸，是建筑制图中的一个重要环节之一，其绘制方法与立面图相似，主要区别在于剖面图需要表示出被剖切构配件的截面形式及材料图案。在平面图、立面图的基础上学习剖面图绘制就方便得多。本章以别墅剖面图为例，介绍如何利用 AutoCAD 2016 绘制一个完整的建筑剖面图。

11.1 建筑剖面图绘制概述

本节简要归纳建筑剖面图的概念及图示内容、剖切位置及投射方向、一般绘制步骤等基本知识，为下一步结合实例讲解 AutoCAD 操作做准备。

11.1.1 建筑剖面图概念及图示内容

剖面图是指用一剖切面将建筑物的某一位置剖开，移去一侧后剩下一侧沿剖视方向的正投影图，用来表达建筑内部空间关系、结构形式、楼层情况以及门窗、楼层、墙体构造做法等。根据工程的需要，绘制一个剖面图可以选择 1 个剖切面、2 个平行的剖切面或 2 个相交的剖切面，如图 11-1 所示。对于两个相交剖切面的情形，应在图名中注明"展开"二字。剖面图与断面图的区别在于，剖面图除了表示剖切到的部位外，还应表示出投射方向看到的构配件轮廓（所谓"看线"）；而断面图只需要表示剖切到的部位。

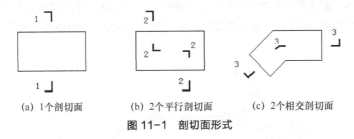

(a) 1个剖切面　　　(b) 2个平行剖切面　　　(c) 2个相交剖切面

图 11-1　剖切面形式

不同的设计深度，图示内容有所不同。

方案阶段重点在于表达剖切部位的空间关系、建筑层数、高度、室内外高差等。剖面图中应注明室内外地坪标高、楼层标高、建筑总高度（室外地面至檐口）、剖面编号、比例或比例尺等。如果有建筑高度控制，还需标明最高点的标高。

初步设计阶段需要在方案图基础上增加主要内外承重墙、柱的定位轴线和编号，更加详细、清晰、准确地表达出建筑结构、构件（剖到或看到的墙、柱、门窗、楼板、地坪、楼梯、台阶、坡道、雨篷、阳台等）本身及相互关系。

施工图阶段在优化、调整、丰富初设图的基础上，图示内容最为详细。一方面是剖到和看到的构配件图纸准确、详尽、到位，另一方面是标注详细。除了标注室内外地坪、楼层、屋面突出物、各构配件的标高外，还要标注竖向尺寸和水平尺寸。竖向尺寸包括外部 3 道尺寸（与立面图类似）和内部地坑、隔断、吊顶、门窗等部位的尺寸；水平尺寸包括两端和内部剖到的墙、柱定位轴线间尺寸及轴线编号。

11.1.2 剖切位置及投射方向的选择

根据规范规定，剖面图的剖切部位应根据图纸的用途或设计深度，在平面图上选择空间复杂、能反映全貌、构造特征以及有代表性的部位剖切。

投射方向一般宜向左、向上，当然也要根据工程情况而定。剖切符号标在底层平面图中，短线指向为投射方向。剖面图编号标在投射方向一侧，剖切线若有转折，应在转角的外侧加注与该符号相同的编号，如图 11-1 所示。

11.1.3 剖面图绘制的一般步骤

建筑剖面图一般在平面图、立面图的基础上，并参照平、立面图绘制。其一般绘制步骤如下。

（1）绘图环境设置。

（2）确定剖切位置和投射方向。

（3）绘制定位辅助线：包括墙和柱的定位轴线、楼层水平定位辅助线及其他剖面图纸的辅助线。

（4）剖面图纸及看线绘制：包括剖到和看到的墙柱、地坪、楼层、屋面、门窗（幕墙）、楼梯、台阶及坡道、雨篷、窗台、窗楣、檐口、阳台、栏杆、各种线脚等。

（5）配景：包括植物、车辆、人物等。

（6）尺寸、文字标注。

至于线型、线宽设置，则贯穿到绘图过程中去。

11.2 别墅剖面图 1-1 的绘制

别墅剖面图的主要绘制思路为：首先根据已有的建筑立面图生成建筑剖面外轮廓线；接着绘制建筑物的各层楼板、墙体、屋顶和楼梯等被剖切的主要构件；然后绘制剖面门窗和建筑中未被剖切的可见部分；最后在所绘的剖面图中添加尺寸标注和文字说明。下面就按照这个思路绘制别墅的剖面图 1-1，如图 11-2 所示。

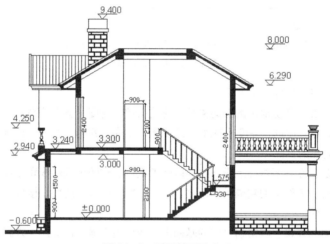

图 11-2　别墅剖面图 1-1

绘制步骤如下（光盘\动画演示\第 11 章\别墅剖面图 1-1 的绘制.avi）。

11.2.1　设置绘图环境

绘图环境设置是绘制任何一幅建筑图形都要进行的预备工作，这里主要创建图形文件、引入已知图形信息、整理图形元素、生成剖面图轮廓线。有些具体设置可以在绘制过程中根据需要进行设置。

别墅剖面图 1-1 的
绘制

1. 创建图形文件

打开源文件中的"别墅东立面图.dwg"文件，在"文件"菜单中选择"另存为"命令，打开"图形另存为"对话框，在"文件名"下拉列表框中输入新的图形文件名称为"别墅剖面图 1-1.dwg"，单击"保存"按钮，建立图形文件。

2. 引入已知图形信息

（1）单击"快速访问"工具栏中的"打开"按钮 ，打开已绘制的"别墅首层平面图.dwg"文件，单击"默认"选项卡"图层"面板中的"图层特性"按钮，打开"图层特性管理器"窗口，关闭除"墙体""门窗""台阶"和"立柱"以外的其他图层；然后选择现有可见的平面图形进行复制。

（2）返回"别墅剖面图 1-1.dwg"的绘图界面，将复制的平面图形粘贴到已有立面图正上方对应位置。

（3）单击"默认"选项卡"修改"面板中的"旋转"按钮，将平面图形旋转 270°。

3. 整理图形元素

（1）选择菜单栏中的"文件"→"绘图实用工具"→"清理"命令，在弹出的"清理"对话框中，清理图形文件中多余的图形元素。

（2）单击"默认"选项卡"图层"面板中的"图层特性"按钮，打开"图层特性管理器"窗口，创建两个新图层，将新图层分别命名为"辅助线 1"和"辅助线 2"。

（3）将清理后的平面和立面图形分别转移到"辅助线 1"和"辅助线 2"图层。

引入立面和平面图形的相对位置如图 11-3 所示。

4. 生成剖面图轮廓线

（1）单击"默认"选项卡"修改"面板中的"删除"按钮，保留立面图的外轮廓线及可见的立面轮廓，删除其他多余图形元素，得到剖面图的轮廓线，如图 11-4 所示。

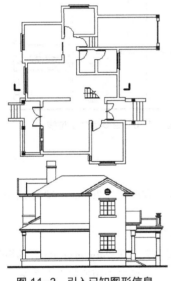

图 11-3　引入已知图形信息

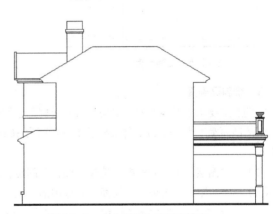

图 11-4　由立面图生成剖面轮廓

（2）单击"默认"选项卡"图层"面板中的"图层特性"按钮，打开"图层特性管理器"窗口，创建新图层，将新图层命名为"剖面轮廓线"，并将其设置为当前图层。

（3）将所绘制的轮廓线转移到"剖面轮廓线"图层。

11.2.2　绘制楼板与墙体

绘制楼板与墙体，主要是在定位线的基础上进行修剪出来的。

1. 绘制楼板定位线

（1）单击"默认"选项卡"图层"面板中的"图层特性"按钮，打开"图层特性管理器"窗口，创建新图层，将新图层命名为"楼板"，并将其设置为当前图层。

（2）单击"默认"选项卡"修改"面板中的"偏移"按钮，将室外地坪线向上连续偏移两次，偏移量依次为 500mm 和 100mm。

（3）单击"默认"选项卡"修改"面板中的"修剪"按钮-/--，结合已有剖面轮廓对所绘偏移线进行修剪，得到首层楼板位置。

（4）单击"默认"选项卡"修改"面板中的"偏移"按钮，再次将室外地坪线向上连续偏移两次，偏移量依次为 3200mm 和 100mm。

（5）单击"默认"选项卡"修改"面板中的"修剪"按钮-/--，结合已有剖面轮廓对所绘偏移线进行修剪，得到二层楼板位置，如图 11-5 所示。

2. 绘制墙体定位线

（1）在"图层"下拉列表框中选择"墙体"图层，将其设置为当前图层。

（2）单击"默认"选项卡"绘图"面板中的"直线"按钮，由已知平面图形向剖面方向引墙体定位线。

（3）单击"默认"选项卡"修改"面板中的"修剪"按钮-/--，结合已有剖面轮廓线修剪墙体定位线，如图 11-6 所示。

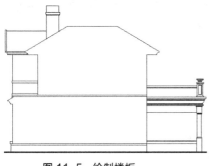

图 11-5 绘制楼板

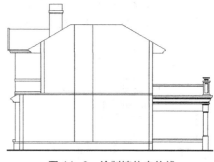

图 11-6 绘制墙体定位线

3. 绘制梁剖面

本别墅主要采用框架剪力墙结构，将楼板搁置于梁和剪力墙上。

梁的剖面宽度为 240mm；首层楼板下方梁高为 300mm，二层楼板下方梁高为 200mm；梁的剖面形状为矩形。

（1）在"图层"下拉列表框中选择"楼板"图层，将其设置为当前图层。

（2）单击"默认"选项卡"绘图"面板中的"矩形"按钮，绘制尺寸为 240mm×100mm 的矩形。

（3）单击"插入"选项卡"块定义"面板中的"创建块"按钮，将绘制的矩形定义为图块，图块名称为"梁剖面"。

（4）单击"插入"选项卡"块"面板中的"插入块"按钮，在每层楼板下相应位置插入"梁剖面"图块，并根据梁的实际高度调整图块"y"方向比例数值（当该梁位于首层楼板下方时，设置"y"方向比例为 3；当梁位于二层楼板下方时，设置"y"方向比例为 2），如图 11-7 所示。

图 11-7 绘制梁剖面

11.2.3 绘制屋顶和阳台

剖面图中屋顶和阳台都是被剖到的部位，需要将其绘制出来，但不用详细绘制。

1. 绘制屋顶剖面

（1）在"图层"下拉列表框中选择"屋顶轮廓线"图层，将其设置为当前图层。

（2）单击"默认"选项卡"修改"面板中的"偏移"按钮，将图中坡屋面两侧轮廓线向内连续偏移 3 次，偏移量分别为 80mm、100mm 和 180mm。

（3）再次单击"默认"选项卡"修改"面板中的"偏移"按钮 🔔，将图中坡屋面顶部水平轮廓线向下连续偏移 3 次，偏移量分别为 200mm、100mm 和 200mm。

（4）单击"默认"选项卡"绘图"面板中的"直线"按钮 ╱，根据偏移所得的屋架定位线绘制屋架剖面，如图 11-8 所示。

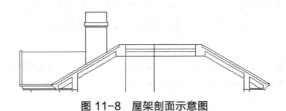

图 11-8　屋架剖面示意图

2. 绘制阳台和雨篷剖面

（1）在"图层"下拉列表框中选择"阳台"图层，将其设置为当前图层。

（2）单击"默认"选项卡"修改"面板中的"偏移"按钮 🔔，将二层楼板的定位线向下偏移 60mm，得到阳台板位置，然后单击"默认"选项卡"修改"面板中的"修剪"按钮 ╱⊷，对多余楼板和墙体线条进行修剪，得到阳台板剖面。

（3）在"图层"下拉列表框中选择"雨篷"图层，将其设置为当前图层。

（4）按照前面介绍的屋顶剖面画法，绘制阳台下方雨篷剖面，如图 11-9 所示。

3. 绘制栏杆剖面

（1）在"图层"下拉列表框中选择"栏杆"图层，将其设置为当前图层。

（2）绘制基座。单击"默认"选项卡"修改"面板中的"偏移"按钮 🔔，将栏杆基座外侧垂直轮廓线向右偏移，偏移量为 320mm。然后单击"默认"选项卡"修改"面板中的"修剪"按钮 ╱⊷，结合基座水平定位线修剪多余线条，得到宽度为 320mm 的基座剖面轮廓。

（3）按照同样的方法绘制宽度为 240mm 的下栏板、宽度为 320mm 的栏杆扶手和宽度为 240mm 的扶手垫层剖面。

（4）单击"插入"选项卡"块"面板中的"插入块"按钮 🏷，在扶手与下栏板之间插入一根花瓶栏杆，使其底面中点与栏杆基座的上表面中点重合，如图 11-10 所示。

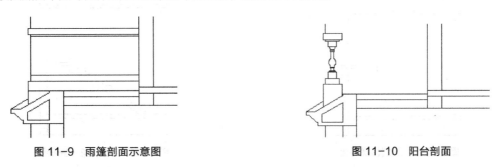

图 11-9　雨篷剖面示意图　　　　　　　　　　　图 11-10　阳台剖面

11.2.4　绘制楼梯

本别墅中仅有一处楼梯，该楼梯为常见的双跑形式。第一跑梯段有 9 级踏步，第二跑梯段有 10 级踏步；楼梯平台宽度为 960mm，平台面标高为 1.575m。下面介绍楼梯剖面的绘制方法。

1. 绘制楼梯平台

（1）在"图层"下拉列表框中选择"楼梯"图层，将其设置为当前图层。

（2）单击"默认"选项卡"修改"面板中的"偏移"按钮 ，将室内地坪线向上偏移 1575mm，将楼梯间外墙的内侧墙线向左偏移 960mm，并对多余线条进行修剪，得到楼梯平台的地坪线。然后单击"默认"选项卡"修改"面板中的"偏移"按钮 ，将得到的楼梯地坪线向下偏移 100mm，得到厚度为 100mm 的楼梯平台楼板。

（3）绘制楼梯梁。单击"插入"选项卡"块"面板中的"插入块"按钮 ，在楼梯平台楼板两端的下方插入"梁剖面"图块，并设置"y"方向缩放比例为 2，如图 11-11 所示。

2．绘制楼梯梯段

（1）单击"默认"选项卡"绘图"面板中的"多段线"按钮 ，以楼梯平台面左侧端点为起点，由上至下绘制第一跑楼梯踏步线。命令行提示与操作如下。

```
命令：_pline
指定起点：点取楼梯平台左侧上角点作为多段线起点
当前线宽为 0.0000
指定下一点或[圆弧(A)/半宽(H)/长度(L)/放弃(U)/宽度(W)]：向下移动鼠标指针输入"175"
指定下一点或[圆弧(A)/闭合(C)/半宽(H)/长度(L)/放弃(U)/宽度(W)]：向左移动鼠标指针输入"260"
指定下一点或[圆弧(A)/闭合(C)/半宽(H)/长度(L)/放弃(U)/宽度(W)]：向下移动鼠标指针输入"175"
指定下一点或[圆弧(A)/闭合(C)/半宽(H)/长度(L)/放弃(U)/宽度(W)]：向左移动鼠标指针输入"260"（多次重复上述操作，绘制楼梯踏步线）
指定下一点或[圆弧(A)/闭合(C)/半宽(H)/长度(L)/放弃(U)/宽度(W)]：向下移动鼠标指针输入"175"
指定下一点或[圆弧(A)/闭合(C)/半宽(H)/长度(L)/放弃(U)/宽度(W)]：按Enter键，多段线端点落在室内地坪线上，结束第一跑梯段的绘制
```

（2）绘制第一跑梯段的底面线。具体绘制方法如下。

① 单击"默认"选项卡"绘图"面板中的"直线"按钮 ，分别以楼梯第一、二级踏步线下端点为起点，绘制两条垂直定位辅助线，设置辅助线的长度为 120mm，确定梯段底面位置。

② 再次单击"默认"选项卡"绘图"面板中的"直线"按钮 ，连接两条垂直线段的下端点，绘制楼梯底面线条。

③ 单击"默认"选项卡"修改"面板中的"延伸"按钮 ，延伸楼梯底面线条，使其与楼梯平台和室内地坪面相交。

④ 修剪并删除其他辅助线条，完成第一跑梯段的绘制，如图 11-12 所示。

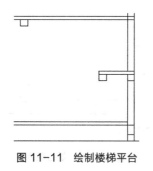

图 11-11　绘制楼梯平台　　　　　　　　　　图 11-12　绘制第一跑梯段

（3）依据同样的方法，绘制楼梯第二跑梯段。需要注意的是，此梯段最上面一级踏步高 150mm，不同于其他踏步高度（175mm）。

（4）修剪多余的辅助线与楼板线。

3．填充楼梯被剖切部分

由于楼梯平台与第一跑梯段均为被剖切部分，因此需要对这两处进行图案填充。

单击"默认"选项卡"绘图"面板中的"图案填充"按钮 ，打开"图案填充创建"选项卡，选择

"填充图案"为"SOLID",然后在绘图界面中选取需填充的楼梯剖断面（包括中部平台）进行填充。填充结果如图 11-13 所示。

4. 绘制楼梯栏杆

楼梯栏杆的高度为 900mm,相邻两根栏杆的间距为 230mm,栏杆的截面直径为 20mm。

（1）在"图层"下拉列表框中选择"栏杆"图层,将其设置为当前图层。

（2）选择菜单栏中的"格式"→"多线样式"命令,创建新的多线样式,将其命名为"20mm 栏杆",在弹出的"新建多线样式"对话框中进行以下设置:选择直线起点和端点均不封口;元素偏移量首行设为"10",第二行设为"-10"。最后单击"确定"按钮,完成对新多线样式的设置。

（3）选择"绘图"下拉菜单中的"多线"命令（或者在命令行中输入"ML"命令,执行多线命令）,在命令行中选择多线对正方式为"无",比例为"1",样式为"20mm 栏杆";然后以楼梯每一级踏步线的中点为起点,向上绘制长度为 900mm 的多线。

（4）绘制扶手。单击"默认"选项卡"修改"面板中的"复制"按钮 ，将楼梯梯段底面线复制并粘贴到栏杆线上方端点处,得到扶手底面线条;接着单击"默认"选项卡"修改"面板中的"偏移"按钮 ，将扶手底面线条向上偏移 50mm,得到扶手上表面线条;然后单击"默认"选项卡"绘图"面板中的"直线"按钮 ，绘制扶手端部线条。

（5）单击"默认"选项卡"绘图"面板中的"图案填充"按钮 ，将楼梯上端护栏剖面填充为实体颜色。绘制完成的楼梯剖面如图 11-14 所示。

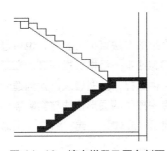

图 11-13 填充梯段及平台剖面

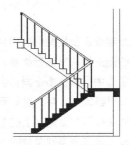

图 11-14 楼梯剖面

11.2.5 绘制门窗

按照门窗与剖切面的相对位置关系,可以将剖面图中的门窗分为以下两种类型。

第一类为被剖切的门窗。这类门窗的绘制方法近似于平面图中的门窗画法,只是在方向、尺度及其他一些细节上略有不同。

第二类为未被剖切但仍可见的门窗。此类门窗的绘制方法同立面图中的门窗画法基本相同。下面分别通过剖面图中的门窗实例介绍这两类门窗的绘制。

操作步骤如下。

1. 被剖切的门窗

在楼梯间的外墙上,有一处窗体被剖切,该窗高度为 2400mm,窗底标高为 2.500m。下面以该窗体为例介绍被剖切门窗的绘制方法。

（1）在"图层"下拉列表框中选择"门窗"图层,将其设置为当前图层。

（2）单击"默认"选项卡"修改"面板中的"偏移"按钮 ，将室内地坪线向上连续偏移两次,偏移量依次为 2500mm 和 2400mm。

（3）单击"默认"选项卡"修改"面板中的"延伸"按钮 ，使两条偏移线段均与外墙线正交。然后单击"默认"选项卡"修改"面板中的"修剪"按钮 -/--，修剪墙体外部多余的线条，得到该窗体的上、下边线。

（4）单击"默认"选项卡"修改"面板中的"偏移"按钮 ，将两侧墙线分别向内偏移，偏移量均为 80mm。

（5）单击"默认"选项卡"修改"面板中的"修剪"按钮 -/--，修剪窗线，完成窗体剖面绘制，如图 11-15 所示。

2. 未被剖切但仍可见的门窗

图 11-15　剖面图中的门窗

在剖面图中，有两处门可见，即首层工人房和二层客房的房间门。这两扇门的尺寸均为 900mm×2100mm。下面以这两处门为例，介绍未被剖切但仍可见的门窗的绘制方法。

（1）单击"默认"选项卡"修改"面板中的"偏移"按钮 ，将首层和二层地坪线分别向上偏移，偏移量均为 2100mm。

（2）单击"默认"选项卡"绘图"面板中的"直线"按钮 ，由平面图确定这两处门的水平位置，绘制门洞定位线。

（3）单击"默认"选项卡"绘图"面板中的"矩形"按钮 ，绘制尺寸为 900mm×2100mm 的矩形门立面，并将其定义为图块，图块名称为"900mm×2100mm 立面门"。

（4）单击"插入"选项卡"块"面板中"插入块"按钮 ，在已确定的门洞的位置，插入"900mm×2100mm 立面门"图块，并删除定位辅助线，完成门的绘制，如图 11-15 所示。

> **要点提示**
>
> 在绘制建筑剖面图中的门窗或楼梯时，除了利用前面介绍的方法直接绘制外，也可借助图库中的图形模块来进行绘制，例如一些未被剖切的可见门窗或者一组楼梯栏杆等。在常见的室内图库中，有很多不同种类和尺寸的门窗和栏杆立面可供选择，绘图者只需找到适合的图形模块进行复制，然后粘贴到自己的图中即可。如果图库中提供的图形模块与实际需要的图形之间存在尺寸或角度上的差异，可先将模块分解，再利用"旋转" 或"缩放" 命令进行修改，将其调整到满意的结果后，插入图中相应位置。

11.2.6　绘制室外地坪层

在建筑剖面图中，绘制室外地坪层与立面图中的绘制方法是相同的。

（1）在"图层"下拉列表框中选择"地坪"图层，将其设置为当前图层。

（2）单击"默认"选项卡"修改"面板中的"偏移"按钮 ，将室外地坪线向下偏移，偏移量为 150mm，得到室外地坪层底面位置。

图 11-16　绘制室外地坪层

（3）单击"默认"选项卡"修改"面板中的"修剪"按钮 -/--，结合被剖切的外墙，修剪地坪层线条，完成室外地坪层的绘制，如图 11-16 所示。

11.2.7　填充被剖切的梁、板和墙体

在建筑剖面图中，被剖切的构件断面一般用实体填充表示。因此，需要使用"图案填充"命令，将所有被剖切的楼板、地坪、墙体、屋面、楼梯以及梁架等建筑构件的剖断面进行实体填充。

（1）单击"默认"选项卡"图层"面板中的"图层特性"按钮，打开"图层特性管理器"对话框，创建新图层，将新图层命名为"剖面填充"，并将其设置为当前图层。

（2）单击"默认"选项卡"绘图"面板中的"图案填充"按钮，打开"图案填充创建"选项卡，选择"填充图案"为"SOLID"，然后在绘图界面中选取需填充的构件剖断面进行填充。填充结果如图 11-17 所示。

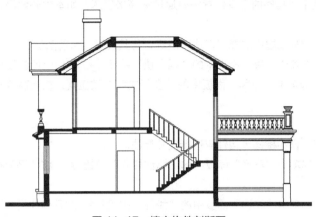

图 11-17　填充构件剖断面

11.2.8　绘制剖面图中可见部分

在剖面图中，除以上绘制的被剖切的主体部分外，在被剖切外墙的外侧还有一部分是未被剖切到但却可见的。在绘制剖面图的过程中，这些可见部分同样不可忽视。这些可见部分是建筑剖面图的一部分，同样也是建筑立面的一部分，因此，其绘制方法可参考前面章节介绍的建筑立面图画法。

在本例中，由于剖面图是在已有立面图基础上绘制的，因此，在剖面图绘制的开始阶段，就选择性地保留了已有立面图的一部分，为此处的绘制提供了很大的方便。然而，保留部分并不是完全准确的，许多细节和变化都没有表现出来。所以，应该使用绘制立面图的具体方法，根据需要对已有立面的可见部分进行修整和完善。

在本例中需要修整和完善的可见部分包括车库上方露台、局部坡屋顶、烟囱和别墅室外台基等。绘制结果如图 11-18 所示。

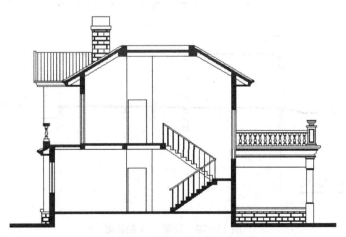

图 11-18　绘制剖面图中可见部分

11.2.9　剖面标注

一般情况下，在方案初步设计阶段，剖面图中的标注以剖面标高和门窗等构件尺寸为主，用来表明建筑内、外部空间以及各构件间的水平和垂直关系。

1．剖面标高

在剖面图中，一些主要构件的垂直位置需要通过标高来表示，如室内外地坪、楼板、屋面、楼梯平台等。

（1）在"图层"下拉列表框中选择"标注"图层，将其设置为当前图层。

（2）单击"插入"选项卡"块"面板中的"插入块"按钮🔳，在相应标注位置插入标高符号。

（3）单击"默认"选项卡"注释"面板中的"多行文字"按钮**A**，在标高符号的长直线上方，添加相应的标高数值。

2．尺寸标注

在剖面图中，对门、窗和楼梯等构件应进行尺寸标注。

（1）单击"默认"选项卡"注释"面板中的"标注样式"按钮，将"平面标注"设置为当前标注样式。

（2）单击"默认"选项卡"注释"面板中的"线性"按钮├┤，对各构件尺寸进行标注。最终结果如图 11-2 所示。

11.3　操作与实践

通过前面的学习，读者对本章知识也有了大体的了解，本节通过几个操作练习使读者进一步掌握本章知识要点。

11.3.1　绘制别墅 1-1 剖面图

1．目的要求

本实例绘制图 11-19 所示的别墅 1-1 剖面图，要求读者通过练习进一步熟悉和掌握剖面图的绘制方法。通过本实例，可以帮助读者学会完成整个剖面图绘制的全过程。

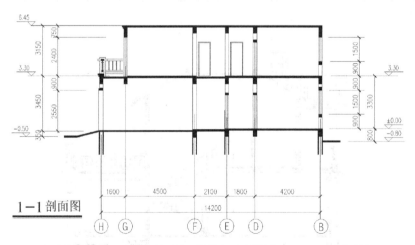

图 11-19　别墅 1-1 剖面图

2．操作提示

（1）修改图形。

（2）绘制折线及剖面。

（3）标注标高。

（4）标注尺寸及文字。

11.3.2　绘制别墅 2-2 剖面图

1．目的要求

本实例绘制图 11-20 所示的别墅 2-2 剖面图，要求读者通过练习进一步熟悉和掌握剖面图的绘制方法。通过本实例，可以帮助读者学会完成整个剖面图绘制的全过程。

2．操作提示

（1）修改图形并绘制折线及剖面。

（2）标注标高、尺寸及文字。

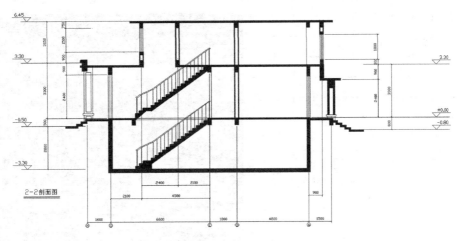

图 11-20　别墅 2-2 剖面图

11.4　思考与练习

1．建筑剖面图的内容包括哪些？

2．剖面图的剖切位置是根据什么来选择的？

3．简述剖面图的绘制步骤。

第12章

绘制建筑详图

■ 建筑详图是建筑施工图绘制中的一项重要内容，与建筑构造设计息息相关。本章首先简要介绍建筑详图的基本知识，然后结合实例讲解在 AutoCAD 中详图绘制的方法和技巧。本章中涉及的实例有外墙身详图、楼梯间详图、卫生间放大图和门窗详图。

12.1 建筑详图绘制概述

在正式讲述 AutoCAD 建筑详图绘制之前，本节简要归纳详图绘制的基本知识和绘制步骤。

12.1.1 建筑详图的概念及图示内容

前面介绍的平、立、剖面图均是全局性的图纸，由于比例的限制，不可能将一些复杂的细部或局部做法表示清楚，因此需要将这些细部和局部的构造、材料及相互关系采用较大的比例详细绘制出来，以指导施工。这样的建筑图形称为详图，也称大样图。对于局部平面（如厨房、卫生间）放大绘制的图形，习惯叫做放大图。需要绘制详图的位置一般有室内外墙节点、楼梯、电梯、厨房、卫生间、门窗、室内外装饰等构造详图或局部平面放大。

内外墙节点一般用平面和剖面表示，常用比例为 1∶20。平面节点详图表示出墙、柱或构造柱的材料和构造关系。剖面节点详图即常说的墙身详图，需要表示出墙体与室内外地坪、楼面、屋面的关系，以及相关的门窗洞口、梁或圈梁、雨篷、阳台、女儿墙、檐口、散水、防潮层、屋面防水、地下室防水等构造做法。墙身详图可以从室内外地坪、防潮层处开始一路画到女儿墙压顶。为了节省图纸，可在门窗洞口处断开，也可以重点绘制地坪、中间层、屋面处的几个节点，而将中间层重复使用的节点集中到一个详图中表示。节点编号一般由上到下编制。

楼梯详图包括平面、剖面及节点 3 部分。平面、剖面常用 1∶50 的比例绘制，楼梯中的节点详图可以根据对象大小酌情采用 1∶5、1∶10、1∶20 等比例。楼梯平面图与建筑平面图不同的是，它只需绘制出楼梯及四面相接的墙体；而且，楼梯平面图需要准确地表示出楼梯间净空、梯段长度、梯段宽度、踏步宽度和级数、栏杆（栏板）的大小及位置，以及楼面、平台处的标高等。楼梯间剖面图只需绘制出楼梯相关的部分，相邻部分可用折断线断开。选择在底层第一跑并能够剖到门窗的位置剖切，向底层另一跑梯段方向投射。尺寸需要标注层高、平台、梯段、门窗洞口、栏杆高度等竖向尺寸，并应标注出室内外地坪、平台、平台梁底面的标高。水平方向需要标注定位轴线及编号、轴线尺寸、平台、梯段尺寸等。梯段尺寸一般用"踏步宽（高）×级数=梯段宽（高）"的形式表示。此外，楼梯剖面上还应注明栏杆构造节点详图的索引编号。

电梯详图一般包括电梯间平面图、机房平面图和电梯间剖面图 3 个部分，常用 1∶50 的比例绘制。平面图需要表示出电梯井、电梯厅、前室相对定位轴线的尺寸及自身的净空尺寸，表示出电梯图例及配重位置、电梯编号、门洞大小及开启形式、地坪标高等。机房平面需表示出设备平台位置及平面尺寸、顶面标高、楼面标高以及通往平台的梯子形式等内容。剖面图需要剖在电梯井、门洞处，表示出地坪、楼层、地坑、机房平台的竖向尺寸和高度，标注出门洞高度。为了节约图纸，中间相同部分可以折断绘制。

厨房、卫生间放大图根据其大小可酌情采用 1∶30、1∶40、1∶50 的比例绘制。需要详细表示出各种设备的形状、大小和位置及地面设计标高、地面排水方向及坡度等，对于需要进一步说明的构造节点，须标明详图索引符号，或绘制节点详图，或引用图集。

门窗详图包括立面图、断面图、节点详图等内容。立面图常用 1∶20 的比例绘制，断面图常用 1∶5 的比例绘制，节点图常用 1∶10 的比例绘制。标准化的门窗可以引用有关标准图集，说明其门窗图集编号和所在位置。根据《建筑工程设计文件编制深度规定》（2003 年版），非标准的门窗、幕墙需绘制详图。如委托加工，需绘制出立面分格图，标明开启扇、开启方向，说明材料、颜色及与主体结构的连接方式等。

就图形而言，详图兼有平、立、剖面的特征，它综合了平、立、剖面绘制的基本操作方法，并具有自己的特点，只要掌握一定的绘图程序，难度应不大。真正的难度在于对建筑构造、建筑材料、建筑规范等相关知识的掌握。

12.1.2　详图绘制的一般步骤

详图绘制的一般步骤如下。

（1）图形轮廓绘制：包括断面轮廓和看线。

（2）材料图例填充：包括各种材料图例选用和填充。包括建筑物、道路、广场、停车场、绿地、场地出入口布置等内容。

（3）符号、尺寸、文字等标注：包括设计深度要求的轴线及编号、标高、索引、折断符号和尺寸、说明文字等。

12.2　外墙身详图

下面介绍外墙身节点详图的绘制方法与相关技巧。

12.2.1　绘制墙身节点1

墙身节点 1 的绘制内容包括屋面防水和隔热层，如图 12-1 所示。

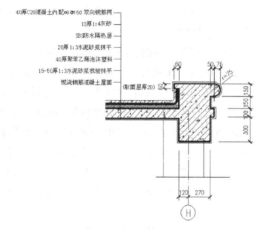

图 12-1　墙身节点 1

绘制步骤如下（光盘\动画演示\第 12 章\墙身节点 1.avi）。

（1）单击"默认"选项卡"绘图"面板中的"直线"按钮 ／、"圆弧"按钮 ╭、"圆"按钮 ⊙ 和"多行文字"按钮 **A**，绘制轴线、楼板和檐口轮廓线，结果如图 12-2所示。

（2）单击"默认"选项卡"修改"面板中的"偏移"按钮 ⬜，将檐口轮廓线向外偏移 50，完成抹灰的绘制，如图 12-3 所示。

墙身节点 1

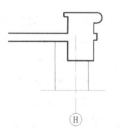

图 12-2　檐口轮廓线

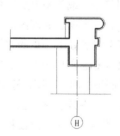

图 12-3　檐口抹灰

（3）单击"默认"选项卡"修改"面板中的"偏移"按钮 ，将楼板层分别向上偏移 20mm、40mm、20mm、10mm 和 40mm，并将偏移后的直线设置为细实线，结果如图 12-4 所示。

（4）单击"默认"选项卡"绘图"面板中的"多段线"按钮 ，绘制防水卷材，多段线宽度为 1mm，转角处作圆弧处理，结果如图 12-5 所示。

（5）单击"默认"选项卡"绘图"面板中的"图案填充"按钮 ，依次填充各种材料图例，钢筋混凝土采用"ANSI31"和"AR-CONC"图案的叠加，聚苯乙烯泡沫塑料采用"ANSI37"图案，绘制结果如图 12-6 所示。

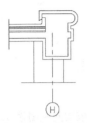

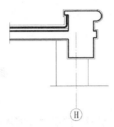

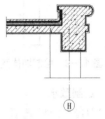

图 12-4　偏移直线　　　　　　图 12-5　绘制防水层　　　　　　图 12-6　图案填充

（6）单击"默认"选项卡"注释"面板中的"线性"按钮 、"连续"按钮 和"半径"按钮 ，进行尺寸标注，如图 12-7 所示。

（7）单击"默认"选项卡"绘图"面板中的"直线"按钮 ，绘制引出线，然后单击"默认"选项卡"注释"面板中的"多行文字"按钮 A ，说明屋面防水层的多层次构造，最终完成墙身节点 1 的绘制，结果如图 12-1 所示。

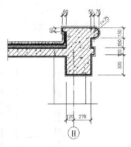

图 12-7　尺寸标注

12.2.2　绘制墙身节点 2

墙身节点 2 的绘制内容包括墙体与室内外地坪的关系及散水，如图 12-8 所示。

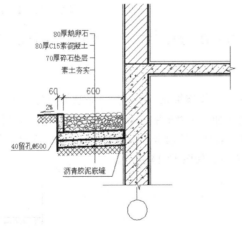

80厚鹅卵石
80厚C15素混凝土
70厚碎石垫层
素土夯实

2%

40留孔@500

沥青胶泥嵌缝

图 12-8　墙身节点 2

墙身节点 2

绘制步骤如下（光盘\动画演示\第 12 章\墙身节点 2.avi）。

1. 绘制墙体及一层楼板轮廓

（1）单击"默认"选项卡"绘图"面板中的"直线"按钮 ，绘制墙体及一层楼板轮廓，绘制结果如图 12-9 所示。

（2）单击"默认"选项卡"修改"面板中的"偏移"按钮 ，将墙体及楼板轮廓线向外偏移 20mm，并将偏移后的直线设置为细实线，完成抹灰的绘制，绘制结果如图 12-10 所示。

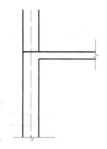

图 12-9　绘制墙体及一层楼板轮廓

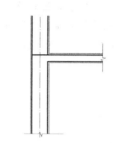

图 12-10　绘制抹灰

2．绘制散水

（1）单击"默认"选项卡"修改"面板中的"偏移"按钮 ，将墙线左侧的轮廓线依次向左偏移 615mm、60mm，将一层楼板下侧轮廓线依次向下偏移 367mm、182mm、80mm、71mm，然后单击"默认"选项卡"修改"面板中的"移动"按钮 ，将向下偏移的直线向左移动，结果如图 12-11 所示。

（2）单击"默认"选项卡"修改"面板中的"旋转"按钮 ，将移动后的直线以最下端直线的左端点为基点进行旋转，旋转角度为 2°，结果如图 12-12 所示。

图 12-11　偏移和移动直线

图 12-12　旋转直线

（3）单击"默认"选项卡"修改"面板中的"修剪"按钮 ，修剪图中多余的直线，结果如图 12-13 所示。

3．图案填充

单击"默认"选项卡"绘图"面板中的"图案填充"按钮 ，依次填充各种材料图例，钢筋混凝土采用"ANSI31"和"AR-CONC"图案的叠加，砖墙采用"ANSI31"图案，素土采用"ANSI37"图案，素混凝土采用"AR-CONC"图案。单击"默认"选项卡"绘图"面板中的"椭圆"按钮 和"修改"面板中的"复制"按钮 ，绘制鹅卵石图案，如图 12-14 所示。

图 12-13　修剪直线

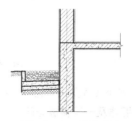

图 12-14　图案填充

4．尺寸标注

单击"默认"选项卡"注释"面板中的"线性"按钮⊢┤、"直线"按钮╱和"多行文字"按钮 **A**，进行尺寸标注，标注结果如图 12-15 所示。

5．文字说明

单击"默认"选项卡"绘图"面板中的"直线"按钮╱，绘制引出线。然后单击"默认"选项卡"注释"面板中的"多行文字"按钮 **A**，说明散水的多层次构造，最终完成墙身节点 2 的绘制，绘制结果如图 12-8 所示。

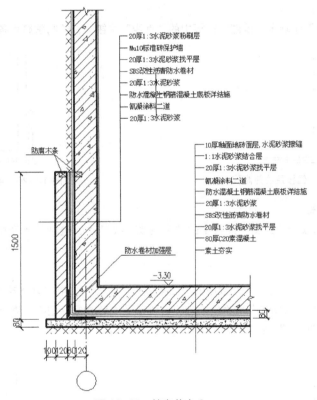

图 12-15 尺寸标注

12.2.3 绘制墙身节点 3

墙身节点 3 的绘制内容包括地下室地坪和墙体防潮层，如图 12-16 所示。

图 12-16 墙身节点 3

绘制步骤如下（光盘\动画演示\第 12 章\墙身节点 3.avi）。

1．绘制地下室墙体及底部

（1）单击"默认"选项卡"绘图"面板中的"直线"按钮╱，绘制地下室墙体及底部轮廓，绘制结果如图 12-17 所示。

（2）单击"默认"选项卡"修改"面板中的"偏移"按钮，将轮廓线向外偏移 20mm，并将偏移后的直线设置为细实线，完成抹灰的绘制，如图 12-18 所示。

墙身节点 3

2．绘制防潮层

（1）单击"默认"选项卡"修改"面板中的"偏移"按钮，将墙线左侧的抹灰线依次向左偏移 20mm、16mm、24mm、120mm、106mm，将底部的抹灰线依次向下偏移 20mm、16mm、24mm、80mm。

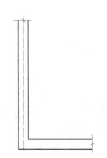

图 12-17　绘制地下室墙体及底部

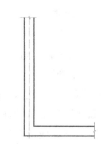

图 12-18　绘制抹灰

（2）单击"默认"选项卡"修改"面板中的"修剪"按钮 ⊬，修剪偏移后的直线。

（3）单击"默认"选项卡"修改"面板中的"圆角"按钮 ◯，将直角处倒圆角，并修改线段的宽度，结果如图 12-19 所示。

（4）单击"默认"选项卡"绘图"面板中的"直线"按钮 ✓，绘制防腐木条，如图 12-20 所示。

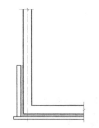

图 12-19　偏移直线并修改

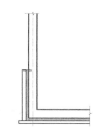

图 12-20　绘制防腐木条

3．绘制防水卷材

单击"默认"选项卡"绘图"面板中的"多段线"按钮 ⌐⊃，绘制防水卷材，绘制结果如图 12-21 所示。

4．填充图案

单击"默认"选项卡"绘图"面板中的"图案填充"按钮 ⊠，依次填充各种材料图例，钢筋混凝土采用"ANSI31"和"AR-CONC"图案的叠加，砖墙采用"ANSI31"图案，素土采用"ANSI37"图案，素混凝土采用"AR-CONC"图案，绘制结果如图 12-22 所示。

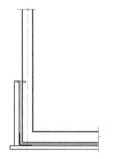

图 12-21　绘制防水卷材

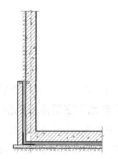

图 12-22　图案填充

5．尺寸标注

单击"默认"选项卡"注释"面板中的"线性"按钮 ⊢⊣、"绘图"面板中的"直线"按钮 ✓ 和"多行文字"按钮 **A**，进行尺寸标注和标高标注，标注结果如图 12-23 所示。

6. 文字说明

单击"默认"选项卡"绘图"面板中的"直线"按钮/，绘制引出线。然后单击"默认"选项卡"注释"面板中的"多行文字"按钮 A，说明散水的多层次构造，最终完成墙身节点 3 的绘制，如图 12-16 所示。

12.3 装饰柱详图

下面介绍装饰柱详图的绘制方法与相关技巧。

12.3.1 绘制装饰柱详图 1

先绘制剖面，再绘制抹灰和外围轮廓线，然后进行图案填充，最后标注尺寸和文字注释，如图 12-24 所示。

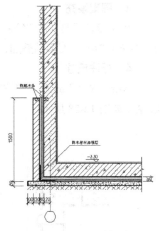

图 12-23 尺寸标注

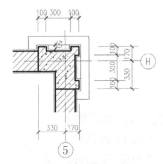

图 12-24 装饰柱详图 1

绘制步骤如下（光盘\动画演示\第 12 章\装饰柱详图 1.avi）。

1. 绘制装饰柱①剖面

（1）单击"默认"选项卡"绘图"面板中的"直线"按钮/、绘制轴线及装饰柱剖面。

（2）单击"默认"选项卡"绘图"面板中的"圆"按钮 ⊙和"多行文字"按钮 A，标注轴线编号，绘制结果如图 12-25 所示。

装饰柱详图 1

2. 绘制抹灰和外围轮廓线

（1）单击"默认"选项卡"修改"面板中的"偏移"按钮 ⏚，将剖面线依次向外侧偏移 20mm、50mm 和 100mm。

（2）单击"默认"选项卡"修改"面板中的"延伸"按钮 –/和"修剪"按钮 /–，修改偏移后的直线，并将修改后的直线设置为细实线，绘制结果如图 12-26 所示。

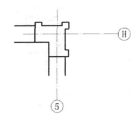

图 12-25 绘制装饰柱①剖面

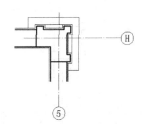

图 12-26 绘制抹灰和外围轮廓线

3. 图案填充

单击"默认"选项卡"绘图"面板中的"图案填充"按钮，填充材料图例，钢筋混凝土采用"ANSI31"和"AR-CONC"图案的叠加，混凝土采用"ANSI31"图案，填充结果如图 12-27 所示。

4. 标注尺寸

单击"默认"选项卡"注释"面板中的"线性"按钮，进行尺寸标注，完成装饰柱①的绘制，标注结果如图 12-28 所示。

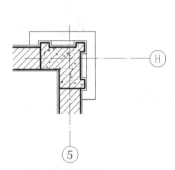

图 12-27　图案填充

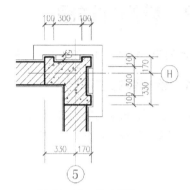

图 12-28　尺寸标注

12.3.2　绘制装饰柱详图 2

先绘制剖面，再绘制抹灰和外围轮廓线，然后进行图案填充，最后标注尺寸和文字注释，如图 12-29 所示。

绘制步骤如下（光盘\动画演示\第 12 章\装饰柱详图 2.avi）。

1. 绘制装饰柱②剖面

（1）单击"默认"选项卡"绘图"面板中的"直线"按钮，绘制轴线及装饰柱剖面。

（2）单击"默认"选项卡"绘图"面板中的"圆"按钮和"多行文字"按钮，标注轴线编号，绘制结果如图 12-30 所示。

2. 绘制抹灰和外围轮廓线

（1）单击"默认"选项卡"修改"面板中的"偏移"按钮，将剖面线依次向外侧偏移 20mm、50mm 和 100mm。

（2）单击"默认"选项卡"修改"面板中的"延伸"按钮和"修剪"按钮，修改偏移后的直线，并将修改后的直线设置为细实线，绘制结果如图 12-31 所示。

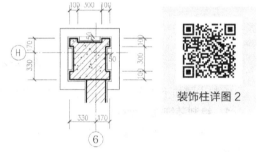

装饰柱详图 2

图 12-29　装饰柱详图 2

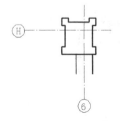

图 12-30　绘制装饰柱②剖面

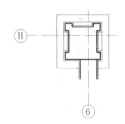

图 12-31　绘制抹灰和外围轮廓线

3．填充图案

单击"默认"选项卡"绘图"面板中的"图案填充"按钮，填充材料图例，填充结果如图 12-32 所示。

4．标注尺寸

单击"默认"选项卡"注释"面板中的"线性"按钮，进行尺寸标注，完成装饰柱②的绘制，结果如图 12-33 所示。

图 12-32　图案填充

图 12-33　尺寸标注

12.3.3　绘制装饰柱详图 3

先绘制剖面，再绘制抹灰和外围轮廓线，然后进行图案填充，最后标注尺寸和文字注释，如图 12-34 所示。

绘制步骤如下（光盘\动画演示\第 12 章\装饰柱详图 3.avi）。

1．绘制装饰柱③剖面

单击"默认"选项卡"绘图"面板中的"直线"按钮，绘制轴线及装饰柱剖面，绘制结果如图 12-35 所示。

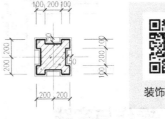

装饰柱详图 3

图 12-34　装饰柱详图 3

2．绘制抹灰和外围轮廓线

单击"默认"选项卡"修改"面板中的"偏移"按钮、"延伸"按钮和"修剪"按钮，绘制抹灰和外围轮廓线，绘制结果如图 12-36 所示。

图 12-35　绘制装饰柱③剖面

图 12-36　绘制抹灰和外围轮廓线

3．填充图案

单击"默认"选项卡"绘图"面板中的"图案填充"按钮，填充材料图例，填充结果如图 12-37 所示。

4．标注尺寸

单击"默认"选项卡"注释"面板中的"线性"按钮，进行尺寸标注，完成装饰柱③的绘制，标注结果如图 12-38 所示。

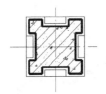

图 12-37　图案填充

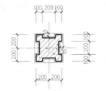

图 12-38　尺寸标注

12.4 其他详图

栏杆详图　　建筑节点详图

其他的一些详图，如栏杆详图（见图 12-39）、建筑构造节点大样图（见图 12-40），绘制方法和技巧（光盘\动画演示\第 12 章\栏杆详图.avi、建筑节点详图.avi）与上面两个实例一样，这里不再赘述。

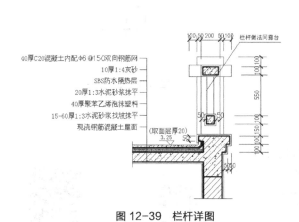

图 12-39　栏杆详图

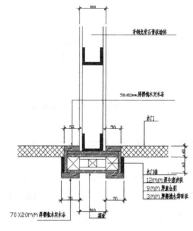

图 12-40　构造节点大样图

12.5 操作与实践

通过前面的学习，读者对本章知识也有了大体的了解，本节通过几个操作练习使读者进一步掌握本章知识要点。

12.5.1 绘制宿舍楼墙身节点 2

1. 目的要求

本实例绘制图 12-41 所示的宿舍楼墙身节点 2，要求读者通过练习进一步熟悉和掌握建筑详图的绘制方法。通过本实例，可以帮助读者学会完成整个建筑详图绘制的全过程。

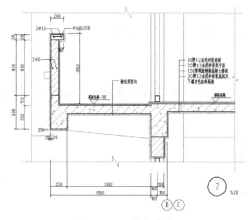

图 12-41　墙身节点 2

2．操作提示

（1）绘制墙体及一层楼板轮廓。

（2）绘制散水。

（3）图案填充。

（4）尺寸标注和文字说明。

12.5.2　绘制宿舍楼墙身节点 3

1．目的要求

本实例绘制图 12-42 所示的宿舍楼墙身节点 3，要求读者通过练习进一步熟悉和掌握建筑详图的绘制方法。通过本实例，可以帮助读者学会完成整个建筑详图绘制的全过程。

2．操作提示

（1）绘制墙体及一层楼板轮廓。

（2）绘制散水。

（3）图案填充。

（4）尺寸标注和文字说明。

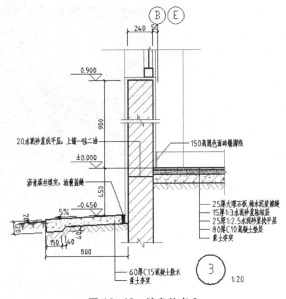

图 12-42　墙身节点 3

12.6　思考与练习

1．建筑详图的内容包括哪些？

2．简述建筑详图的绘制步骤。

3．绘制建筑详图应注意哪些事项？

第13章

综合设计

■ 本章精选综合设计选题宿舍楼设计，帮助读者掌握本书所需内容。

13.1 底层平面图

1. 基本要求

基本绘图命令、编辑命令和标注命令的使用。

2. 目标

底层平面图的最终效果图如图 13-1 所示。

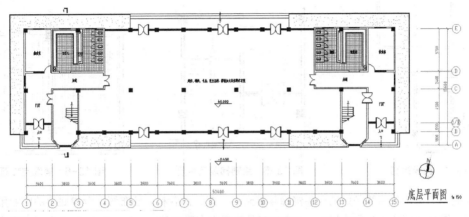

图 13-1 绘制底层平面图

3. 操作提示

（1）应用"直线""偏移"和"矩形阵列"命令，按图 13-2 所示绘制定位轴线网格。

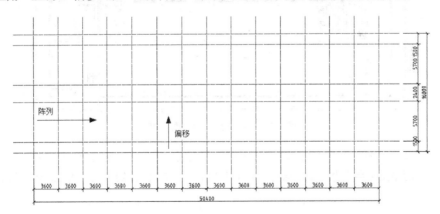

图 13-2 轴线绘制

（2）利用"矩形""图案填充""矩形阵列"命令，按图 13-3 所示进行柱布置。

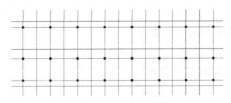

图 13-3 完成柱布置

（3）利用"多线""修剪""直线""圆弧"等命令，绘制图 13-4 所示的墙线以及门窗。

（4）底层层高 3.6m，踏步高设计为 150mm、宽为 300mm，因此需要 24 级；此外，该楼梯设计为双跑（等跑）楼梯，因此梯段长度为 3300mm（11×300mm）；此外，楼梯间净宽为 3400mm，因此可设计梯段宽度为 1600mm，休息平台宽度需要大于等于 1600mm。根据楼梯尺寸绘制出底层楼梯和入口台阶，如图 13-5 所示。

（5）利用"多段线""图案填充""插入块"命令，按图 13-6 所示布置盥洗室和厕所。

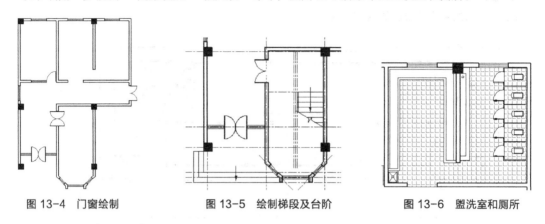

图 13-4　门窗绘制　　　　　图 13-5　绘制梯段及台阶　　　　　图 13-6　盥洗室和厕所

（6）利用"镜像"将绘制好的一端镜像复制到另一端，然后补充柱布置，考虑底层的商业用途，先在剩余部分前后两侧拉通布置玻璃窗，并在适当的位置上布置玻璃门，最后按图 13-7 所示布置台阶和草地，最终完成底层平面图的基本绘制。

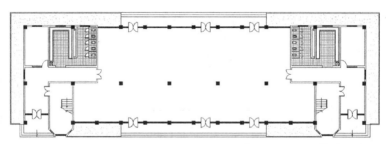

图 13-7　完成底层平面图绘制

（7）考虑到本平面图的大小，现选取 1∶150 的出图比例，所以需要更改尺寸样式中的"全局比例"为 150。此外，图中文字字高也需要在原有基础（相对于 1∶100 的比例）上扩大 1.5 倍，绘制结果如图 13-1 所示。

13.2　标准层平面图

1．基本要求

基本绘图命令、编辑命令和标注命令的使用。

2．目标

标准层平面图的最终效果图如图 13-8 所示。

3．操作提示

（1）复制底层平面图到其正上方，并进行修改整理，绘制结果如图 13-9 所示。

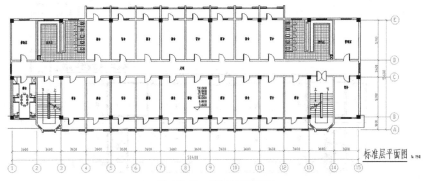

图 13-8　标准层平面图

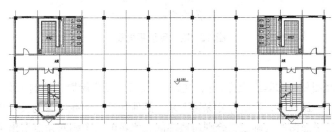

图 13-9　复制并整理底层平面图

（2）通过复制楼梯间左侧的房间墙线和门窗来简化宿舍的绘制，如图 13-10 所示。

（3）阳台进深为 1600mm（至阳台结构底板外边缘），每个阳台栏杆分三段，两边为金属栏杆，中间部分为实心栏板，如图 13-11 所示。

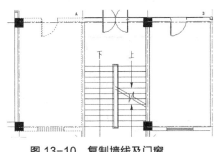

图 13-10　复制墙线及门窗

图 13-11　阳台

（4）南侧房间通过"阵列"实现，北侧房间通过"镜像"完成。并对交接不当之处作相应修改。然后进行室内布置。

（5）在底层的基础上调整文字、尺寸标注。另外，需要注意的是，标准层标高的标注方法是把各层的标高按上下顺序累加在一起，绘制结果如图 13-8 所示。

13.3　屋顶平面图

1. 基本要求
基本绘图命令、编辑命令和标注命令的使用。

2. 目标
屋顶平面图的最终效果图如图 13-12 所示（不标注尺寸）。

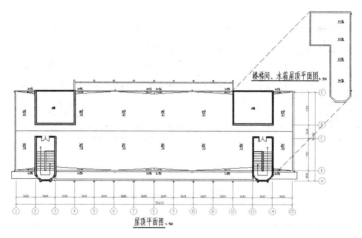

图 13-12　屋顶平面图

3．操作提示

（1）将标准层平面图复制到其正上方，在"屋面"图层中沿房屋周边绘制出女儿墙、阳台雨篷等看线内容。然后将楼梯间、盥洗室、厕所部分保留下来，其他标准层图线内容删去，结果如图 13-13 所示。

（2）在宿舍楼屋顶平面图的基础上，分别由楼梯间、水箱的两个相对角点引出 45°虚线，在斜上方适当位置绘制楼梯间、水箱屋面，如图 13-14 所示。

（3）本着屋面流水线路短捷、檐沟流水畅通、雨水口负荷适中的原则，宿舍楼屋面采用双坡有组织外排水形式，共设置 8 个落水口，屋面排水坡度为 3%，檐沟纵向排水坡度为 1%。楼梯间、水箱屋面采用单坡有组织排水，排水坡度为 1%。在绘制时，首先确定落水管位置，然后绘制屋面及檐沟分水线，最后绘制坡度符号及标注。绘制结果如图 13-12 所示。

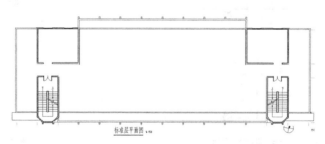

图 13-13　屋面绘制

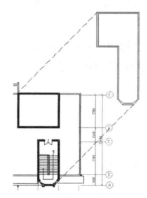

图 13-14　楼梯间、水箱屋面绘制

13.4 立面图绘制

1. 基本要求

基本绘图命令、编辑命令和标注命令的使用。

2. 目标

标准层平面图的最终效果图如图 13-15 所示。

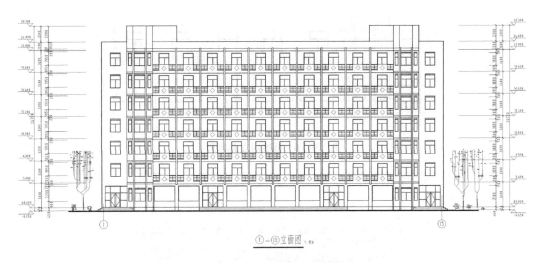

图 13-15　绘制某宿舍楼立面图

3. 操作提示

（1）绘制出整个立面的雏形，包括地平线、各楼层层间线、最外轮廓线、横向定位轴线，如图 13-16 所示。

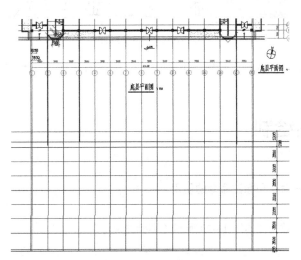

图 13-16　前期线条绘制

（2）底层立面图包括 3 个部分，即入口、楼梯间及台阶、商店门窗，如图 13-17 所示。

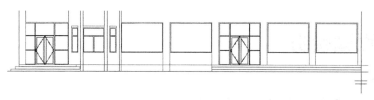

图 13-17　底层立面

（3）标准层立面单元制作包括 3 项内容，即左端房间窗户、楼梯间窗户和宿舍阳台及窗户，如图 13-18所示。

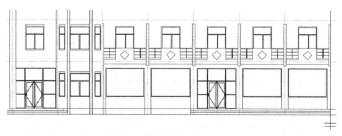

图 13-18　标准层立面单元

（4）利用"阵列"和"复制"命令，完成立面图的绘制，如图 13-19 所示。

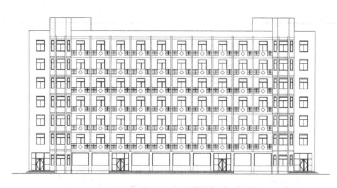

图 13-19　镜像复制

（5）插入配景树木，完成配景。利用"快速标注"命令标注尺寸，完成立面图的绘制，如图 13-15所示。

13.5　剖面图绘制

1. 基本要求

基本绘图命令、编辑命令和标注命令的使用。

2. 目标

标准层平面图的最终效果图如图 13-20 所示（不标注尺寸）。

3. 操作提示

（1）在立面图同一地平线位置上绘制 1-1 剖面图，采用前面提到的侧面正投影绘制的方法，引出水平方向的墙、柱定位轴线和竖直方向上的楼层、屋顶定位辅助线，并绘制出剖切线，为下面逐项绘制做准备，如图 13-21 所示。

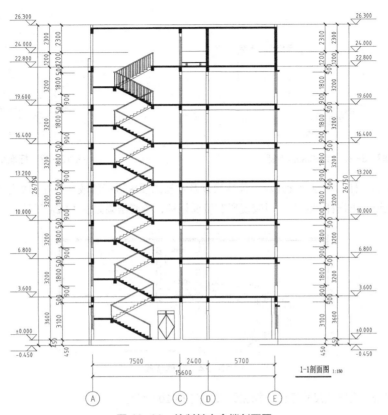

图 13-20　绘制某宿舍楼剖面图

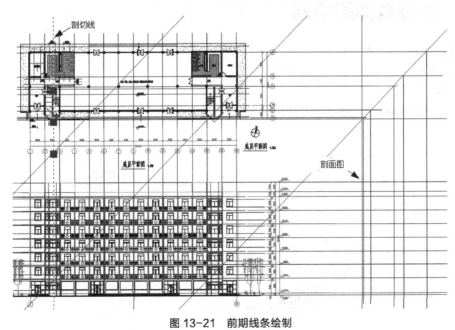

图 13-21　前期线条绘制

（2）底层剖面图绘制包括两部分：一是墙柱、门窗、楼板，二是楼梯间，如图 13-22 所示。

（3）标准层剖面图绘制包括三部分：一是墙柱、门窗、楼板，二是楼梯，三是楼层组装，如图 13-23 所示。

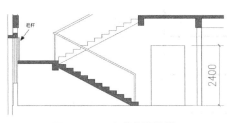

图 13-22　完成底层绘制

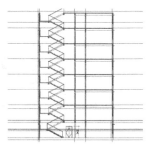

图 13-23　标准层阵列复制

（4）按出屋面楼梯间、屋面女儿墙、隔热层以及水箱的要求进行修改，并在倒数第二层现有楼梯栏杆的基础上补充绘制出横杆和立杆，以表现所有楼梯栏杆，绘制结果如图 13-24 所示。

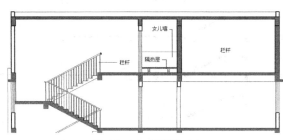

图 13-24　顶层修改

（5）完成配景、文字及尺寸标注，标注结果如图 13-20 所示。

13.6　外墙身详图绘制

1. 基本要求

基本绘图命令、编辑命令和标注命令的使用。

2. 目标

外墙身详图的最终效果图如图 13-25 所示。

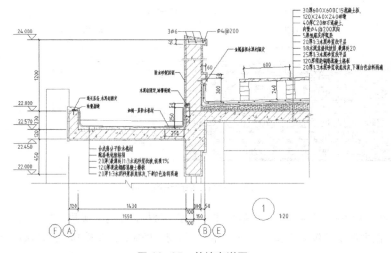

图 13-25　外墙身详图

3．操作提示

（1）根据宿舍楼的 2-2 剖面图（见图 13-26），将墙身节点①处的图形（包括定位轴线）复制到绘制详图的地方，如图 13-27 所示。

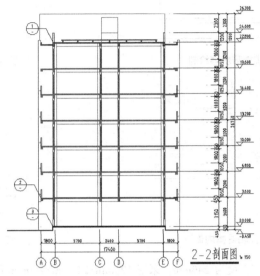

图 13-26　某宿舍楼 2-2 剖面图

（2）借助辅助界线将外围不需要的图线修剪掉，绘制结果如图 13-28 所示。

图 13-27　复制节点部分图形　　　　　　　　　图 13-28　修剪节点部分图形

（3）利用"直线""复制"和"旋转"命令，绘制屋面防水层，如图 13-29 所示。

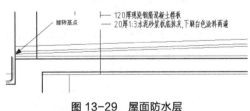

图 13-29　屋面防水层

（4）采用高分子卷材防水，采用上述类似方法绘制挑檐防水层。绘制结果如图 13-30 所示。

（5）挑檐外边缘采用水泥钉通长压条压住，然后用油膏和砂浆盖缝，挑檐外边缘收头，如图 13-31 所示。

（6）该详图刚性防水层延伸至泛水，泛水高 300mm。泛水处防水层与女儿墙面间作沥青麻丝嵌缝，外盖金属板。绘制结果如图 13-32 所示。

（7）首先绘制出压顶的断面轮廓，然后绘制钢筋符号，女儿墙压顶如图 13-33 所示。注意抹灰层的形式，以便排水和滴水。

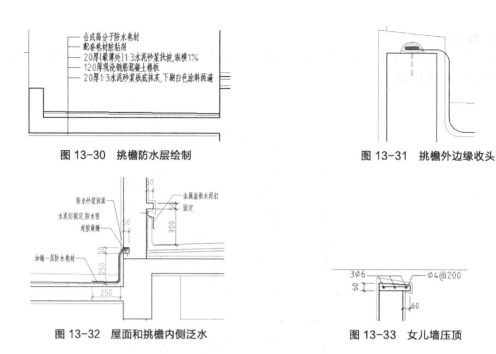

图 13-30　挑檐防水层绘制　　　　　　　图 13-31　挑檐外边缘收头

图 13-32　屋面和挑檐内侧泛水　　　　　图 13-33　女儿墙压顶

（8）该架空隔热间层净空高度为 240mm，采用 120mm×240mm×240mm 的砖墩支撑，上铺 30mm 厚 600mm×600mm 大小的 C15 混凝土板。架空层周边与女儿墙的间距为 500mm，以保证空气流通。绘制结果如图 13-34 所示。

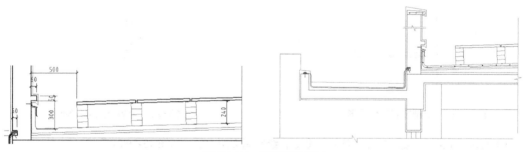

图 13-34　架空隔热间层

（9）采用"图案填充"命令，依次填充各种材料图例，填充结果如图 13-35 所示。

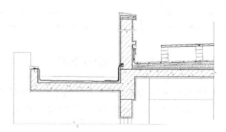

图 13-35　图案填充

（10）进行文字、尺寸及符号标注，标注结果如图 13-25 所示。